Mathematik Primarstufe und Sekundarstufe I + II

Herausgegeben von
Friedhelm Padberg, Universität Bielefeld, Bielefeld
Andreas Büchter, Universität Duisburg-Essen, Essen

Die Reihe „Mathematik Primarstufe und Sekundarstufe I + II" (MPS I+II) ist die führende Reihe im Bereich „Mathematik und Didaktik der Mathematik". Sie ist schon lange auf dem Markt und mit aktuell rund 60 bislang erschienenen oder in konkreter Planung befindlichen Bänden breit aufgestellt. Zielgruppen sind Lehrende und Studierende an Universitäten und Pädagogischen Hochschulen sowie Lehrkräfte, die nach neuen Ideen für ihren täglichen Unterricht suchen.

Die Reihe MPS I+II enthält eine größere Anzahl weit verbreiteter und bekannter Klassiker sowohl bei den speziell für die Lehrerausbildung konzipierten Mathematikwerken für Studierende aller Schulstufen als auch bei den Werken zur Didaktik der Mathematik für die Primarstufe (einschließlich der frühen mathematischen Bildung), der Sekundarstufe I und der Sekundarstufe II.

Die schon langjährige Position als Marktführer wird durch in regelmäßigen Abständen erscheinende, gründlich überarbeitete Neuauflagen ständig neu erarbeitet und ausgebaut. Ferner wird durch die Einbindung jüngerer Koautorinnen und Koautoren bei schon lange laufenden Titeln gleichermaßen für Kontinuität und Aktualität der Reihe gesorgt. Die Reihe wächst seit Jahren dynamisch und behält dabei die sich ständig verändernden Anforderungen an den Mathematikunterricht und die Lehrerausbildung im Auge.

Konkrete Hinweise auf weitere Bände dieser Reihe finden Sie am Ende dieses Buches und unter http://www.springer.com/series/8296

Gilbert Greefrath

Anwendungen und Modellieren im Mathematikunterricht

Didaktische Perspektiven zum Sachrechnen in der Sekundarstufe

2., neu bearbeitete Auflage

 Springer Spektrum

Gilbert Greefrath
Westfälische Wilhelms-Universität
Münster, Deutschland

Mathematik Primarstufe und Sekundarstufe I + II
ISBN 978-3-662-57679-3   ISBN 978-3-662-57680-9 (eBook)
https://doi.org/10.1007/978-3-662-57680-9

Die Deutsche Nationalbibliothek verzeichnet diese Publikation in der Deutschen Nationalbibliografie; detaillierte bibliografische Daten sind im Internet über http://dnb.d-nb.de abrufbar.

Springer Spektrum
Die erste Auflage dieses Werkes erschien unter dem Titel „Didaktik des Sachrechnens in der Sekundarstufe".

Verantwortlich im Verlag: Ulrike Schmickler-Hirzebruch

Springer Spektrum ist ein Imprint der eingetragenen Gesellschaft Springer-Verlag GmbH, DE und ist ein Teil
von Springer Nature.
Die Anschrift der Gesellschaft ist: Heidelberger Platz 3, 14197 Berlin, Germany

Hinweis der Herausgeber

Dieser Band von Gilbert Greefrath beschäftigt sich umfassend mit Anwendungen, Modellieren und Sachrechnen in der Sekundarstufe. Der Band erscheint in der Reihe Mathematik Primarstufe und Sekundarstufe I + II. Insbesondere die folgenden Bände dieser Reihe könnten Sie unter mathematikdidaktischen oder mathematischen Gesichtspunkten als Ergänzung oder Vertiefung interessieren:

- R. Danckwerts/D. Vogel: Analysis verständlich unterrichten
- M. Franke/S. Ruwisch: Didaktik des Sachrechnens in der Grundschule
- C. Geldermann/F. Padberg/U. Sprekelmeyer: Unterrichtsentwürfe Mathematik Sekundarstufe II
- G. Greefrath: Didaktik des Sachrechnens in der Sekundarstufe
- G. Greefrath/R. Oldenburg/H.-S. Siller/V. Ulm/H.-G. Weigand: Didaktik der Analysis. Aspekte und Grundvorstellungen zentraler Begriffe
- K. Heckmann/F. Padberg: Unterrichtsentwürfe Mathematik Sekundarstufe I
- W. Henn/A. Filler: Didaktik der Analytischen Geometrie und Linearen Algebra
- G. Hinrichs: Modellierung im Mathematikunterricht
- K. Krüger/H.-D. Sill/C. Sikora: Didaktik der Stochastik in der Sekundarstufe
- F. Padberg/S. Wartha: Didaktik der Bruchrechnung
- H.-J. Vollrath/H.-G. Weigand: Algebra in der Sekundarstufe
- H.-J. Vollrath/J. Roth: Grundlagen des Mathematikunterrichts in der Sekundarstufe
- H.-G. Weigand et al.: Didaktik der Geometrie für die Sekundarstufe I
- A. Büchter/H.-W. Henn: Elementare Analysis
- A. Filler: Elementare Lineare Algebra
- 3. Krauter/C. Bescherer: Erlebnis Elementargeometrie
- H. Kütting/M. Sauer: Elementare Stochastik
- T. Leuders: Erlebnis Algebra
- F. Padberg/A. Büchter: Elementare Zahlentheorie
- F. Padberg/R. Danckwerts/M. Stein: Zahlbereiche

- B. Schuppar: Geometrie auf der Kugel – Alltägliche Phänomene rund um Erde und Himmel
- B. Schuppar/H. Humenberger: Elementare Numerik für die Sekundarstufe

Bielefeld/Essen   Friedhelm Padberg
Mai 2018   Andreas Büchter

Inhaltsverzeichnis

1 Anwendungen und Sachrechnen 1
   1.1 Einführung 1
   1.2 Entwicklung von Anwendungen im Mathematikunterricht 4
      1.2.1 Historische Beispiele für Anwendungen 4
      1.2.2 Anwendungsbezüge im 20. Jahrhundert 8
      1.2.3 Anwendungsbezüge im aktuellen Mathematikunterricht 17
   1.3 Ziele eines anwendungsbezogenen Mathematikunterrichts 18
      1.3.1 Inhaltsorientierte Ziele 19
      1.3.2 Prozessorientierte Ziele 20
      1.3.3 Allgemeine Ziele 21
   1.4 Anwendungen in den Bildungsstandards 22
   1.5 Begriff und Funktionen des Sachrechnens 23
      1.5.1 Begriff des Sachrechnens 24
      1.5.2 Funktionen des Sachrechnens 26
   1.6 Aufgaben zur Wiederholung und Vertiefung 29
      1.6.1 Der Begriff Sachrechnen 29
      1.6.2 Ziele des Sachrechnens 30
      1.6.3 Die Funktionen des Sachrechnens 30
      1.6.4 Geschichte des Sachrechnens 31
      1.6.5 Systematisches Sachrechnen 32

2 Modellieren 33
   2.1 Mathematisches Modell 34
   2.2 Modellierungskreislauf 37
      2.2.1 Einfaches Mathematisieren 38
      2.2.2 Genaueres Mathematisieren 39
      2.2.3 Komplexes Mathematisieren 40
   2.3 Modellieren als Kompetenz 42
   2.4 Lösungspläne und Lösungshilfen 44

2.5   Perspektiven zum Modellieren   46
       2.5.1   Realistische oder angewandte Perspektive   46
       2.5.2   Pädagogische Perspektive   47
       2.5.3   Soziokritische Perspektive   47
       2.5.4   Epistemologische oder theoretische Perspektive   47
       2.5.5   Forschungsperspektive   48
2.6   Modellieren mit digitalen Werkzeugen   48
2.7   Einige empirische Untersuchungsergebnisse zum Modellieren   52
       2.7.1   Einstellungen von Lernenden   52
       2.7.2   Einstellungen von Studierenden und Lehrenden   53
       2.7.3   Präferenzen und Denkstile von Lernenden   54
       2.7.4   Unterrichtsformen für Modellierungsaktivitäten   55
       2.7.5   Phasen im Modellierungskreislauf   56
2.8   Grundvorstellungen   57
2.9   Aufgaben zur Wiederholung und Vertiefung   59
       2.9.1   Modellierungsprozesse   59
       2.9.2   Teilkompetenzen des Modellierens   60

3   Problemlösen   61
3.1   Mathematisches Problem   61
3.2   Modelle des Problemlösens   62
3.3   Problemlösen als Kompetenz   66
3.4   Problemlösestrategien   68
3.5   Aufgaben zur Wiederholung und Vertiefung   70
       3.5.1   Modellieren und Problemlösen   70

4   Aufgabentypen   71
4.1   Allgemeine Kriterien   72
       4.1.1   Mathematische Sachgebiete   72
       4.1.2   Mathematische Leitideen   74
       4.1.3   Mathematische Prozesse   75
       4.1.4   Lernen, Leisten und Diagnostizieren   75
       4.1.5   Offenheit   78
       4.1.6   Überbestimmte und unterbestimmte Aufgaben   80
4.2   Spezielle Kriterien   81
       4.2.1   Teilkompetenzen des Modellierens   81
       4.2.2   Deskriptive und normative Modelle   84
       4.2.3   Schätzaufgaben   85
       4.2.4   Fermi-Aufgaben   88
       4.2.5   Klassische Aufgabentypen   90
       4.2.6   Authentizität und Relevanz   92
       4.2.7   Subjektive Kriterien   94

4.3   Aufgaben zur Wiederholung und Vertiefung 96
    4.3.1   Europa-Park-Aufgabe 96
    4.3.2   Aufgabentypen 97
    4.3.3   Projekt 97

5   Größen 99
5.1   Grundlagen und Grundgrößen 99
    5.1.1   Einführung 99
    5.1.2   Grundgrößen 100
5.2   Ausgewählte Größen 102
    5.2.1   Anzahl 102
    5.2.2   Temperatur 102
    5.2.3   Gewicht 103
    5.2.4   Datenmenge 105
    5.2.5   Geld 105
5.3   Größen als mathematisches Modell 105
    5.3.1   Modellierungsprozess 105
    5.3.2   Äquivalenzrelation 107
5.4   Größen im Unterricht 109
    5.4.1   Erfahrungen in Sachsituationen sammeln 112
    5.4.2   Direkter Vergleich von Objekten 113
    5.4.3   Indirekter Vergleich von Objekten 114
    5.4.4   Stützpunktvorstellungen und Umrechnen 114
    5.4.5   Arbeiten mit Größen 116
5.5   Mathematische Vertiefung 118
5.6   Aufgaben zur Wiederholung und Vertiefung 120
    5.6.1   Geschwindigkeit 120
    5.6.2   Kommensurabilität und Teilbarkeitseigenschaft 120
    5.6.3   Stützpunktvorstellungen 120

6   Zuordnungen im Kontext von Anwendungen 121
6.1   Zuordnungen und Funktionen 124
    6.1.1   Hintergrund 124
    6.1.2   Grundvorstellungen von Zuordnungen und Funktionen 125
    6.1.3   Funktionen als mathematische Modelle 126
    6.1.4   Darstellungsformen 128
6.2   Proportionalität 130
    6.2.1   Definition und charakteristische Eigenschaften 130
    6.2.2   Grundvorstellungen zu proportionalen Zuordnungen 133
    6.2.3   Proportionale Zuordnungen als mathematische Modelle 133
    6.2.4   Dreisatz 135

6.3   Antiproportionalität 139
   6.3.1   Definition, Darstellungsmöglichkeiten und
      charakteristische Eigenschaften 139
   6.3.2   Grundvorstellungen zu antiproportionalen Zuordnungen 141
   6.3.3   Modellierung und antiproportionale Zuordnungen 142
   6.3.4   Kombination proportionaler und
      antiproportionaler Zuordnungen 145
6.4   Prozent- und Zinsrechnung 147
   6.4.1   Grundlagen der Prozentrechnung 147
   6.4.2   Grundvorstellungen zum Prozentbegriff 150
   6.4.3   Prozentrechnung im Unterricht 150
   6.4.4   Ein Kontext für die Prozentrechnung 153
   6.4.5   Zinsrechnung 154
6.5   Lineare funktionale Modelle 158
   6.5.1   Einführung 158
   6.5.2   Spezielle Modelle 159
   6.5.3   Linearisierung – ein Beispiel 161
   6.5.4   Das Problem der Übergeneralisierung 163
6.6   Wachstums- und Abnahmemodelle 163
   6.6.1   Beispiel Bakterienwachstum 163
   6.6.2   Beispiel Abkühlen von Kaffee 169
   6.6.3   Beispiel Hefewachstum 171
   6.6.4   Weitere Modelle 176
6.7   Optimierungsprobleme 177
   6.7.1   Optimierung mit Funktionen 178
   6.7.2   Optimierung von Funktionen 180
   6.7.3   Weitere Optimierungsprobleme 183
   6.7.4   Optimieren und Modellieren 187
6.8   Aufgaben zur Wiederholung und Vertiefung 188
   6.8.1   Eigenschaften von Funktionen 188
   6.8.2   Proportionale und antiproportionale Zuordnungen 189
   6.8.3   Wachstumsfunktionen 189
   6.8.4   Allometrisches Wachstum 190

7   **Schwierigkeiten, Lösungshilfen und Üben** 191
7.1   Schwierigkeiten im Kontext von Anwendungen 191
7.2   Umgang mit Ungenauigkeit 194
7.3   Lösungshilfen im Anwendungskontext 200
7.4   Üben im Anwendungskontext 205
7.5   Aufgaben zur Wiederholung und Vertiefung 209
   7.5.1   Ungenauigkeit 209
   7.5.2   Fehlerrechnung 209

A Anhang 211

Bisher erschienene Bände der Reihe Mathematik Primarstufe und
    Sekundarstufe I + II 215

Literatur 217

Sachverzeichnis 227

Einleitung

Mathematik beschäftigt sich einerseits mit abstrakten Strukturen und Ideen und andererseits mit Modellen zur Beschreibung der Umwelt. Schülerinnen und Schüler sollten im Mathematikunterricht beide Seiten der Mathematik erfahren.

Heinrich Winter schlüsselt den Beitrag des Mathematikunterrichts zur mathematischen Allgemeinbildung in drei Grunderfahrungen auf. Diese drei Grunderfahrungen sind:

> Erscheinungen der Welt um uns, die uns alle angehen oder angehen sollen, aus Natur, Gesellschaft und Kultur, in einer spezifischen Art wahrzunehmen und zu verstehen,
> mathematische Gegenstände und Sachverhalte, repräsentiert in Sprache, Symbolen, Bildern und Formeln, als geistige Schöpfungen, als eine deduktiv geordnete Welt eigener Art kennenzulernen und zu begreifen,
> in der Auseinandersetzung mit Aufgaben Problemlösefähigkeiten, die über die Mathematik hinausgehen, (heuristische Fähigkeiten) zu erwerben (Winter 1996, S. 35).

Zur Verwirklichung der ersten Grunderfahrung ist die Einbeziehung von Anwendungen und mathematischem Modellieren in den Mathematikunterricht unerlässlich. In diesem Buch werden daher die Bezüge zwischen Mathematik und Realität im Mathematikunterricht der Sekundarstufe aus didaktischer Perspektive diskutiert.

Anwendungen im Mathematikunterricht werden nicht selten mit Textaufgaben im Kontext von *Sachrechnen* in Verbindung gebracht. Der aktuellere Begriff für die Verwendung von Bezügen zur Realität im Mathematikunterricht ist das *mathematische Modellieren*. Dieses Buch verbindet diese Sichtweisen und trägt den Titel *Anwendungen und Modellieren im Mathematikunterricht – Didaktische Perspektiven zum Sachrechnen in der Sekundarstufe,* da der Begriff des Modellierens nicht alle Aspekte einer Didaktik zu Anwendungen im Mathematikunterricht einschließt. So wird hier nicht nur die Thematik des Modellierens im Mathematikunterricht umfassend behandelt, sondern es werden auch Anwendungen von Mathematik im Unterricht in den Blick genommen. Dadurch können alle Aspekte der Beschäftigung mit „Erscheinungen der Welt um uns" im Mathematikunterricht im Sinne der ersten Winter'schen Grunderfahrung berücksichtigt werden. So werden didaktische Perspektiven zum Sachrechnen in die aktuelle didaktische Diskussion zum Mathematikunterricht in den Sekundarstufen eingeordnet und das Modellieren als zentraler Kern dieser Überlegungen beschrieben.

Anwendungen im Mathematikunterricht können unterschiedlich genutzt werden. Daher wird in einem einführenden Kapitel die Frage aufgeworfen, welche Bandbreite Aufgaben mit Anwendungen im Mathematikunterricht abdecken können. Um unterschiedliche Auffassungen von Anwendungen im Mathematikunterricht besser zu verstehen, wird anschließend ein kurzer Blick auf die Entwicklung von Anwendungen im Mathematikunterricht geworfen. Dieser Abschnitt hat keinen Anspruch auf Vollständigkeit und beschreibt insbesondere die Entwicklung von Anwendungen und Sachrechnen im vergangenen Jahrhundert. Er zeigt aber auch die frühen Anfänge von Anwendungen in Lehrbüchern auf. Im Folgenden werden unterschiedliche Definitionen und Funktionen des Sachrechnens vorgestellt. Ebenfalls befassen wir uns mit Zielsetzungen des Sachrechnens und dem Bezug zu aktuellen Bildungsstandards und Lehrplänen.

Ein Ausblick auf Anwendungsbezüge im aktuellen Mathematikunterricht leitet zum zweiten Kapitel über das mathematische Modellieren über. Hier wird der zentrale Kern des Mathematikunterrichts mit Realitätsbezügen beschrieben und von unterschiedlichen Seiten beleuchtet. So werden auch Teilkompetenzen des Modellierens, Lösungshilfen, empirische Untersuchungsergebnisse sowie das Modellieren mit digitalen Mathematikwerkzeugen betrachtet.

Im dritten Kapitel wird das Problemlösen aufgegriffen und begrifflich geklärt. Problemlösen wird traditionell im Zusammenhang mit anwendungsbezogenem Mathematikunterricht diskutiert. Es werden Problemlösestrategien vorgestellt und die unterschiedlichen Schwerpunkte des Problemlösens und Modellierens herausgearbeitet.

Ein sehr zentraler Punkt eines Mathematikunterrichts unter Berücksichtigung von Anwendungen und Modellieren sind Aufgaben. Es gibt eine Fülle unterschiedlichster Aufgaben, die man als Modellierungs- und Anwendungsaufgaben bezeichnen kann. Das Ziel dieses vierten Kapitels ist, Aufgaben sinnvoll zu strukturieren und zu klassifizieren, sodass Studierende und Lehrende vorhandene Aufgaben besser einordnen und neue Aufgaben gezielt entwickeln können.

Im fünften und sechsten Kapitel werden einige typische Inhalte zu Anwendungen und zum Modellieren im Mathematikunterricht der Sekundarstufe vorgestellt und aus didaktischer Sicht beleuchtet. Hier wird immer wieder Bezug genommen auf die jeweilige Modellierung, die jeweilige Auffassung von Anwendungen und auf unterschiedliche Aufgabentypen, die in diesem Zusammenhang bearbeitet werden können. Zentral sind Größen im Allgemeinen und Zuordnungen im Kontext von Anwendungen – speziell Funktionen, die in der Sekundarstufe im Mathematikunterricht zu Anwendungen eine besondere Rolle spielen.

Im siebten Kapitel werden einige spezielle Aspekte zum Unterricht im Anwendungskontext zusammengefasst. Eine besondere Rolle spielen hier neben Schwierigkeiten von Lernenden beim Modellieren der Umgang mit der Ungenauigkeit und die unterschiedlichen Lösungshilfen für Sachrechenaufgaben. Des Weiteren wird ein Blick auf das Üben im Anwendungskontext geworfen.

Jedes Kapitel wird mit Übungsaufgaben zur Vertiefung und Wiederholung abgeschlossen. Im Anhang befindet sich eine mögliche Klausur zu einer Veranstaltung zu Anwendungen und zum Modellieren im Mathematikunterricht der Sekundarstufe.

Viele Inhalte werden durch entsprechende Beispiele aus aktuellen Schulbüchern illustriert. Diese Beispiele stehen repräsentativ für Aufgabentypen. Hier geht es also nicht darum, eine Kritik an den jeweiligen Schulbüchern zu üben oder bestimmte Lehrwerke besonders hervorzuheben.

In dieses Buch sind vielfältige Erfahrungen aus Unterricht, Lehrerfortbildung, Forschung und Lehre eingeflossen. Dies war nur möglich, weil viele gemeinsam mit mir an diesem Thema gearbeitet haben. Ich danke allen Kolleginnen und Kollegen sowie Studierenden aus den entsprechenden Veranstaltungen an den Universitäten Münster, Wuppertal und Köln sowie an der Pädagogischen Hochschule Karlsruhe für viele hilfreiche Diskussionen und Hinweise.

Besonderer Dank gilt dem Herausgeber der Reihe Prof. F. Padberg aus Bielefeld für viele hilfreiche Kommentare und Hinweise sowie dem Verlag, insbesondere U. Schmickler-Hirzebruch, für die hervorragende Unterstützung.

Münster   Gilbert Greefrath
im März 2018

Anwendungen und Sachrechnen

1

1.1 Einführung

Mit Anwendungen im Mathematikunterricht verbindet man häufig nicht ganz authentische Aufgabenstellungen, in denen eine reale Situation beschrieben oder angedeutet wird. Im Folgenden ist ein Beispiel aus einem Schulbuch für eine solche Aufgabe mit Anwendungsbezug angeführt.

Aufgabenbeispiel Autobahnplanung (Koullen 2008, S. 55)

Das Teilstück $\overline{(AB)}$ einer geplanten Autobahnstrecke muss auf einer Strecke $\overline{(ST)}$ sumpfiges Gelände überqueren. Das sumpfige Gelände beginnt 220 m von A aus und endet 380 m vor B. Entsprechend der Skizze liegen die folgenden Maße für das Dreieck ABC vor:

$b = 1330\,m;\ a = 852\,m;\ \gamma = 83° \left[\ldots\right]$

Berechne die Längen des Teilstücks $\overline{(AB)}$ und der zu überquerenden Sumpfstrecke $\overline{(ST)}$. $\left[\ldots\right]$

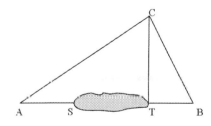

© Springer-Verlag GmbH Deutschland, ein Teil von Springer Nature 2018
G. Greefrath, *Anwendungen und Modellieren im Mathematikunterricht*,
Mathematik Primarstufe und Sekundarstufe I + II,
https://doi.org/10.1007/978-3-662-57680-9_1

Bei diesem Beispiel handelt es sich um eine Aufgabe mit Anwendungsbezug, da im Aufgabentext ein realer Gegenstand, die geplante Autobahnstrecke durch sumpfiges Gelände, beschrieben wird. Allerdings kann diese Aufgabe auch ohne Sachkontext formuliert werden. Eine mögliche Formulierung ist im nächsten Beispiel dargestellt.

Aufgabenbeispiel ohne Sachkontext

Gegeben ist ein Dreieck ABC mit b = 13,3 cm; a = 8,5 cm; γ = 83°. Entsprechend der Skizze liegt die Strecke $\overline{(ST)}$ auf $\overline{(AB)}$. S ist 2,2 cm von A und T ist 3,8 cm von B entfernt. [...]

Berechne die Längen der Strecken $\overline{(AB)}$ und $\overline{(ST)}$. [...]

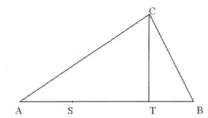

Das Aufgabenbeispiel ohne Sachkontext zeigt den eigentlichen mathematischen Kern dieser Aufgabe. Die Aufgabe verlangt eine Berechnung von Längen im Dreieck. Sie wurde im ersten Beispiel in den Kontext der Autobahnplanung „eingekleidet".

In diesem Beispiel ist es recht einfach, den Kontext der Autobahnplanung in die entsprechende Mathematik zu übersetzen, zumal eine Zeichnung vorgegeben wird, die praktisch keine realen Gegenstände mehr enthält. Um allgemein eine anwendungsbezogene Aufgabe erfolgreich zu lösen, müssen Lernende den Aufgabenkontext zunächst in eine mathematische Aufgabenstellung übersetzen, die mathematische Aufgabe bearbeiten und schließlich das Ergebnis wieder im Sachkontext formulieren. Daher stellt sich natürlich die Frage, welchen Sinn ein solcher Kontext in einem solchen Fall hat. Dies führt auch zu weitergehenden Fragen, welchen Sinn und welche Aufgabe Anwendungen allgemein im Mathematikunterricht in der Sekundarstufe haben. Diesen Fragen wollen wir in den nächsten Abschnitten nachgehen. Sehr häufig werden Aufgaben mit Anwendungen auch unter dem Begriff *Sachrechnen* verwendet – insbesondere in der Primarstufe (Franke und Ruwisch 2010). Das Sachrechnen gehört neben Arithmetik und Geometrie zu den traditionellen Sachgebieten des Grundschulunterrichts im Fach Mathematik (KMK 2005b, S. 6). In den Bildungsstandards für die Grundschule wird beispielsweise „Sachaufgaben lösen und dabei die Beziehungen zwischen der Sache und den einzelnen Lösungsschritten beschreiben" (KMK 2005b, S. 9) explizit als Kompetenz ausgewiesen.

Um die mögliche Bandbreite von Aufgaben mit Anwendungsbezug genauer zu fassen, soll im Folgenden ein weiteres Beispiel aus einem Schulbuch diskutiert werden, das zu Beginn der Sekundarstufe bearbeitet werden kann.

Aufgabenbeispiel Pizzaessen (vgl. Kliemann et al. 2006, S. 35)

Tischverteilungen bestimmen

18 Kinder sind in die Pizzeria eingeladen. Die Pizzen sind ziemlich groß, deshalb wurden insgesamt 12 Pizzen bestellt. Die Pizzeria hat keinen Tisch für alle Kinder. Es gibt noch einen Tisch für 10 Personen, einen für 6 Kinder und einen kleinen für 4 Personen.

Betrachtet man den Sachkontext des Aufgabenbeispiels „Pizzaessen", so stellt man zunächst fest, dass der Pizzabäcker in der Abbildung für die Bearbeitung der Aufgabe eigentlich überflüssig ist. Dennoch macht das Foto mit dem Pizzabäcker die Aufgabe glaubwürdiger, auch wenn oder gerade weil die Abbildung in keiner Weise die mathematische Struktur der Aufgabenlösung unterstreicht. Zudem kann durch den Kontext der Aufgabe der Lebensbezug des dahinterliegenden (mathematischen) Problems unterstrichen werden.

Zur Bearbeitung müssen die Schülerinnen und Schüler zunächst über eine passende Fragestellung nachdenken. Diese hat Einfluss auf die Annahmen, die zur Bearbeitung dieser Aufgabe erforderlich sind. Beispielsweise könnten sie fragen, wie sich die Kinder an die Tische verteilen sollen, damit alle gleich viel Pizza bekommen, wenn an die Tische jeweils nur ganze Pizzen verteilt werden. Zur Lösung dieses Problems können die Schülerinnen und Schüler beispielsweise gezielt probieren oder das Problem auf einfachere Probleme zurückführen. Sie könnten zum Beispiel in einem ersten Schritt annehmen, dass es zwei oder drei gleich große Tische gibt, und überlegen, wie in diesen Fällen die gerechte Verteilung organisiert werden könnte. Dann könnten sie Beispiele finden, in denen die Tische unterschiedlich groß sind und dennoch die gerechte Verteilung möglich ist. Nach dieser Vorbereitung könnten sie zu der ursprünglichen Frage zurückkehren und das gegebene Problem bearbeiten. Eine Zeichnung ist in diesem Fall ein gutes Hilfsmittel. Ebenso könnten strategische Hilfen wie etwa ein Lösungsplan (s. Abschn. 2.4) genutzt werden. Es können also 3, 6, 9, 12, 15 oder 18 Kinder an einem Tisch sitzen, wenn die Pizza vorher nicht geteilt werden soll und alle Kinder gleich viel Pizza bekommen sollen. Bei den angegebenen Tischgrößen müssen an dem kleinen Tisch 3 Kinder sitzen, am Sechsertisch 6 Kinder und am großen Tisch 9 Kinder (Kliemann et al. 2006, S. 35).

Bei der Aufgabe „Pizzaessen" handelt es sich um eine offene Aufgabe. Die Aufgabenstellung lässt beispielsweise offen, ob jedes Kind gleich viel von der Pizza essen möchte oder ob nicht Pizzastücke von einem Tisch zum anderen weitergereicht werden können. Auch der Lösungsweg ist nicht festgelegt und die Schülerinnen und Schüler können unterschiedliche Strategien anwenden. Hier muss also zunächst ein Modell gefunden werden, um die reale Situation und die getroffenen Annahmen mathematisch zu beschreiben. Innerhalb dieses mathematischen Modells kann die Aufgabe bearbeitet und schließlich das Ergebnis in der gegebenen Situation interpretiert werden. Daher handelt es sich bei dieser anwendungsbezogenen Aufgabe auch um eine Modellierungsaufgabe. Die Aufgabe ist offen, motivierend und lebensnah.

Die beiden Beispiele aus Schulbüchern machen bereits eine große Spannbreite von Aufgaben mit Anwendungsbezug im Mathematikunterricht bezüglich ihres mathematischen Inhalts, ihrer Ziele und ihrer Präsentationsformen deutlich, die durch weitere Beispiele noch deutlich vergrößert werden könnte. Während Aufgaben zu authentischen und lebensnahen Problemen eher als Modellierungsaufgaben bezeichnet werden, sind die Begriffe Anwendungen und Sachrechnen traditionell weiter gefasst als der des Modellierens und schließen sämtliche anwendungsbezogenen Aufgaben ein. Traditionell bezeichnet man mit Sachrechenaufgaben jedoch häufig insbesondere Textaufgaben, die weniger offen und authentisch sind als Modellierungsaufgaben. So ist der Begriff der anwendungsbezogenen Aufgaben derjenige, der sowohl Modellierungsaufgaben auf der einen Seite als auch traditionelle Sachrechenaufgaben auf der anderen Seite einschließt.

Zur Diskussion eines anwendungsbezogenen Unterrichts sind aber nicht nur Aufgaben zu betrachten. Die Gestaltung des Unterrichts spielt eine sehr zentrale Rolle, um das Potenzial dieser Aufgaben wirksam werden zu lassen. Zur „Pizzaessen"-Aufgabe passt beispielsweise ein schülerzentrierter Unterricht mit Gruppenarbeits- und Präsentationsphasen. In jedem Fall können sich verwendete Aufgabenbeispiele und Unterrichtsmethoden wechselseitig beeinflussen und haben Einfluss auf die vermittelten Kompetenzen.

1.2 Entwicklung von Anwendungen im Mathematikunterricht

Die Verwendung anwendungsbezogener Aufgaben zum Erlernen von Mathematik hat eine lange Geschichte. Wir wollen hier keinen vollständigen Blick auf die Geschichte von Anwendungsbezügen im Mathematikunterricht werfen, sondern lediglich an einigen Beispielen deren wechselvolle Historie aufzeigen. Durch die Erfindung des Buchdrucks im 15. Jahrhundert wurde es möglich, Bücher zum Erlernen von Mathematik schnell zu verbreiten. Wir wollen daher in dieser Zeit mit einem Blick auf Anwendungen beginnen.

1.2.1 Historische Beispiele für Anwendungen

Der Ausspruch „nach Adam Ries(e)" ist auch heute noch geläufig. Aufgrund des Bekanntheitsgrades beginnen wir mit einem Blick auf das Werk von Adam Ries.

Adam Ries (1492–1559)
Man findet bereits in Rechenbüchern von Adam Ries (1492–1559) viele Aufgabenbeispiele für Anwendungen von Mathematik. Seine Bücher (s. Abb. 1.1) sind in deutscher

Abb. 1.1   Titel eines Rechenbuches von Adam Ries. (Ries 1522)

Sprache verfasst und wurden auch aus diesem Grund bis ins 18. Jahrhundert für den Mathematikunterricht verwendet.

Einen großen Teil des abgebildeten Buches nimmt eine Aufgabensammlung ein, in der viele relevante Bereiche des täglichen Lebens wie Preisberechnungen, Warentransport,

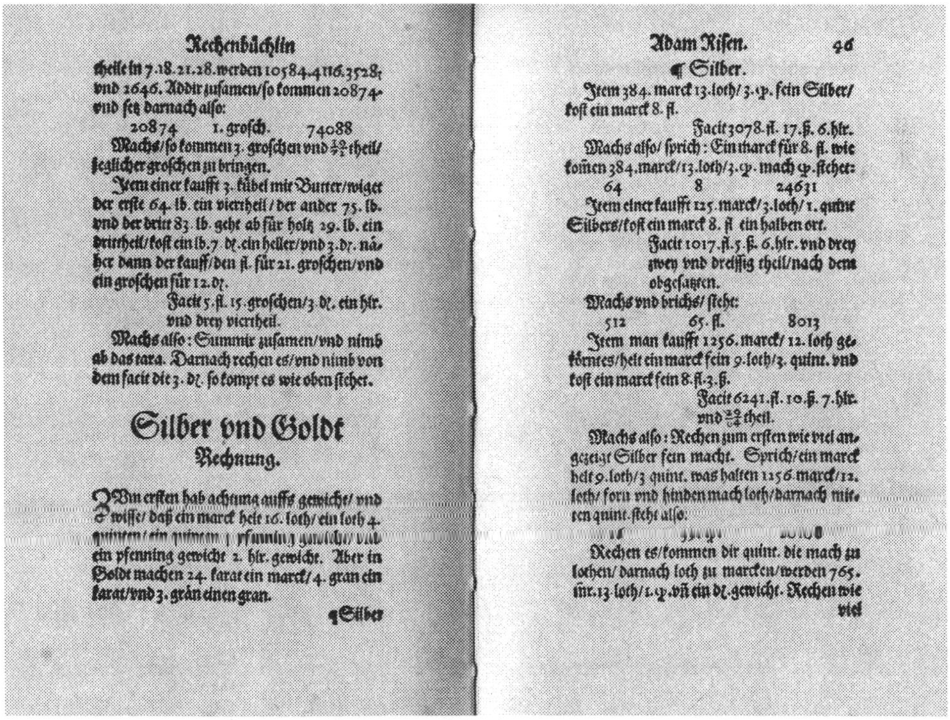

Abb. 1.2   Ausschnitt aus einem Rechenbuch von Adam Ries. (Ries 1522, S. 45 f.)

Geldwechsel, Warentausch, Prozentrechnung, Zins- und Zinseszinsrechnung oder Münz-schlag behandelt werden (s. Abb. 1.2). Dabei spielt die Methode des Dreisatzes (regula de tribus), dem insgesamt 190 Aufgaben mit Sachkontext gewidmet sind, eine zentrale Rolle (Ries 1522).

Das abgebildete Buch von Adam Ries war in erster Linie für Lehrlinge kaufmänni-scher und handwerklicher Berufe verfasst. Das erklärt auch die Auswahl der Inhalte. Das Rechnen mit Größen war zu dieser Zeit ein Schwerpunkt der Mathematikaufgaben.

Johann Heinrich Pestalozzi (1746–1827)

Pestalozzis Arbeit galt der Neu- und Umgestaltung des Volksschulunterrichts. Er arbeitete an einem neuen Konzept für einen auf pädagogischen Prinzipien beruhenden Rechen-unterricht. Dabei betrachtet er als wichtigstes Ziel, auf das alle Prinzipien hinarbeiten, die *formale Bildung*. So sieht Pestalozzi vor, den Schülerinnen und Schülern klare Be-griffe und Einsichten zu vermitteln: Die Aufgabe des Rechenunterrichts bestehe darin, den Verstand aller Menschen zu entwickeln und zu schulen. Deshalb musste das prakti-sche Rechnen hinter dem sogenannten Denkrechnen zurückstehen. Pestalozzi wurde daher auch vorgeworfen, die formale Bildung überzubetonen und Anwendungen völlig zu ver-nachlässigen (Radatz und Schipper 1983, S. 29).

Anwendungen im 19. Jahrhundert

Im 19. Jahrhundert wurden kontrovers die *formale Bildung* und die entsprechende Ge-genbewegung, die man als *materielle Bildung* bezeichnen kann, gegeneinandergestellt (Winter 1981, S. 666). Nach der Revolution von 1848/49 wurden die von Pestalozzi aus-gegangenen neuhumanistischen Bildungsreformen im Bereich der Volksschule gestoppt. Durch die strikte Trennung der Schularten wurde die Weiterentwicklung des Faches Rech-nen in der Volksschule völlig getrennt vom Gymnasialbereich vollzogen.

Es gab Initiativen, den Rechenunterricht der Volksschule und den Sachunterricht in Verbindung zu bringen. Dabei wird hier auf das von Goltzsch und Theel verfasste Buch *Der Rechenunterricht in der Volksschule* aus dem Jahr 1859 Bezug genommen. In diesem Buch wird darauf Wert gelegt, die Schülerinnen und Schüler auf das Leben praktisch vorzubereiten. „Die Kinder sollen durch denselben [Rechenunterricht] Kenntnis von den später an sie herantretenden Lebensverhältnissen und der Art und Weise, wie die Zahlen und Zahlverhältnisse auf beide anzuwenden sind, erhalten" (Hartmann 1913, S. 104).

An Gymnasien wurde der formale Charakter von Mathematik betont und weitgehend auf Anwendungen verzichtet. Der Wert von Anwendungen im Mathematikunterricht und im Fach Mathematik war keineswegs Konsens. Der Konflikt über den Wert von Anwen-dungen in der Mathematik spiegelt sich in den am selben Tag in Berlin aufgestellten Doktorthesen des späteren Professors für Angewandte Mathematik in Göttingen, Carl Runge, und des späteren Ordinarius für Mathematik in Zürich, Ferdinand Rudio, wider (Ahrens 1904, S. 188):

Der Werth einer mathematischen Disciplin ist nach ihrer Anwendbarkeit auf empirische Wissenschaften zu schätzen (C. Runge, Doctorthese, Berlin 23. Juni 1880).

Der Werth einer mathematischen Disciplin kann nicht nach ihrer Anwendbarkeit auf empirische Wissenschaften bemessen werden (F. Rudio, Doctorthese, Berlin 23. Juni 1880).

Nach der Einführung der Basisgrößen Meter, Kilogramm und Sekunde auf der ersten Generalkonferenz für Maß und Gewicht (CGPM) im Jahr 1889 mussten die damals neuen Maße und Gewichte zunächst bekannt gemacht werden (s. eine Erklärung in Abb. 1.3).

Das ergibt Ende des 19. Jahrhunderts eine weitere Berechtigung für Aufgaben mit Anwendungen zu Größen, da auf diese Weise die neuen Einheiten in den Mathematikunterricht Eingang finden können.

Historische Mathematikaufgaben mit Anwendungsbezug bestanden zu einem wesentlichen Teil aus der Vermittlung von und dem Umgang mit Größen im Mathematikunterricht. Dabei sind die Größen für Längen, Gewichte und Zeit sowie deren abgeleitete Einheiten für Flächen und Volumina von zentraler Bedeutung. Außerdem ist die Verwendung der jeweiligen Währung ein zentraler Bestandteil eines anwendungsbezogenen Mathematikunterrichts im 19. Jahrhundert.

I. Gewichte.

1 Kilogramm (oder zu deutsch übersetzt 1000 Gramm) ist = 2 Pfund,
½ Kilogramm oder 500 Gramm sind also = 1 Pfund (oder = 30 alte Loth oder 50 Nlth.)
250 Gramm sind = ½ Pfund (oder = 15 altes Loth = 25 Nlth.)
125 Gramm sind = ¼ Pfund (oder = 7½ altes Loth = 12½ Nlth.)
50 Gramm sind = $\frac{1}{10}$ Pfund (oder = 3 altes Loth = 5 Nlth.)
25 Gramm sind = 1½ alte Loth = 2½ Nlth.
10 Gramm sind = ein reichlich halb Loth.

Kilogramm wird abgekürzt durch Kilo; Gramm durch Gr.; Neuloth durch Nlth.

II. Maße (Hohlmaße).

An die Stelle der alten Quart-Maße ist das Liter getreten.
Dieses ist nur um ein Achtel kleiner, als das alte Quart, also ist ein Liter gleich ⅞ Quart.
Es kommen am meisten vor 1 Liter, ½ Liter, ¼ Liter, ⅛ Liter u. s. w., welche sämmtlich von den Behörden geaicht sein müssen. — Auch für die alte Scheffel- und Metzen-Bezeichnung ist das Liter getreten. Nur der Neuscheffel bleibt, ist aber um etwa $\frac{1}{10}$ kleiner, als der alte; er enthält 50 Liter. An Stelle der verschwundenen Metze tritt also das Liter; eine alte pr. Metze sind etwa 3¼ Liter. Das so beliebte 5 Litermaß enthält 1½ alte Metzen.

Abb. 1.3 Kochbuch aus dem Jahr 1903. (Kurth und Petit 1903, S. 1)

1.2.2 Anwendungsbezüge im 20. Jahrhundert

Die noch im 19. Jahrhundert übliche Abgrenzung zwischen Volksschule und Gymnasium durch die Behandlung des sogenannten lebensnahen Sachrechnens in der Volksschule und des abstrakten Mathematikunterrichts im Gymnasium wurde im Laufe des 20. Jahrhunderts aufgehoben.

Der folgende Ausschnitt (s. Abb. 1.4) aus einem Rechenbuch von Backhaus, Wiese und Nienaber für das 5. und 6. Schuljahr zeigt typische Aufgaben aus der Volksschule zu Beginn des 20. Jahrhunderts.

Anwendungsbezüge findet man außer in Aufgaben zur Bruch- und Dezimalbruchrechnung explizit in Aufgaben zu den *Bürgerlichen Rechnungsarten* wie Schlussrechnung, Durchschnittsrechnung und Hundertstelrechnung.

Johannes Kühnel (1869–1928)

Auch der Rechenunterricht wurde durch die reformpädagogische Bewegung beeinflusst. Exemplarisch wird hier Johannes Kühnel als Vertreter der reformpädagogischen Bewegung genannt. Im Jahr 1927 fordert Kühnel in seinem Buch *Lebensvoller Rechenunterricht* einen sachlicheren, fächerübergreifenden Mathematikunterricht. Dadurch sollte der Rechenunterricht praktischer und lebensnäher werden. Er hält die damals üblicherweise unterrichtete „Mischungs- und Gesellschaftsrechnung" im Schulunterricht des 20. Jahrhunderts für völlig lebensfremd. Im Rahmen der Gesellschaftsrechnung wurden beispielsweise Probleme der Verteilung von Geld nach vorgegebenen Verhältnissen bearbeitet. Ein typisches Problem der Mischungsrechnung wäre etwa, dass ein Händler eine bestimmte Menge 60-prozentigen Alkohol liefern soll, aber nur 40- und 70-prozentigen Alkohol vorrätig hat. Im Rahmen der Mischungsrechnung wird dann bestimmt, wie viel Liter von der jeweiligen Sorte zu verwenden sind.

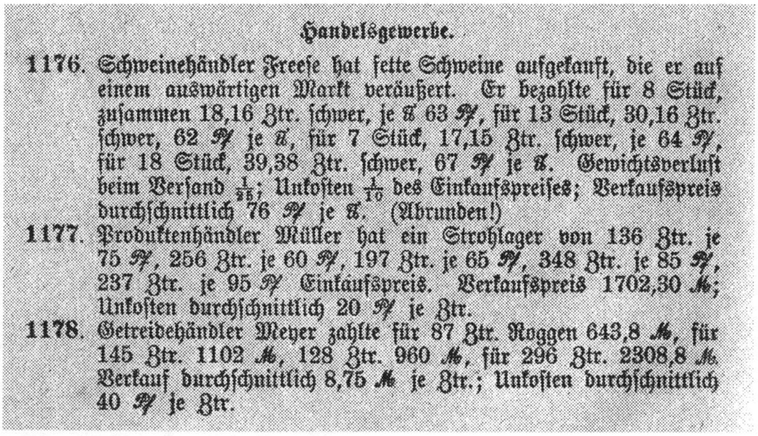

Handelsgewerbe.

1176. Schweinehändler Freese hat fette Schweine aufgekauft, die er auf einem auswärtigen Markt veräußert. Er bezahlte für 8 Stück, zusammen 18,16 Ztr. schwer, je ℔ 63 Rpf, für 13 Stück, 30,16 Ztr. schwer, 62 Rpf je ℔, für 7 Stück, 17,15 Ztr. schwer, je 64 Rpf, für 18 Stück, 39,38 Ztr. schwer, 67 Rpf je ℔. Gewichtsverlust beim Versand $\frac{1}{35}$; Unkosten $\frac{1}{10}$ des Einkaufspreises; Verkaufspreis durchschnittlich 76 Rpf je ℔. (Abrunden!)

1177. Produktenhändler Müller hat ein Strohlager von 136 Ztr. je 75 Rpf, 256 Ztr. je 60 Rpf, 197 Ztr. je 65 Rpf, 348 Ztr. je 85 Rpf, 237 Ztr. je 95 Rpf Einkaufspreis. Verkaufspreis 1702,30 ℳ; Unkosten durchschnittlich 20 Rpf je Ztr.

1178. Getreidehändler Meyer zahlte für 87 Ztr. Roggen 643,8 ℳ, für 145 Ztr. 1102 ℳ, 128 Ztr. 960 ℳ, für 296 Ztr. 2308,8 ℳ. Verkauf durchschnittlich 8,75 ℳ je Ztr.; Unkosten durchschnittlich 40 Rpf je Ztr.

Abb. 1.4 Rechenbuch aus dem Jahr 1925. (Backhaus et al. 1925, S. 94)

Ich muss zu meiner Schande gestehen, daß ich in meinem ganzen Leben noch keine Gesell-schaftsrechnung nötig gehabt habe, außer im Unterricht. [...] Und Mischungsrechnung! Ich habe wirklich noch nicht ein einziges Mal Kaffee oder Spiritus oder Gold mischen oder eine solche Mischung berechnen müssen, und vielen hundert anderen – Nichtpädagogen –, die ich darum gefragt habe, ist es gerade so ergangen (Kühnel 1921, S. 333).

Er kritisiert besonders „Einkleidungsaufgaben" und fordert Aufgaben, die die Schüle-rinnen und Schüler wirklich interessieren.

In dieser Zeit wurde die Bedeutung von Anwendungen im Lernprozess deutlich stär-ker gesehen, beispielsweise zur Veranschaulichung und Motivationssteigerung, als für die Vorbereitung auf das Leben (Winter 1981, S. 666). Eine detaillierte Diskussion dieser Thematik findet man bei Kaiser-Meßmer (1986).

Meraner Reform

Während die Arbeiten von Kühnel und anderen Reformpädagogen stärkeren Einfluss auf die Volksschulen hatten, gab es auch an den Gymnasien Initiativen zur Veränderung des Unterrichts. Durch die Meraner Reformbewegung Anfang des 20. Jahrhunderts wurde ein ausgewogeneres Verhältnis zwischen formaler und materieller Bildung angeregt. Ins-besondere das funktionale Denken wurde dabei in den Mittelpunkt gestellt. So forderte Felix Klein, dass „der allgemeine Funktionsbegriff [...] den ganzen mathematischen Un-terricht der höheren Schulen wie ein Ferment durchdringe; er soll [...] an elementaren Beispielen [...] dem Schüler als lebendiges Besitztum überliefert werden" (Klein 1933, S. 221). Das im Rahmen der Meraner Reform ebenfalls propagierte *utilitaristische Prinzip* sollte „die Fähigkeit zur mathematischen Behandlung der uns umgebenden Erscheinungs-welt zur möglichsten Entwicklung bringen" (Klein 1907, S. 209). Durch die industrielle Revolution stieg der Bedarf an Naturwissenschaftlern und Technikern. So kam es in die-ser Zeit zu einem Aufstieg der Angewandten Mathematik und damit zu einem verstärkten Einsatz von anwendungsbezogenen Problemen. Dieser Trend lässt sich bis in die 1950er Jahre beobachten (Toepell 2003).

Anwendungen im Nationalsozialismus

Während der Zeit des Nationalsozialismus (1933–1945) kam dem Rechenunterricht im Vergleich zu anderen Fächern nur eine unbedeutende Rolle zu. Aus diesem Grund wurde keine nationalsozialistisch geprägte, eigenständige Mathematikdidaktik entwickelt. Nur vereinzelt gehen Autoren explizit auf die nationalsozialistischen Erziehungsideen ein. Die Reformbemühungen der Meraner Reform werden jedoch teilweise zugunsten der darstellenden Geometrie gestoppt (Kaiser-Meßmer 1986, S. 5). Zudem lässt sich gerade in Aufgaben mit Anwendungsbezug der nationalsozialistische Einfluss deutlich erkennen (s. Abb. 1.5). Anwendungsbezüge in den höheren Klassen werden ergänzt mit Aufgaben, die sich mit dem Militär, nationalsozialistischer Ideologie etc. beschäftigen.

> **b. Zur Kriegsgliederung eines Heeres — Hauptteile einer Division.**
>
> **Angenommene Verpflegungsstärken einer Infanterie-Division.**
>
> Division .... 16 000 Mann 6 500 Pferde   M.-G.-Komp. .. 140 Mann 60 Pferde
> Inf.-Regt. .... 2 500 Mann   500 Pferde   Schwadron .... 180 Mann 200 Pferde
> Inf.-Batl. ...... 700 Mann   120 Pferde   Art.-Abt. (besp.) 580 Mann 630 Pferde
> Schützen-Komp. 170 Mann 10 Pferde   Art.-Abt. (mot.) 400 Mann   —
>
> So werden kurz die Hauptteile einer Division angegeben:
>
> | ID: 9 + 2 + 12 l + 6 s + 4 Fl | KD: 2 + 24 + 5 l + 1 s + 4 Fl |
>
> **363.** Wir berechnen danach die Stärke der Hauptteile einer Division: a. Infanterie-
> division: 9 Bataillone Infanterie, 2 Schwadronen Kavallerie, 12 leichte, 6 schwere
> und 4 Flakbatterien; die Batterien rechnen wir einheitlich mit rd. 160 Mann;
> b. Kavalleriedivision: 2 Bataillone Infanterie, 24 Schwadronen Kavallerie,
> 5 leichte, 1 schwere und 4 Flakbatterien.
>
> **364.** Angenommene Gliederung eines Infanteriebataillons: Stab mit Nachrichten-
> staffel, 3 Schützenkompanien, 1 M.-G.-Kompanie, 1 Inf.-Pionierzug. Wieviel
> Mann und Pferde kommen nach obigen Zahlen auf Stab mit Nachrichtenstaffel
> und Inf.-Pionierzug?
>
> **365.** Angenommene Gliederung eines Infanterieregiments: Stab, Nachrichtenzug,
> Reiterzug, 3 Bataillone, Infanterie-Geschütz-Kp., Panzerjäger-Kp., Infanterie-
> kolonne. Wieviel Mann und Pferde besitzt das Inf.-Rgt. außerhalb der
> 3 Infanterie-Bataillone?

Abb. 1.5 Sachrechenaufgaben aus der Zeit des Nationalsozialismus. (Stöffler um 1942, S. 37)

Anwendungen in der Nachkriegszeit

In der Nachkriegszeit wurde im Schulwesen an die Ideen der Reformpädagogik nahtlos
angeknüpft (s. Abb. 1.6). Gerade in den 1950er Jahren und Anfang der 1960er Jahre fan-
den Kühnels Werke weiter großen Anklang und wurden vielfach verkauft.

> **381.** Die Luft ist ein Gemisch von rund 79 % Stickstoff, 21 % Sauer-
> stoff und 0,04 % Kohlensäure. Beim gewöhnlichen Atmen mit
> 18 Atemzügen in der Minute wird durch einen Atemzug
> $\frac{1}{2}$ l Luft eingeatmet. Wieviel l Luft nimmt der Mensch a) in der
> Minute, b) Stunde, c) im Tag in die Lunge auf? d) Wieviel l
> Sauerstoff ist dies jedesmal?
>
> **382.** Ein l Sauerstoff wiegt 1,429 g. Berechne das Gewicht des in
> a) einer Stunde, b) einem Tag eingeatmeten Sauerstoffs!
>
> **Krankheiten**
>
> **383.** Von der gesamten Bevölkerung sind jederzeit durchschnittlich
> 5 % krank. Wieviel Menschen sind in Karlsruhe mit 189 850 Ein-
> wohnern stets krank?
> Bilde selbst ähnliche Aufgaben!
>
> **384.** Von der Gesamtbevölkerung erkranken im Laufe eines Jahres
> etwa 35 % aller Einwohner. Berechne die Krankenziffer a) für
> Mannheim mit 283 800 Einwohnern, b) für Mainz mit 158 971 Ein-
> wohnern, c) für Koblenz mit 91 908 Einwohnern, d) Stuttgart mit
> 459 523 Einwohnern, e) Trier mit 80 354 Einwohnern, f) Pirmasens
> mit 51 578 Einwohnern, g) Heilbronn mit 56 800 Einwohnern!

Abb. 1.6 Sachrechenaufgaben aus der Nachkriegszeit. (Straub 1949, S. 55)

Neue Mathematik

Mit *Neuer Mathematik* bezeichnet man die Reform des Mathematikunterrichts während der 1960er und 1970er Jahre. Dabei sollte Mathematik stärker als Beschäftigung mit abstrakten Strukturen gelehrt werden. Nach 1960 forderte man eine „stärkere Anbindung an die Strenge der Hochschule" (Jahner 1985, S. 190). Anwendungsbezüge wurden durch diese Reform nicht völlig verdrängt, sondern auf unterschiedliche Weisen beeinflusst. So wurde etwa der mathematische Kern vieler anwendungsbezogener Aufgaben deutlicher herausgearbeitet, wie z. B. proportionale und antiproportionale Funktionen, die für viele anwendungsbezogene Aufgaben die Grundlage sind. Darüber hinaus wurde das inhaltliche Repertoire anwendungsbezogener Aufgaben im Mathematikunterricht ausgeweitet, z. B. durch die Einführung der Wahrscheinlichkeitsrechnung in die Schulmathematik. Außerdem wurden die Methoden des Sachrechnens, z. B. durch Diskussion von Veranschaulichungen mithilfe von Diagrammen, ausgeweitet (Winter 1981, S. 667 f.).

Systematisches Sachrechnen

Breidenbach hat die inhaltliche Struktur von Sachrechenaufgaben in den Vordergrund gestellt und damit in den 60er und 70er Jahren des 20. Jahrhunderts das Simplex-Komplexverfahren etabliert. Für ihn ist die vertiefte Betrachtung des Unterrichtsgegenstandes zentral. Im Prinzip handelt es sich dabei um einen Rückgriff auf die Zeit vor der Reformpädagogik (Radatz und Schipper 1983, S. 45). Er unterscheidet Schwierigkeitsgrade von Sachrechenaufgaben durch ihre strukturelle Komplexität und regt an, diese entsprechend zu ordnen. Breidenbach beschreibt als strukturell einfachste Form von Sachrechenaufgaben die Simplexaufgabe.

> **Simplexaufgabe** „Es sind genau zwei Größen gegeben. Die gesuchte Größe lässt sich daraus eindeutig berechnen." (Fricke 1987, S. 28)

Eine *Komplexaufgabe* dagegen besteht aus mehreren zusammenhängenden Simplexen (Breidenbach 1969). Wir betrachten als Beispiel eine einfache Komplexaufgabe, die aus zwei Simplexen besteht (Fricke 1987).

> **Komplexaufgabe** In einer Klasse sind 13 Mädchen und 19 Jungen. Immer zwei Kinder sitzen an einem Tisch. Wie viele Tische muss der Hausmeister in die Klasse stellen?

Die Struktur dieser Komplexaufgabe kann mithilfe eines Diagramms veranschaulicht werden (s. Abb. 1.7).

Zu dieser gegebenen Struktur gibt es viele andere Sachrechenaufgaben. Ebenso hat die folgende Aufgabe ein identisches Strukturdiagramm.

> Rasmus und Linus zählen ihre Spielzeugautos. Linus hat 13 Autos, Rasmus 19. Sie wollen ihre Autos gerecht aufteilen. Wie viele Autos bekommt jeder?

Abb. 1.7 Struktur einer einfachen Komplexaufgabe. (Fricke
1987, S. 30)

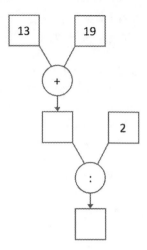

Dieses Vorgehen, die Struktur von Sachrechenaufgaben unabhängig von ihrem Kontext zu erfassen und die Struktur als Hilfsmittel für Schülerinnen und Schüler zu verwenden, erscheint zunächst plausibel. Um die möglichen Probleme eines solchen Vorgehens zu verdeutlichen, wird hier ein weiteres Beispiel vorgestellt.

>> Schreinergeselle Michaelis hatte in der letzten Woche bei 42 h und 5 Überstunden (Zuschlag 2,10 € je Stunde) einen Lohn von 405,30 €. In dieser Woche arbeitete er nur 38 h und machte 3 Überstunden. Wie viel Lohn bekommt er? (vgl. Fricke 1987, S. 31)

Diese Aufgabe hat eine deutlich höhere Komplexität als das oben besprochene Beispiel. Versucht man die Struktur dieser Aufgabe im Sinne Breidenbachs mithilfe eines entsprechenden Diagramms darzustellen, so erhält man eine umfangreiche Baumstruktur (s. Abb. 1.8).

Die Schwierigkeit für Schülerinnen und Schüler, zu Beginn des Lösungsprozesses der Aufgabe die einzelnen Simplexe zu extrahieren und eine solche Komplexstruktur der Aufgabe zu durchdringen, liegt darin, die gesamte Struktur der Aufgabe zu verstehen, bevor mit dem Lösungsprozess begonnen wird.

So müsste die Planung des Lösungsprozesses abgeschlossen sein, bevor mit der Ausführung begonnen wird. Dies ist jedoch keine realistische Annahme. Studien zeigen, dass Schülerinnen und Schüler während der Lösung von Aufgaben häufig zwischen Planungs- und Bearbeitungsphasen wechseln (Greefrath 2004). Lösungsplanung und Realisierung können bei komplexen Aufgaben also nicht getrennt werden.

Es ist im Unterricht überdies nicht sinnvoll, alle möglichen Simplexe zu behandeln. Es besteht die Gefahr, die Bearbeitungsprozesse zu stark zu formalisieren und dadurch eigene kreative Lösungswege der Schülerinnen und Schüler zu verhindern (Franke und Ruwisch 2010, S. 14 ff.).

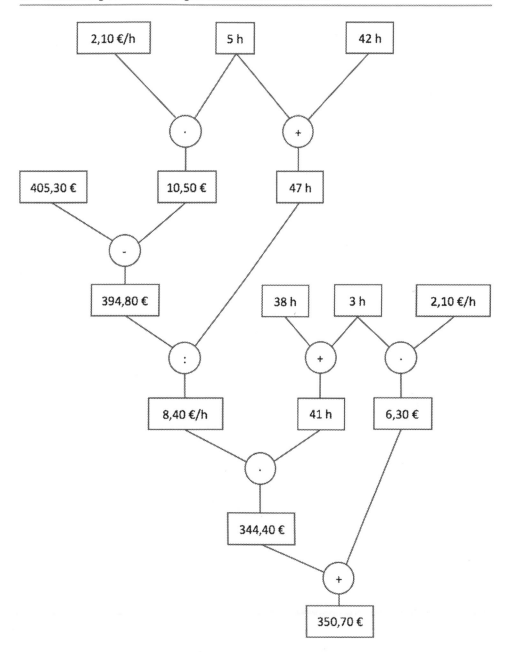

Abb. 1.8 Struktur einer komplexen Sachrechenaufgabe. (Vgl. Fricke 1987, S. 32)

Bei der Lösung der folgenden Aufgaben soll dir der Rechenbaum helfen, den du
bereits kennengelernt hast.

1. Beispiel: Willi will zu Beginn des Schuljahres 20 Hefte kaufen, 1 Heft kostet
15 Pf. Er gibt dem Verkäufer 5 DM. Wieviel Geld erhält er zurück?

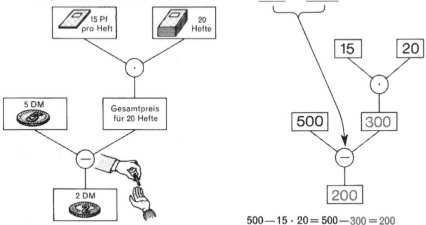

Abb. 1.9   Rechenbaum in einem Schulbuch aus dem Jahr 1969. (Winter und Ziegler 1969, S. 156)

Aus dem Ansatz des systematischen Sachrechnens entstanden Rechenbäume für die
Schülerinnen und Schüler. Diese Rechenbäume wurden in Schulbücher als Hilfekonzept
für die Bearbeitung von Sachrechenaufgaben aufgenommen (s. Abb. 1.9).

Zusätzlich zu den oben aufgeführten Argumenten muss bedacht werden, dass das Erstellen der Rechenbäume im Unterricht erlernt werden muss. Hier sollte sorgfältig abge-
wogen werden, ob der Gewinn durch solche Darstellungen im Vergleich zu dem damit
verbundenen Aufwand gerechtfertigt ist. Damit Schülerinnen und Schüler einen solchen
Rechenbaum anfertigen können, müssen sie die Struktur der Aufgabe bereits erfasst haben. Dadurch wird der Rechenbaum als Hilfe für die Planung infrage gestellt (Franke und
Ruwisch 2010, S. 14 ff.).

Auch heute findet man in Schulbüchern noch Rechenbäume (s. Abb. 1.10). Sie haben aber häufig den Sinn, die Struktur einer Rechnung zu verdeutlichen, und weniger,
die Struktur einer Textaufgabe aufzudecken. Als Lösungshilfe für Sachrechenaufgaben
im Sinne von Simplexen und Komplexen werden Rechenbäume in der Regel nicht mehr
verwendet.

Neues Sachrechnen

Das sogenannte *Neue Sachrechnen* entstand in den 80er Jahren des 20. Jahrhunderts.
Ein Anlass war, dass französische Forscherinnen und Forscher Kindern aus der zweiten
und dritten Klasse die folgende Aufgabe gestellt hatten: „Auf einem Schiff befinden sich
26 Schafe und 10 Ziegen. Wie alt ist der Kapitän?" Mehr als Dreiviertel der befragten
97 Schülerinnen und Schüler hatten die in der Aufgabe angegebenen Zahlen in irgend-

Abb. 1.10 Beispiel für Rechenbäume in einem aktuellen Schulbuch. (Böttner et al. 2005, S. 47)

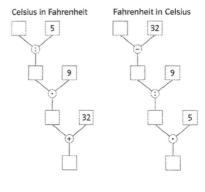

Beispiel:

20 °C $\xrightarrow{:5}$ 4° $\xrightarrow{\cdot 9}$ 36° $\xrightarrow{+32}$ 68 °F

❋ Rechne die Celsiuswerte in Fahrenheit um.

100 °C; 0 °C; 50 °C; 10 °C und −10 °C

einer Weise miteinander kombiniert und das Alter des Kapitäns angegeben (Baruk 1989, S. 29). Man führte dieses Ergebnis u. a. auf den Unterricht mit vielen eingekleideten Sachrechenaufgaben zurück und begann die Prinzipien der Meraner Reform von 1905 wieder stärker zu beachten. Im Zusammenhang mit dem Sachrechnen ist das utilitaristische Prinzip zu nennen, bei dem es darum geht, die Fähigkeit zur mathematischen Betrachtung der Umwelt zu entwickeln (Toepell 2003, S. 180).

Ziele des Neuen Sachrechnens waren, für die Schülerinnen und Schüler authentische Themen zu finden und längerfristige Projekte durchzuführen. Diese sollten losgelöst vom aktuell behandelten mathematischen Inhalt vielfältige Lösungsmöglichkeiten bieten. Dazu wurden schließlich auch neue Aufgabentypen wie z. B. Fermi-Aufgaben (vgl. Abschn. 4.2.4) oder Zeitungsaufgaben (Herget und Scholz 1998) verwendet.

Modellieren und Angewandte Mathematik

Gleichzeitig zur Entwicklung des Neuen Sachrechnens verbreitete sich verstärkt der Begriff des *Modellierens im Mathematikunterricht*. Unter Modellieren wird ein bestimmter Aspekt der Angewandten Mathematik verstanden. Dieser Aspekt wird zum Teil als eigenständiger Prozess innerhalb von Anwendungen oder als eine Auffassung des Anwendens verstanden (Fischer und Malle 1985, S. 99). Die stärkere Betonung des Modellierungsaspekts im Zusammenhang mit Anwendungsaufgaben, also auch im Zusammenhang mit Anwendungsbezügen im Mathematikunterricht, hat Pollak Ende der 70er Jahre angestoßen.

Unter anderem hat Pollak im Jahr 1976 bei der ICME in Karlsruhe den Begriff des Modellierens in der Mathematikdidaktik bekannt gemacht. Er unterscheidet zur Begriffsklärung vier Definitionen von Angewandter Mathematik (Pollak 1977, S. 255 f.):

- Klassische Angewandte Mathematik (physikalische Anwendungen der Analysis)
- Anwendbare Mathematik (Statistik, Lineare Algebra, Informatik, Analysis)
- Einfaches Modellieren (einmaliges Durchlaufen eines Modellierungskreislaufs)
- Modellieren (mehrmaliges Durchlaufen eines Modellierungskreislaufs)

Diese vier Charakterisierungen von Angewandter Mathematik sind äußerst unterschiedlich. Die ersten beiden Punkte beziehen sich auf Inhalte (klassische bzw. anwendbare Mathematik) und die letzten beiden auf den Bearbeitungsprozess. Der Begriff Modellieren legt also den Fokus auf den Bearbeitungsprozess. Alle vier Definitionen von Angewandter Mathematik werden in Abb. 1.11 visualisiert.

Modellieren ist dann als mehrfach zu durchlaufender Kreislauf von der Realität (bzw. dem Rest der Welt) zur Mathematik und zurück zu verstehen.

Das mathematische Modellieren ist in den 80er Jahren des letzten Jahrhunderts in Deutschland besonders bekannt geworden. Der von Blum (1985) veröffentlichte Artikel *Anwendungsorientierter Mathematikunterricht in der didaktischen Diskussion* enthält viele Anwendungsbeispiele, die eine große Themenvielfalt wiedergeben, und macht deutlich, dass die Diskussion um Anwendungen und Modellieren zunehmend an Bedeutung gewinnt. Auch eines der in Deutschland bekanntesten Kreislaufmodelle des Modellierens (Abb. 1.12) ist in diesem Beitrag zu finden.

Im Jahre 1990 hat sich in Istron Bay auf Kreta eine internationale Gruppe konstituiert mit dem Ziel, durch Koordination und Initiierung von Innovationen zur Verbesserung des Mathematikunterrichts beizutragen. Die Gründung einer deutschsprachigen ISTRON-Gruppe durch Werner Blum und Gabriele Kaiser 1990 trug zur Intensivierung der Modellierungsdiskussion in Deutschland bei. Der Ausgangspunkt der ISTRON-Gruppe war,

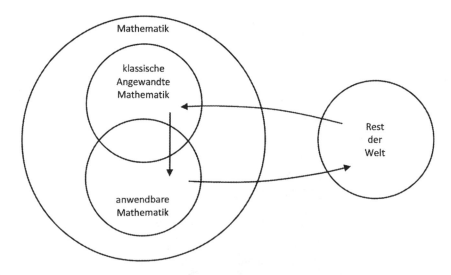

Abb. 1.11 Sichtweisen auf die Angewandte Mathematik nach Pollak (1977, S. 256)

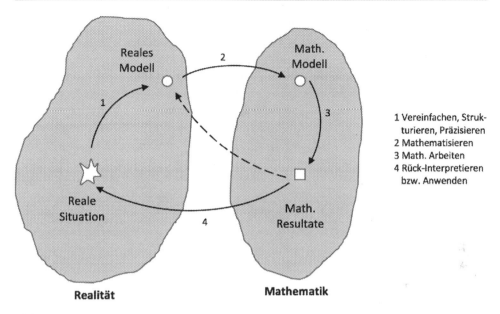

Abb. 1.12 Modellierungskreislauf nach Blum (1985, S. 200)

dass der Mathematikunterricht aus verschiedenen Gründen stärker anwendungsorientiert werden sollte. So sollten Lernende Situationen aus Alltag und Umwelt mithilfe von Mathematik verstehen lernen sowie allgemeine mathematische Qualifikationen wie Übersetzen zwischen Realität und Mathematik und Haltungen wie Offenheit gegenüber neuen Situationen erwerben. Bei Lernenden soll damit ein adäquates Bild von Mathematik aufgebaut werden, das auch die tatsächliche Verwendung von Mathematik einschließt. Das Lernen von Mathematik soll mithilfe von Anwendungsbezügen unterstützt werden (s. Blum 1993, S. V).

In diesem Zusammenhang kann auch der von Hans Freudenthal geprägte Begriff *anwendbare Mathematik* genannt werden. Im Rahmen dieses Konzepts werden ebenso Anwendungen ins Zentrum gestellt. Mithilfe dieses Begriffs solle jedoch die Mathematik stärker in den Vordergrund gestellt werden, als dies durch den Begriff *Anwendungen* möglich sei (Jahner 1985, S. 15). Im Lauf der folgenden Jahre hat das Modellieren in Lehrpläne und Standards für den Mathematikunterricht Einzug gehalten.

1.2.3   Anwendungsbezüge im aktuellen Mathematikunterricht

Mit Blick auf die wechselvolle Geschichte von Anwendungsbezügen im Mathematikunterricht und die zahllosen nicht erfolgreichen Versuche, authentische und relevante Probleme in den Mathematikunterricht einzubeziehen, wird der Begriff *Sachrechnen* heute oft mit eher ungeeigneten Textaufgaben in Verbindung gebracht. Sachrechnen im Sinne der Auseinandersetzung mit der Umwelt sowie der Beschäftigung mit Anwendungen und Modellieren im Mathematikunterricht hat dagegen immer noch eine große Bedeutung und spielt auch im aktuellen Mathematikunterricht der Sekundarstufe eine große Rolle.

Zur Klarstellung dieser Intention sollte man besser von *Modellieren* sprechen. Dieser Begriff deckt allerdings nicht die ganze mögliche Bandbreite sinnvoller Aufgaben mit Anwendungsbezug ab. Beispielsweise können einfache anwendungsbezogene Aufgaben, die man nicht als Modellierungsaufgaben bezeichnen kann (weil keine mathematischen Modelle für die Bearbeitung der Aufgaben entwickelt werden müssen), auch dem Verständnis von Teilaspekten des Modellierens oder der Motivation der Lernenden dienen.

Heute sind Anwendungsbezüge ein selbstverständlicher Bestandteil des Mathematikunterrichts und der Bildungsstandards in Deutschland. Das Modellieren wurde als Kompetenz in die Bildungsstandards (KMK 2004, 2012) sowie in die Lehrpläne der Bundesländer aufgenommen. Seit 2006 gibt es eine Gesamtstrategie der Kultusministerkonferenz zum Bildungsmonitoring. Sie dient dazu, die Kompetenzorientierung im Bildungssystem zu stärken. Hier spielt im Fach Mathematik auch die allgemeine Kompetenz Modellieren eine wichtige Rolle. Neben internationalen Schulleistungsstudien (PISA, TIMSS) gibt es nationale Schulleistungsstudien sowie Vergleichsarbeiten (VERA) in den Klassen 3 und 8. Diese Tests werden in den dritten und achten Klassen aller allgemeinbildenden Schulen durchgeführt und untersuchen, welche Kompetenzen Schülerinnen und Schüler zu einem bestimmten Zeitpunkt erreicht haben. Ziel der Vergleichsarbeiten ist es, Lehrkräften bezogen auf die Bildungsstandards eine differenzierte Rückmeldung darüber zu geben, welche Anforderungen ihre Schülerinnen und Schüler bewältigen.

Seit dem Jahr 2017 gibt es in Deutschland einen Pool mit Abiturprüfungsaufgaben, aus dem sich alle Länder bedienen können. Dies ist ein wichtiger Schritt, um die Qualität der Prüfungsaufgaben zu verbessern und das Anforderungsniveau in den Ländern schrittweise anzugleichen. Die Aufgaben sind auf der Basis der Bildungsstandards entwickelt. Daher sind auch entsprechende Aufgabenteile zur Kompetenz Modellieren in deutschen Abiturprüfungsaufgaben vorhanden. Generell sollen die Prüfungsanforderungen formale und anwendungsbezogene Aufgaben in einem ausgewogenen Verhältnis enthalten (KMK 2012, S. 24).

Wenn neben dem mathematischen *Modellieren* als allgemeine Kompetenz in den Bildungsstandards auch *Anwendungen* von Mathematik im Unterricht und in Prüfungen eine Rolle spielen, dann sollten auch die Anwendungen stärker mit Modellierungstätigkeiten im Mathematikunterricht als mit dem Lösen eingekleideter Textaufgaben in Verbindung gebracht werden. So ergeben sich aktuelle didaktische Perspektiven des *Sachrechnens* in der Sekundarstufe.

1.3   Ziele eines anwendungsbezogenen Mathematikunterrichts

Mit Anwendungsbezügen im Mathematikunterricht werden unterschiedliche Ziele auf verschiedenen Ebenen verfolgt. Die besondere Chance der Beschäftigung mit Anwendungen im Mathematikunterricht ist, dass sowohl interessante Einblicke in die Mathematik als Fach als auch in die Realität möglich sind. Lietzmann (1919) hält diesen Einblick für wichtig und gleichzeitig herausfordernd:

> Ebenso wichtig wie die Anwendung einer mathematischen Tatsache auf die Wirklichkeit, aber ungleich schwerer ist die Aufgabe, in der Wirklichkeit das mathematische Problem zu sehen (Lietzmann 1919, S. 66).

Im Folgenden unterscheiden wir inhaltsorientierte, prozessorientierte und allgemeine Ziele eines anwendungsbezogenen Mathematikunterrichts.

1.3.1   Inhaltsorientierte Ziele

Die inhaltsorientierten Ziele eines anwendungsbezogenen Mathematikunterrichts lassen sich für zwei Bereiche beschreiben. So sind zum einen das Erlernen von mathematischen Begriffen und Strukturen (Strehl 1979, S. 26) und zum anderen die Kenntnis der Umwelt inhaltsorientierte Ziele. Neben den innermathematischen Zielen ist also ein Ziel die Befähigung zur Wahrnehmung und zum Verstehen von Erscheinungen unserer Welt. Dies entspricht auch der ersten der drei Winter'schen „Grunderfahrungen", die jeder Schülerin und jedem Schüler im Mathematikunterricht nahegebracht werden sollte (Winter 1996).

Für das Erreichen der inhaltsorientierten Ziele haben auch die klassischen Inhalte des Sachrechnens wie Größen und Zinsrechnung eine besondere Bedeutung. Sie tragen dazu bei, die inhaltsorientierten Ziele beider Kategorien zu erfüllen. Zum einen sind beispielsweise Größen mathematische Objekte mit verallgemeinerbaren Strukturen (z. B. Größenbereich), zum anderen fordert die Arbeit mit Größen auch eine Beschäftigung mit der Umwelt heraus. Für die Arbeit mit Größen im Mathematikunterricht ist der Aufbau von Vorstellungen über Größen ein zentraler Punkt. So können Schülerinnen und Schüler nur

1 Liter

10 Liter

100 Liter

Abb. 1.13 Stützpunktvorstellungen für Volumina

dann Ergebnisse von Aufgaben auf Plausibilität überprüfen, wenn sie für bestimmte wichtige Einheiten entsprechende *Stützpunktvorstellungen* besitzen. Solche Stützpunktvorstellungen für das Volumen können etwa für 1 l eine Milchpackung, für 10 l ein Putzeimer und für 100 l eine halb gefüllte Badewanne sein (s. Abb. 1.13).

1.3.2 Prozessorientierte Ziele

Für einen anwendungsbezogenen Mathematikunterricht werden häufig Ziele genannt, bei denen nicht das Ergebnis wie die Kenntnis mathematischer Inhalte im Vordergrund stehen, sondern der Weg zu diesen Zielen. Wichtig sind also Prozesse wie Diskussionen und Analysen der Umwelt mit mathematischen Mitteln (Spiegel und Selter 2006, S. 74).

Gerade die Auseinandersetzung mit Anwendungsbezügen im Mathematikunterricht erfordert allgemeine mathematische Kompetenzen, etwa *Problemlösefähigkeiten*. Die im Zusammenhang mit Problemlösen zentralen *heuristischen Strategien* wie Arbeiten mit Analogien oder Rückwärtsarbeiten können bei der Bearbeitung von anwendungsbezogenen Aufgaben verwendet und gefördert werden. Diese Ziele passen auch zu der dritten der drei Winter'schen Grunderfahrungen für einen allgemeinbildenden Mathematikunterricht: Der Mathematikunterricht sollte anstreben, „in der Auseinandersetzung mit Aufgaben Problemlösefähigkeiten, die über die Mathematik hinaus gehen, [...] zu erwerben" (Winter 1996).

Wir können hier noch zwei Bereiche unterscheiden: Zum einen gibt es prozessorientierte Ziele, die spezifisch für den Unterricht mit Anwendungsbezügen sind, und zum zweiten gibt es prozessorientierte Ziele, die für den Mathematikunterricht insgesamt von Bedeutung sind.

Ein zentrales Ziel des anwendungsbezogenen Mathematikunterrichts ist das Erreichen von Modellierungskompetenz, also der Fähigkeit, Probleme aus der Realität geeignet in die Mathematik zu übertragen, zu bearbeiten und zu lösen. Besonders der Schritt des Mathematisierens, also das Finden bzw. Erkennen eines geeigneten mathematischen Modells, ist als ein wichtiges Ziel zu nennen (Fricke 1987, S. 11 ff.). Modellierungskompetenz hat zwar auch inhaltliche Aspekte wie Metawissen über Modellierungsprozesse und die Kenntnis unterschiedlicher mathematischer Modelle. Dazu gehören etwa die Kenntnis konkreter Modellierungskreisläufe und das Wissen über unterschiedliche mathematische Modelle wie z. B. die proportionalen Zuordnungen. Im Vordergrund beim Modellieren steht aber das Potenzial, ein Modellierungsproblem lösen zu können, also ein prozessorientiertes Ziel. Etwas abgeschwächt kann dieses Ziel auch als das Anwenden von Mathematik beschrieben werden (Maier und Schubert 1978, S. 14).

Im Zusammenhang mit Modellierungstätigkeiten können Schülerinnen und Schüler auch die Anwendbarkeit von Mathematik sowie deren Grenzen erfahren (Fricke 1987, S. 11 ff.).

Ein weiteres zentrales Ziel des anwendungsbezogenen Mathematikunterrichts ist die Fähigkeit, Probleme zu lösen. Dazu gehören auch das von Fricke beschriebene kreative sowie das analytisch-synthetische Denken (Fricke 1987, S. 11 ff.). Während aber die Modellierungskompetenz ein Ziel ist, welches typischerweise mit dem Bezug zu einer realen Situation aufwartet, ist dies bei der Problemlösekompetenz nicht der Fall. In vielen Fällen sind anwendungsbezogene Aufgaben zwar als Problem anzuschen, für dessen Lösung also auch Problemlösekompetenz erforderlich ist; es gibt aber auch viele innermathematische Probleme, deren Lösung nicht in den Bereich von Anwendungen fällt. Dazu zählen beispielsweise mathematische Beweise. So ist die Problemlösekompetenz ein prozessbezogenes Ziel, welches nicht ausschließlich dem anwendungsbezogenen Mathematikunterricht zuzuschreiben ist, sondern für den Mathematikunterricht insgesamt von Bedeutung ist (Strehl 1979, S. 26).

Weitere prozessorientierte Ziele, die im anwendungsbezogenen Mathematikunterricht erreicht werden können, aber für den Mathematikunterricht insgesamt und auch darüber hinaus Bedeutung haben, sind das Begründen und Argumentieren, das Reflektieren (Radatz und Schipper 1983, S. 20 f.) und der Einsatz geeigneter Werkzeuge wie Messgeräte und Computer.

1.3.3 Allgemeine Ziele

In diesem Abschnitt werden Ziele zusammengefasst, die nicht spezifisch für Inhalte und Prozesse des anwendungsbezogenen Mathematikunterrichts sind, sondern darüber hinausgehen. Diese Ziele können teilweise auch im Rahmen anderer Fächer erreicht werden.

Anwendungsbezogener Mathematikunterricht kann – ebenso wie andere Bereiche des Mathematikunterrichts – die Motivation steigern. Sachprobleme zu Beginn eines Lernprozesses können dieses Ziel besonders gut erfüllen (Maier und Schubert 1978, S. 14).

Anwendungsbezogener Mathematikunterricht kann durch seinen Bezug zur Umwelt besonders gut auch zu allgemeinen Zielen des Mathematikunterrichts beitragen. Durch die im Unterricht erlebten Alltagsprobleme, die mathematisch bearbeitet werden können, wird der Sinn des Faches Mathematik für die Schülerinnen und Schüler sehr gut deutlich. Außerdem kann durch Anwendungsbezüge besser auf Ausbildung, Beruf, Studium und Alltag vorbereitet werden (Westermann 2003, S. 148).

Der Anwendungsbezug von Sachrechenproblemen legt es nahe, sich intensiver mit den zugehörigen Wissenschaften zu beschäftigen. Daher ist gerade der anwendungsbezogene Mathematikunterricht ein guter Anknüpfungspunkt für Zusammenarbeit mit anderen Fächern, aber auch mit der Mathematik selbst. So ist das Durchführen fächerübergreifender Projekte ebenfalls ein allgemeines Ziel (Jahner 1985, S. 25 ff.).

Die Schülerinnen und Schüler beschäftigen sich im Rahmen des anwendungsbezogenen Mathematikunterrichts auch mit Problemen aus der Gesellschaft. Mathematik hat so auch allgemeinbildenden Charakter (Westermann 2003, S. 148). Falls dies im Unterricht geschieht, so ist durch reale Anwendungen zumindest eine spätere Beschäftigung mit politischen, gesellschaftlichen oder ökonomischen Problemen vorbereitet (Maier und Schubert 1978, S. 15). Beispielsweise ist die Diskussion von Steuermodellen ein möglicher gesellschaftsrelevanter Inhalt eines anwendungsbezogenen Mathematikunterrichts. Durch die Diskussion gesellschaftlicher und politischer Probleme können Schülerinnen und Schüler schließlich kompetent Verantwortung in der Gesellschaft übernehmen.

1.4 Anwendungen in den Bildungsstandards

Ausgehend von den Bildungsstandards wird im Folgenden beschrieben, welchen Beitrag Anwendungen und Modellieren für den Kompetenzerwerb in der Sekundarstufe leisten können.

In den Bildungsstandards für den Hauptschulabschluss (KMK 2005a) bzw. den mittleren Bildungsabschluss (KMK 2004) wird die allgemeine Kompetenz des mathematischen Modellierens herausgestellt. In der Sekundarstufe werden die Anforderungen zur Kompetenz Modellieren in den folgenden drei verschiedenen Anforderungsbereichen beschrieben:

Anforderungsbereich I: Die Schülerinnen und Schüler können ...

- „vertraute und direkt erkennbare Modelle nutzen,
- einfachen Erscheinungen aus der Erfahrungswelt mathematische Objekte zuordnen,
- Resultate am Kontext prüfen". (KMK 2004, S. 14)

Anforderungsbereich II: Die Schülerinnen und Schüler können ...

- „Modellierungen, die mehrere Schritte erfordern, vornehmen,
- Ergebnisse einer Modellierung interpretieren und an der Ausgangssituation prüfen,
- einem mathematischen Modell passende Situationen zuordnen". (KMK 2004, S. 14)

Anforderungsbereich III: Die Schülerinnen und Schüler können ...

- „komplexe oder unvertraute Situationen modellieren,
- verwendete mathematische Modelle (wie Formeln, Gleichungen, Darstellungen von Zuordnungen, Zeichnungen, strukturierte Darstellungen, Ablaufpläne) reflektieren und kritisch beurteilen". (KMK 2004, S. 14)

Zusätzlich werden – im Rahmen der detaillierten Erläuterung der Leitideen – in den Bildungsstandards für die Sekundarstufe I relevante Tätigkeiten im Zusammenhang mit Anwendungen im Mathematikunterricht beschrieben. In den Bildungsstandards für den Hauptschulabschluss sollen Schülerinnen und Schüler im Rahmen der *Leitidee Zahl* etwa Zahlen dem Sachverhalt entsprechend runden und der Situation angemessen, unter anderem in Zehnerpotenzschreibweise, darstellen sowie Ergebnisse in Sachsituationen prüfen und interpretieren können. Darüber hinaus sollen sie Prozent- und Zinsrechnung sachge-recht verwenden können. Im Zusammenhang mit der *Leitidee Messen* sollen Schülerinnen und Schüler Einheiten von Größen situationsgerecht auswählen und ggf. umwandeln kön-nen sowie in ihrer Umwelt gezielt Messungen vornehmen oder Maßangaben aus Quellen-material entnehmen und damit Berechnungen durchführen und die Ergebnisse sowie den gewählten Weg in Bezug auf die Sachsituation bewerten können. Im Rahmen der *Leitidee funktionaler Zusammenhang* sollen Lernende funktionale Zusammenhänge und ihre Dar-stellungen in Alltagssituationen beschreiben und interpretieren, Maßstäbe beim Lesen und Anfertigen von Zeichnungen situationsgerecht nutzen und proportionale und antipropor-tionale Zuordnungen in Sachzusammenhängen unterscheiden sowie damit Berechnungen anstellen können. Im Zusammenhang mit der *Leitidee Daten und Zufall* sollen Zufalls-erscheinungen in alltäglichen Situationen beschrieben werden (KMK 2005a). Darüber hinaus werden für den mittleren Bildungsabschluss noch weitere Kompetenzen genannt. Dazu gehört etwa, dass Schülerinnen und Schüler Ergebnisse in Sachsituationen unter Ein-beziehung einer kritischen Einschätzung des gewählten Modells und seiner Bearbeitung prüfen und interpretieren können (KMK 2004).

Die Darstellung dieser Kompetenzen aus den Bildungsstandards zeigt, dass Anwen-dungsbezüge auch im Rahmen der aktuellen Bildungsstandards einen großen Raum ein-nehmen. Hier ist zu bemerken, dass für den Bereich des mittleren Bildungsabschlusses die für die Hauptschule beschriebenen Prozesse noch ergänzt werden. Anwendungsbe-züge in den Bildungsstandards haben also gerade keinen Schwerpunkt im Bereich der Hauptschule, wie man es aus der historischen Entwicklung des anwendungsbezogenen Mathematikunterrichts vielleicht vermuten könnte, sondern sie werden für die übrigen Schulformen sogar noch erweitert. Außerdem lassen sich nicht alle beschriebenen Kom-petenzen im Zusammenhang mit Anwendungen unter der allgemeinen Kompetenz des mathematischen Modellierens zusammenfassen, sodass die über das Modellieren hinaus-gehende weiter reichende Betrachtung von Anwendungsbezügen auch im Hinblick auf die Bildungsstandards durchaus sinnvoll ist.

1.5   Begriff und Funktionen des Sachrechnens

Der Blick auf die historische Entwicklung von Anwendungsbezügen im Mathematikun-terricht zeigt eine lange Tradition von Sachrechenaufgaben. Modellieren ist dagegen eine vergleichsweise neue Entwicklung, auf die im folgenden Kapitel genauer eingegangen wird.

Beispiele für Sachrechenaufgaben (s. z. B. Abschn. 1.1) zeigen bereits ihre große Band-breite. Hinter unterschiedlichen Aufgaben, die im Allgemeinen zum Sachrechnen gezählt werden, stehen unterschiedliche Vorstellungen und Ziele des Sachrechnens. Diese werden auch deutlich, wenn man die verschiedenen Definitionen des Sachrechnens in der Literatur betrachtet.

1.5.1 Begriff des Sachrechnens

Da Sachrechnen bereits in seinem Namen auf den Bezug zur realen Welt *(Sache)* und zur Mathematik *(Rechnen)* hinweist, können diese beiden Aspekte auch zur Definition des Sachrechnens herangezogen werden. Ausgehend vom Bezug zur realen Umwelt definieren Spiegel und Selter (2006) Sachrechnen in einem sehr allgemeinen Sinn.

> **Sachrechnen** ist der „Oberbegriff für die Auseinandersetzung mit Aufgaben, die einen Bezug zur Wirklichkeit aufweisen" (Spiegel und Selter 2006, S. 74).

Bei Franke und Ruwisch (2010) wird dieser Bezug zur Wirklichkeit auf den Erfahrungsbereich der Schülerinnen und Schüler oder zumindest auf das reale Leben eingeschränkt. Damit werden völlig lebensferne Inhalte aus dem Sachrechnen ausgeschlossen.

> **Sachrechnen** ist „das Bearbeiten von Aufgaben [...], die eine Situation des realen Lebens aus dem Erfahrungsbereich der Schüler und Schülerinnen beschreiben" (Franke und Ruwisch 2010, S. 5).

Mit Blick auf die Schulrealität bemerken Franke und Ruwisch (2010, S. 5) allerdings, dass dies auch gelten soll, wenn die Schülerinnen und Schüler diese Situationen noch nicht erfahren haben. Lewe (2001) schränkt diese Sicht auf das Sachrechnen noch weiter ein und fordert, dass die mathematischen Zusammenhänge in der Wirklichkeit entdeckt und wiederum auf die Wirklichkeit angewendet werden müssen.

> **Sachrechnen** besteht aus dem Entdecken mathematischer Zusammenhänge in der Lebenswirklichkeit und dem Anwenden dieser Zusammenhänge auf die Lebenswirklichkeit (vgl. Lewe 2001).

Die Definition von Lewe bezieht sich schon deutlicher auf den zweiten Aspekt des Sachrechnens, also auf die Mathematik. Definitionen, die noch stärker auf diesen Aspekt hinweisen, findet man etwa in den 1980er Jahren. Hier wird der mögliche Einsatz mathematischer Methoden stärker in den Mittelpunkt gestellt.

> **Sachrechnen** „befaßt sich mit Aufgaben, die von außermathematischen Sachverhalten handeln und über die mit mathematischen Mitteln Aussagen gemacht werden können" (Fricke 1987, S. 6).

Sachrechnen ist aus mathematischer Sicht ein Teil der Angewandten Mathematik. Es werden aber üblicherweise nicht alle Inhalte der Angewandten Mathematik zum Sachrechnen gezählt, sondern nur jene, die auch in der Schule möglich sind bzw. typischerweise behandelt werden. So beschäftigt man sich im Rahmen der Angewandten Mathematik beispielsweise mit der numerischen Simulation von Strömungen; dieses Gebiet kann aber im Rahmen der Schulmathematik nicht behandelt werden.

Abb. 1.14 Sachrechnen im
Wechselspiel von Umwelt,
Mathematik und Schüler/in

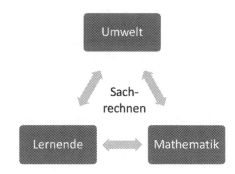

Die in der Schule bearbeitbaren Inhalte, die man zum Sachrechnen zählen kann, unterliegen möglichen – wenn auch geringen – Veränderungen, die durch die aktuellen Lehrpläne und Bildungsstandards sowie durch die Schulrealität bedingt sind. Das Sachrechnen in der Sekundarstufe I beschränkt sich, wie Fricke (1987) feststellt, damit auf die Inhalte der Angewandten Mathematik, die bis zur zehnten Klassenstufe behandelt werden könnten.

▶ „**Sachrechnen** ist der Teil der Angewandten Mathematik, der Schülern bis zur 10. Klasse zugänglich ist" (Fricke 1987, S. 10).

Ähnlich sieht Strehl (1979) das Sachrechnen als Anwendung von Mathematik. Hier wird als zusätzlicher Aspekt die Mathematisierung – im Wesentlichen eingeschränkt auf numerische Aspekte – genannt.

▶ „**Sachrechnen** ist Anwendung von Mathematik auf vorgegebene Sachprobleme und Mathematisierung konkreter Erfahrungen und Sachzusammenhänge vorwiegend unter numerischem Aspekt" (Strehl 1979, S. 24).

Maier und Schubert (1978) schränken den Begriff des Sachrechnens noch weiter ein und schließen zu einfache Aufgaben, die mit einer einzigen Rechenoperation bearbeitbar sind, sowie zu komplexe Aufgaben, bei denen die Datenmenge sehr groß ist oder erst noch beschafft werden muss, aus (Maier und Schubert 1978, S. 11 ff.). Wir wollen das Sachrechnen hier aber nicht in diesem engen Sinne betrachten.

Außer dem bereits gezeigten Wechselspiel zwischen Mathematik und Umwelt kann in die Definition des Sachrechnens auch die Person der Schülerin bzw. des Schülers mit einbezogen werden (Krauthausen und Scherer 2007, S. 76). Lernprozesse können nur betrachtet werden, wenn die beteiligten Personen mit in den Blick genommen werden (s. Abb. 1.14).

Es ist wichtig festzuhalten, dass nach unserem Verständnis Sachrechnen mehr ist als ein Unterricht mit Bezügen zur realen Welt und zur Mathematik. Umwelt und Mathematik lassen sich nicht getrennt betrachten, sondern die Beziehung von Umwelt und Mathematik muss genau untersucht und in den Unterricht einbezogen werden. Entscheidend ist hier die Frage, wie der Übergang von der realen Umwelt zur Mathematik vollzogen werden kann. Diesen Prozess bezeichnen wir mit *mathematischem Modellieren* (Hinrichs 2008; Maaß K. 2007; Greefrath 2007). Das Modellieren ist demnach ein wichtiger Teil des Sachrechnens. Sachrechnen geht aber darüber hinaus und betrachtet auch Aspekte, die keinen echten Modellierungscharakter haben. Es beleuchtet auch die Beziehungen zur Umwelt und zur Mathematik. Daher verwenden wir den Begriff Sachrechnen im weiteren Sinne. Dies schließt das mathematische Modellieren ein, geht aber weit darüber hinaus.

▷ **Sachrechnen** im weiteren Sinne bezeichnet die Auseinandersetzung mit der Umwelt sowie die Beschäftigung mit wirklichkeitsbezogenen Aufgaben im Mathematikunterricht.

1.5.2 Funktionen des Sachrechnens

Aus den unterschiedlichen Definitionen des Sachrechnens kann man auch verschiedene Funktionen des Sachrechnens ableiten. Diese lassen sich nicht klar trennen, sondern überschneiden sich teilweise. Winter (2003, S. 15 ff.) beschreibt die folgenden Funktionen des Sachrechnens:

- Sachrechnen als Lernstoff
- Sachrechnen als Lernprinzip
- Sachrechnen als Lernziel: Umwelterschließung

Bei der Betrachtung des Sachrechnens als Vermittlung von *Lernstoff* stehen die mathematischen Inhalte des Sachrechnens, wie z. B. Größen und Prozentrechnung, im Vordergrund. Diese Inhalte sind allerdings nicht klar abzugrenzen. Klassischerweise gehören zum Sachrechnen in der Sekundarstufe die Inhalte Größen sowie Prozent- und Zinsrechnung. Weitere Inhalte ergeben sich auch daraus, wie der Mathematikunterricht gestaltet wird, denn im Prinzip können nahezu alle mathematischen Inhalte in anwendungsbezogenen Kontexten unterrichtet werden. Und dann würden diese Inhalte auch zum Sachrechnen zählen. Diese erweiterte Auffassung von Sachrechnen übersteigt dann deutlich die klassischen Inhalte des Sachrechnens (Winter 2003, S. 15 ff.).

Betrachtet man das Sachrechnen unter dem Aspekt des *Lernprinzips*, so werden Sachsituationen beispielsweise zur *Motivation, Veranschaulichung* oder zur *Übung* mathematischer Lernprozesse genutzt. Hier steht die Arbeit der Schülerinnen und Schüler im Vordergrund, die mathematische Inhalte mithilfe von realen oder wirklichkeitsnahen Situationen erlernen.

Aufgabenbeispiel Kopierer

Welches Angebot ist das beste?

In der Schule soll ein neuer Kopierer angeschafft werden, da der alte defekt ist. Die Schulleitung hat sich bereits für das Modell KM-C2520 entschieden. Zwei Firmen bieten jeweils einen Service-Vertrag an.

Angebot 1: 649 € pro Jahr und 1 Cent pro Kopie
Angebot 2: 749 € pro Jahr und 0,9 Cent pro Kopie

Beispielsweise kann zu Beginn einer Unterrichtsreihe zu linearen Funktionen das Problem von Kopierkosten einer Schule in den Mittelpunkt gestellt werden (s. Aufgabenbeispiel Kopierer). Die Schülerinnen und Schüler sollen dann aufgrund unterschiedlicher Angebote entscheiden, welchen Kopierer die Schule am besten anschaffen sollte.

Diese Anwendung dient dann der *Motivation* für die Arbeit mit linearen Funktionen, die aus den beiden Angeboten abgeleitet werden können. Beispielsweise können die Kosten pro Jahr in Abhängigkeit von den erstellen Kopien angegeben werden. Die Bedeutung des Schnittpunktes der beiden zugehörigen Graphen kann so auch im Kontext geklärt werden. Eine solche Sachsituation würde auch dann schon zur Motivation der Schülerinnen und Schüler dienen, wenn sie nicht bis zum Ende der Unterrichtseinheit als sinnstiftender Kontext genutzt würde, sondern nur zu Beginn die Beschäftigung mit linearen Funktionen motiviert. Dieser Ansatz ist also bezogen auf die Lösung des tatsächlichen Problems, wie hier im Beispiel die Wahl des Kopierers, noch ausbaufähig.

Ein anderes Beispiel, das nicht der Motivation, aber der *Veranschaulichung* dient, ist das Darstellen von Zahlensystemen. Beispielsweise kann das Stellenwertsystem mit sechs Ziffern anhand von Eierverpackungen (s. Abb. 1.15) veranschaulicht werden. Hier werden sechs Eier in einem Eierkarton zusammengefasst. In dieser Veranschaulichung werden

Abb. 1.15 Eierverpackung als
Veranschaulichung

dann sechs Eierkartons wiederum in einer größeren Kiste und sechs Kisten auf einer Palette zusammengefasst. Dies entspricht der Bündelung im Sechsersystem. Die Schülerinnen und Schüler können so abstrakte mathematische Inhalte wie das Stellenwertsystem mithilfe realer bekannter Gegenstände veranschaulichen und so besser verstehen.

Hier wird klar, dass auch Dinge aus dem Alltag für Veranschaulichungen im Mathematikunterricht genutzt werden können, wenn sie entsprechend interpretiert werden. Die Interpretation ist allerdings der entscheidende Punkt. Ein Eierkarton führt bei Schülerinnen und Schülern noch nicht zu einer entsprechenden Auseinandersetzung mit dem Stellenwertsystem. Nach einer geeigneten Interpretation im Unterricht kann ein solcher Karton aber passende Assoziationen auslösen.

Wie bereits Winter (2003, S. 26 ff.) feststellt, ist es allerdings im Mathematikunterricht ein verbreitetes Vorgehen, zuerst einen mathematischen Inhalt ohne Sachkontext einzuführen und ihn dann mithilfe eingekleideter Sachrechenaufgaben zu *üben*. Dies würde die beiden genannten Aspekte der Motivation und der Veranschaulichung nicht ganz treffen. Die Motivation wäre dann eventuell nur für kurzfristige Übungsphasen zu erreichen und die Veranschaulichung beim Lernen eines neuen mathematischen Inhalts würde nicht stattfinden können. Das Üben in Sachsituationen oder anwendungsorientiertes Üben ist aber nur eine Form des Übens (s. Abschn. 7.4).

Sieht man dagegen die Beschäftigung mit der *Umwelt* selbst als *Lernziel*, ist dies die allgemeinste Funktion des Sachrechnens. Hier steht dann die *Sache* und nicht das *Rechnen* im Mittelpunkt der Lernprozesse. Im Vordergrund steht zunächst nicht, die Mathematik zu vermitteln, sondern die Umwelt – möglichst auch unter Einbeziehung mathematischer Mittel und Methoden – zu verstehen und zu erklären (Winter 2003, S. 31 ff.). Winter spricht hier von Sachrechnen im eigentlichen Sinn. Damit ist das Sachrechnen aus sich heraus fächerübergreifend und in der Folge für Lehrerinnen und Lehrer sehr anspruchsvoll (Winter 1980, S. 83).

Das Ziel des Sachrechnens ist unter diesem Aspekt die Befähigung zur Wahrnehmung und zum Verstehen von Erscheinungen unserer Welt. Damit wird Sachrechnen auch zur Sachkunde. Zentral ist hier der Aufbau mathematischer Modelle. Für das Modellieren,

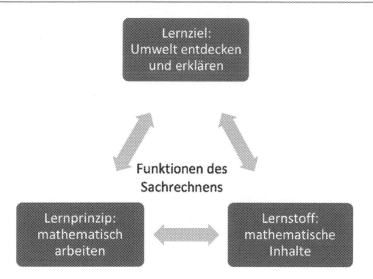

Abb. 1.16 Funktionen des Sachrechnens

also für die Umwelterschließung, ist der Projektunterricht eine empfehlenswerte Unterrichtsform.

Im Aufgabenbeispiel Kopierer könnte man die Funktion des Sachrechnens als Lernziel dann als erreicht ansehen, wenn die Schülerinnen und Schüler mit mathematischen Methoden tatsächlich bestimmen würden, welcher Kopierer angeschafft werden soll, und dies dann auch für die Schule eine relevante Information darstellt. Dann würden im Unterricht nicht nur lineare Funktionen eingeführt und an anderen Beispielen betrachtet, sondern es würde das Problem des Kopierers mit allen Aspekten ausführlich bearbeitet. Dazu müssten gegebenenfalls auch weitere Informationen eingeholt und andere mathematische Werkzeuge verwendet werden. Die Funktion des Sachrechnens als Lernziel ist die umfassendste Funktion des Sachrechnens. Sie schließt die Funktionen des Lernstoffs und des Lernprinzips ein (s. Abb. 1.16).

1.6 Aufgaben zur Wiederholung und Vertiefung

1.6.1 Der Begriff Sachrechnen

1. Definieren Sie für sich Sachrechnen und begründen Sie Ihren Standpunkt.
2. Suchen Sie aus Schulbüchern drei Sachrechenaufgaben heraus und begründen Sie, warum es sich jeweils tatsächlich um eine Sachrechenaufgabe handelt.
3. Erläutern Sie mithilfe von Beispielen, unter welchen Bedingungen Stochastik-Aufgaben auch Sachrechenaufgaben sind.

1.6.2 Ziele des Sachrechnens

1. Sachrechenaufgaben können in einem Lernprozess verschiedene Ziele verfolgen. Erstellen Sie Sachrechenaufgaben, die jeweils ein Ziel des Sachrechnens besonders unterstützen. Begründen Sie Ihre Auswahl.
2. Gibt es einen Zusammenhang zwischen den Zielen und den Funktionen von Sachrechenaufgaben für den Mathematikunterricht? Begründen Sie Ihre Antwort mithilfe selbst erstellter Beispiele.

1.6.3 Die Funktionen des Sachrechnens

Betrachten Sie die folgende Aufgabenstellung.

Container-Aufgabe

Der Container soll bis zur Ladekante gefüllt werden. Wie viel Sand passt in den Container?

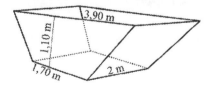

Den Schülerinnen und Schülern soll dazu nur jeweils eine der drei dargestellten Abbildungen des Containers zur Verfügung gestellt werden.

1. Erläutern Sie, wie sich die Auswahl des Bildes auf die Funktion des Sachrechnens, die mit der Aufgabe angesprochen wird, auswirken kann.
2. Analysieren Sie, welche innermathematischen Fertigkeiten die Schülerinnen und Schüler besitzen müssen, um diese Aufgabe mithilfe des ersten bzw. dritten Bildes bearbeiten und lösen zu können.
3. Analysieren Sie, welche außermathematischen Fähigkeiten die Schülerinnen und Schüler besitzen müssen, um diese Aufgabe mithilfe des ersten bzw. dritten Bildes bearbeiten und lösen zu können.

1.6.4   Geschichte des Sachrechnens

Historisches Aufgabenbeispiel

Durch das Umsiedlungswerk wurden nach dem Polenfeldzug viele Volksdeutsche in den deutschen Lebensraum zurückgeführt aus:

Litauen 50.000, Bessarabien 93.400, Südtirol 185.000, Estland und Lettland 75.000, Dobrudscha 14.500, Nord- und Südbuchenland 99.300, Galizien und Wolhynien 130.000, Cholmer und Lubliner Land 32.500, Generalgouvernement 50.000.

Das gibt

a. viele sechsköpfige Familien für Erbhöfe,
b. viele Bauerndörfer mit 800 Bewohnern.

Für das Altreich hat die Volkszählung (...) mit rund 68,6 Mio. noch eine Bevölkerungsdichte von rund 146 Einwohner je km^2 ergeben; wir vergleichen mit der Bevölkerungsdichte der zurückgewonnenen Gebiete (rund 108 Einwohner je km^2).

1. In welcher Zeit könnten die abgebildeten Sachrechenaufgaben gestellt worden sein?
2. Welche Ziele verfolgen diese Sachrechenaufgaben?

1.6.5   Systematisches Sachrechnen

Wasserbehälter-Aufgabe

Ein Wasserbehälter, der 5 m lang, 4 m breit und 3 m hoch ist, ist bis 1,50 m unter dem Rand mit Wasser gefüllt. Die Wassermenge soll durch Zufluss auf 40 m^3 ansteigen. Um wie viele Zentimeter wird der Wasserspiegel steigen?

1. Erklären Sie die Begriffe *Simplex* und *Komplex* mithilfe der oben gestellten Wasserbehälter-Aufgabe.
2. Lösen Sie die Aufgabe mithilfe eines Rechenbaumes.
3. Erstellen Sie eine weitere Sachrechenaufgabe, deren Lösung auf exakt den gleichen Rechenbaum führt.
4. Welche Funktion des Sachrechnens erfüllt die oben genannte Sachrechenaufgabe im Mathematikunterricht in erster Linie?
5. Welche Schwierigkeiten können bei Schülerinnen und Schülern auftreten, wenn sie solche Aufgaben mithilfe eines Rechenbaumes lösen sollen?
6. Beziehen Sie Stellung zu der Auffassung von Breidenbach, dass „die Lösung von umfangreichen Aufgaben auf die Auflösung in mehrere Simplexe hinausläuft". Deshalb sei nach seiner Meinung „das Erkennen eines Simplex der Generalschlüssel, mit dem alle Sachrechenaufgaben gelöst werden können und müssen" (Franke und Ruwisch 2010, S. 12).

Modellieren

Modellieren ist in den Bildungsstandards der Kultusministerkonferenz (KMK 2004) und in den Kernlehrplänen bzw. Bildungsplänen der einzelnen Bundesländer (z. B. Ministerium für Schule NRW 2004) als *allgemeine mathematische Kompetenz* oder *prozessbezogene Kompetenz* in herausgehobener Weise benannt. Mit Modellieren wird die Tätigkeit bezeichnet, durch die ein mathematisches Modell zu einem Anwendungsproblem aufgestellt und bearbeitet wird (Griesel 2005, S. 64).

Modellieren ist spätestens seit Gründung der ISTRON-Gruppe im Jahr 1990 (Förster et al. 2000, S. iv) eine sowohl in der Mathematikdidaktik als auch in der Schulpraxis im deutschsprachigen Raum viel diskutierte Kompetenz. Modellierungstätigkeiten bilden das Zentrum des modernen anwendungsbezogenen Mathematikunterrichts im Dienste der Umwelterschließung (Winter 2003, S. 32).

Modellieren, *Anwendungen* und *Sachrechnen* werden häufig als sehr unterschiedliche Begriffe wahrgenommen. Dies muss aber nicht so gesehen werden. Das Modellieren ist – zumindest nach unserer Auffassung – der zentrale Teil des Sachrechnens. Sachrechnen beschreibt die Auseinandersetzung mit der Umwelt im Mathematikunterricht. Dies geschieht am besten durch echte Probleme, die mathematisch bearbeitet werden, und nicht nur durch Sachrechenaufgaben mit einem Bezug zur Realität.

Werden Anwendungsaufgaben entwickelt, um für bestimmte mathematische Inhalte eine Sachrechenaufgabe zu erhalten, so denkt man häufig in Richtung der mathematischen Inhalte und der Anteil der Realität ist dann eher nebensächlich. Bei diesem Verfahren können leicht eingekleidete Textaufgaben entstehen, die dann zwar zum Bereich des Sachrechnens gezählt werden, aber nicht zum Modellieren. Geht man aber von einem Problem in der Realität aus und beginnt dies mit mathematischen Methoden zu lösen, so steht das Modellieren im Mittelpunkt. Schwieriger ist es dann, ein Modellierungsproblem passend für die aktuell im Unterricht behandelten Inhalte zu finden.

In der Tat wird mit *Anwendungen* eher die Richtung von der Mathematik zur Realität bezeichnet und es stehen stärker die Ergebnisse oder Produkte im Fokus. Mit *Modellieren* meint man eher die umgekehrte Sichtweise von der Realität zur Mathematik mit dem

© Springer-Verlag GmbH Deutschland, ein Teil von Springer Nature 2018
G. Greefrath, *Anwendungen und Modellieren im Mathematikunterricht*,
Mathematik Primarstufe und Sekundarstufe I + II,
https://doi.org/10.1007/978-3-662-57680-9_2

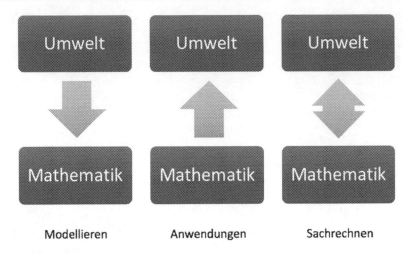

Modellieren   Anwendungen   Sachrechnen

Abb. 2.1 Sichtweisen auf Umwelt und Mathematik

Fokus auf Prozessen (Kaiser et al. 2015). *Sachrechnen* umfasst nach unserem Verständnis beide Sichtweisen, also Anwendungen und Modellieren, auch wenn der Modellierungsaspekt im Vordergrund stehen sollte (s. Abb. 2.1).

Wir wollen uns im Folgenden intensiver mit dem Modellieren und dem mathematischen Modell beschäftigen. Der Modellierungsprozess im Mathematikunterricht wird meist idealisiert als Kreislauf dargestellt. Bevor wir zu einer genaueren Diskussion dieses Kreislaufs kommen, wird zunächst der Begriff des Modellierens betrachtet.

2.1 Mathematisches Modell

Da beim Modellieren die Schaffung eines mathematischen Modells stattfindet, muss nun genauer der Begriff des mathematischen Modells diskutiert werden. Ein gewisser Ausgangspunkt für die Diskussion zum Begriff des mathematischen Modells kann in den Arbeiten von Heinrich Hertz (1857–1894) gesehen werden. Er hat seine Überlegungen zu mathematischen Modellen auf den Bereich der Physik bezogen und in der Einleitung zu seinem Buch *Die Prinzipien der Mechanik* beschrieben. Hertz nennt in seinem Werk mathematische Modelle noch „innere Scheinbilder von äußeren Gegenständen" (Hertz 1894, S. 1) und beschreibt drei Kriterien, die zur Auswahl von mathematischen Modellen herangezogen werden können.

Verschiedene Bilder derselben Gegenstände sind möglich und diese Bilder können sich nach verschiedenen Richtungen unterscheiden. Als unzulässig sollten wir von vornherein solche Bilder bezeichnen, welche schon einen Widerspruch gegen die Gesetze unseres Denkens in sich tragen, und wir fordern also zunächst, daß alle unsere Bilder logisch zulässige oder kurz zulässige seien. Unrichtig nennen wir zulässige Bilder dann, wenn ihre wesentlichen Beziehungen den Beziehungen der äußeren Dinge widersprechen, das heißt wenn sie jener ersten

Grundförderung nicht genügen. Wir verlangen demnach zweitens, daß unsere Bilder richtig seien. Aber zwei zulässige und richtige Bilder derselben äußeren Gegenstände können sich noch unterscheiden nach der Zweckmäßigkeit. Von zwei Bildern desselben Gegenstandes wird dasjenige das zweckmäßigere sein, welches mehr wesentliche Beziehungen des Gegenstandes wiederspiegelt als das andere; welches, wie wir sagen wollen, das deutlichere ist. Bei gleicher Deutlichkeit wird von zwei Bildern dasjenige zweckmäßiger sein, welches neben den wesentlichen Zügen die geringere Zahl überflüssiger oder leerer Beziehungen enthält, welches also das einfachere ist (Hertz 1894, S. 2 f.).

Hertz nennt in seinem Text die Kriterien der (logischen) *Zulässigkeit*, der *Richtigkeit* und der *Zweckmäßigkeit*. Ein mathematisches Modell ist zulässig, wenn kein Widerspruch zu den Gesetzen unseres Denkens entsteht. Mit richtig ist in diesem Zusammenhang gemeint, dass wesentliche Beziehungen der realen Situation im Modell abgebildet werden. Das Kriterium der Zweckmäßigkeit bedeutet, dass das Modell den Gegenstand besser beschreibt und weniger unnötige Informationen enthält. Die Zweckmäßigkeit eines Modells kann nur mithilfe des zu bearbeitenden Problems beurteilt werden. Sie kann beispielsweise durch die Sparsamkeit des verwendeten Modells, aber in einer anderen Situation auch durch den Reichtum der dargestellten Beziehungen zum Ausdruck kommen (Neunzert und Rosenberger 1991, S. 149). Ein neues Problem erfordert unter Umständen eine neue Modellierung – auch dann, wenn der gleiche Gegenstand betrachtet wird. Hertz betont darüber hinaus die notwendige Übereinstimmung des mathematischen Modells mit den Gegenständen aus der Realität (Hertz 1894, S. 1). Bei der Bildung eines mathematischen Modells wird demnach ein System durch ein anderes ersetzt, das leichter beherrschbar ist. Dabei werden Strukturelemente, die für wesentlich gehalten werden, auf das neue System übertragen (Freudenthal 1978, S. 130).

Für den Begriff des mathematischen Modells finden wir in der deutschsprachigen Literatur viele Beschreibungen. Vier wichtige Aspekte aus diesen Beschreibungen werden im Folgenden exemplarisch vorgestellt.

> **Isolation** *Ein Modell ist ein vereinfachendes Bild eines Teils der Welt. Dazu wird der zu betrachtende Teil der Wirklichkeit isoliert und seine Verbindungen zur Welt kontrolliert. Die Subsysteme des Teils der Wirklichkeit werden durch bekannte Teile ersetzt, ohne die Gesamtstruktur zu zerstören.* (vgl. Ebenhöh 1990, S. 6)

> **Entsprechung** *Ein mathematisches Modell ist jede vollständige und konsistente Menge von mathematischen Strukturen, „die darauf ausgelegt ist, einem anderen Gebilde, nämlich seinem Prototyp, zu entsprechen. Dieser Prototyp kann ein physikalisches, biologisches, soziales, psychologisches oder konzeptionelles Gebilde sein, vielleicht sogar ein anderes mathematisches Modell"* (Davis und Hersh 1986, S. 77).

> **Vereinfachung** *Ein Modell ist eine „vereinfachende, nur gewisse, einigermaßen objektivierbare Teilaspekte berücksichtigende Darstellung der Realität"* (Henn und Maaß 2003, S. 2).

▶ **Anwendung von Mathematik** *Ein mathematisches Modell ist eine Darstellung ei-*
nes Sachverhaltes, auf die mathematische Methoden angewandt werden können,
um ein mathematisches Resultat zu erhalten (vgl. Zais und Grund 1991, S. 7).

Ein mathematisches Modell ist also eine zulässige, richtige, zweckmäßige, isolierte
Darstellung der Welt, die vereinfacht worden ist, dem ursprünglichen Prototyp entspricht
und zur Anwendung von Mathematik geeignet ist. Die Bearbeitung eines realen Problems mit mathematischen Methoden hat auch Grenzen, da die komplexe Realität nicht
vollständig in ein mathematisches Modell übertragen werden kann. Dies ist sogar im Regelfall gar nicht erwünscht. Ein Grund für das Erstellen von Modellen ist die Möglichkeit
der überschaubaren Verarbeitung der realen Daten. Im Rahmen eines Modellierungsprozesses wird deshalb nur ein bestimmter Ausschnitt der Wirklichkeit in eine mathematische
Form gebracht (Henn 2002, S. 5). Das Modell dient in vielen Fällen als Ersatzkonstruk-
tion für die nicht erfassbare Realität, die so wenigstens teilweise bearbeitet werden kann
(Müller und Wittmann 1984, S. 253). Auch wenn ein mathematisches Modell die Situation nur partiell darstellt, kann es dennoch eine größere Genauigkeit fordern als die reale
Situation (Revuz 1965, S. 62).

Modelle sind nicht eindeutig, da es häufig auf unterschiedliche Weise möglich ist,
Vereinfachungen vorzunehmen. Ein neues Problem erfordert unter Umständen eine neue
Modellierung – auch dann, wenn der gleiche Gegenstand betrachtet wird. Die genaue
Beschreibung eines Modellierungsprozesses wird durch die verschiedenen Arten von Modellen erschwert. Es gibt Modelle, die als Vorbild dienen. Sie werden normative Modelle
genannt. Außerdem gibt es Modelle, die als „Nachbild" verwendet werden. Sie heißen
deskriptive Modelle (Freudenthal 1978, S. 128). Bei den deskriptiven Modellen lassen
sich Eigenschaften von Modellen wie *vorhersagen*, *vorschreiben* und *beschreiben* einordnen. Des Weiteren können Modelle auch Beobachtungen beeinflussen, Einsichten fördern,
Axiomatisierung unterstützen, Mathematik fördern und Sachverhalte erklären (Davis und
Hersh 1986, S. 77; Henn 2002, S. 6).

Deskriptive Modelle sollen einen Gegenstandsbereich bzw. die Realität nachahmen
oder genau abbilden. Dies kann beschreibend oder auch bereits erklärend sein (Winter
2004, S. 110, 1994a, S. 11). Eine Art von deskriptiven Modellen zielt daher darauf, den
entsprechenden Ausschnitt aus der Realität nicht nur zu beschreiben, sondern auch die
inneren Zusammenhänge zu verstehen. Beschreibende Modelle sind häufig wenig aussa-
gekräftig, wenn nicht Annahmen über Wirkungszusammenhänge gemacht werden (Körner 2003, S. 163). Es ist weiterhin möglich, zwischen solchen beschreibenden Modellen,
die auf das Verständnis abzielen, und Modellen mit Voraussagecharakter zu unterscheiden
(Burscheid 1980, S. 66). Diese Voraussagen können sowohl vollständig bestimmt als auch
mit bestimmten Wahrscheinlichkeiten behaftet sein. Insgesamt haben wir also deskriptive Modelle, die rein beschreibenden Charakter haben, daneben solche, die zusätzlich
etwas erklären (explikative deskriptive Modelle), sowie Modelle, die zusätzlich Voraussagen treffen (deterministische und probabilistische deskriptive Modelle) (s. Abb. 2.2).

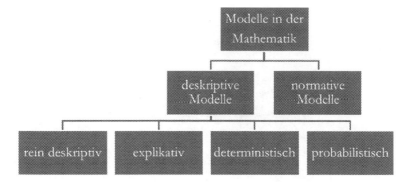

Abb. 2.2 Deskriptive und normative Modelle

2.2   Modellierungskreislauf

Der gesamte Modellierungsprozess wird häufig idealisiert als Kreislauf dargestellt. Mit Idealisierung ist hier gemeint, dass diese Darstellung auch selbst wieder ein Modell ist. Der Kreislaufprozess wird hier an einem einfachen Beispiel dargestellt. Soll beispielsweise das Volumen des Sandes bestimmt werden, das sich in einem Container befindet, so werden zunächst Vereinfachungen vorgenommen. Diese Vereinfachungen können in diesem Beispiel darin bestehen, dass man annimmt, der Sand würde gleichmäßig im Container verteilt, sodass die Füllhöhe dann ungefähr der Ladekante entspricht. Ebenso könnte man die Materialstärke des Containers vernachlässigen und damit Außen- und Innenmaße gleichsetzen. Außerdem ist es sinnvoll anzunehmen, dass der Container keine Beulen oder andere Unebenheiten besitzt. Beim Übergang in die Mathematik kann man den mit Sand gefüllten Teil des Containers mit einem Prisma identifizieren, das eine trapezförmige Grundfläche hat. Im Rahmen dieses Modells werden dann Berechnungen durchgeführt, die zu einer mathematischen Lösung führen, die schließlich als das Volumen des Sandes interpretiert wird (s. Abb. 2.3).

Etwas abstrakter betrachtet, ist die Frage nach dem Sand im Container ein *Problem in der Realität*. Dieses Problem wird zunächst auf der Sachebene vereinfacht und führt zu einem *Modell in der Realität*. Dieses bezeichnet man häufig mit *Realmodell*. Es könnte aber auch *konzeptionelles Modell* genannt werden (Sonar 2001, S. 21). Nun folgt der Schritt in die Mathematik, zum *mathematischen Modell*. Mithilfe dieses Modells wird nun eine *mathematische Lösung* ermittelt, die schließlich wieder auf das reale Problem bezogen werden muss.

Andere Idealisierungen des Lösungsprozesses dieses Container-Problems sind ebenfalls denkbar. So könnte man beispielsweise die Datenbeschaffung noch extra ausweisen oder auf den Zwischenschritt bei der Erstellung des mathematischen Modells verzichten. Daher gibt es in der Literatur unterschiedliche Kreislaufdarstellungen des Modellierens. Wir stellen nun diese Kreislaufdarstellungen aufsteigend nach ihrer Komplexität vor.

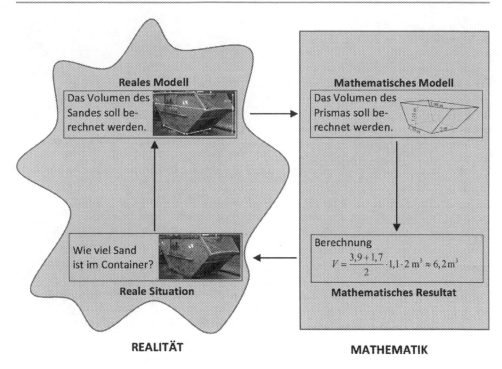

Abb. 2.3 Als Modellierungskreislauf idealisierter Lösungsprozess

2.2.1 Einfaches Mathematisieren

Mit einfachem Mathematisieren beschreiben wir Kreislaufmodelle des Modellierens, bei denen nur ein Schritt von der Situation zum Modell verwendet wird. Winter verwendet beispielsweise nur einen Schritt von der Situation zum Modell (Winter 2003, S. 33). Eine besonders anschauliche Darstellung dieses allgemein anerkannten und übersichtlichen Modells des Modellierens stammt von Schupp (1988, S. 11), das in einer Dimension Mathematik und Welt unterteilt. Dies ist bei Modellen des Modellierens allgemein üblich. Zusätzlich wird noch gleichberechtigt zwischen Problem und Lösung in einer zweiten Dimension unterschieden (s. Abb. 2.4). Dieses Modell verwenden z. B. auch Danckwerts und Vogel (2001, S. 25).

Zu den genannten Modellen wird häufig ergänzt, dass der Kreislauf nicht immer vollständig oder mehrfach durchlaufen werden kann. Büchter und Leuders (2005, S. 76) und Jürgen Maaß (2015, S. 202) stellen diesen mehrfachen Durchlauf des Modellierungskreislaufs als Modellierungsspirale dar. Dadurch wird auch die Entwicklung während des Modellierungsprozesses verdeutlicht. Nach jedem Umlauf vergrößert sich die Erfahrung mit dem Problem. Auch hier wird nicht zwischen realem und mathematischem Modell unterschieden, allerdings das Präzisieren des Problems als eigener Schritt zwischen Realität und Modell formuliert.

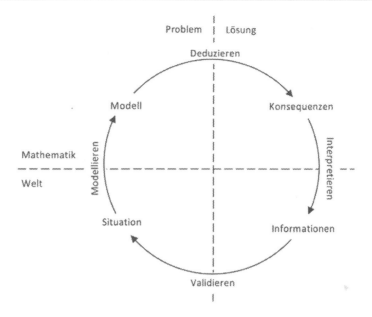

Abb. 2.4 Modellierungskreislauf nach Schupp (1988, S. 11)

Spezielle Kreisläufe gibt es für Teilgebiete der Mathematik. So wird beispielsweise in der Stochastik die Modellierung von Axiomensystemen aus Erfahrungen beschrieben (Behnen und Neuhaus 1984, S. 9). Für die Verwendung eines dynamischen Geometriesystems verwendet Schumann (2003, S. 25) einen Modellierungskreislauf, in dem das statische bzw. dynamische Modell des dynamischen Geometriesystems sowie die damit durchgeführte Simulation besonders hervorgehoben werden.

2.2.2   Genaueres Mathematisieren

Einer der in Deutschland bekanntesten Modellierungskreisläufe wurde von Blum (1985, S. 200) beschrieben. Hier wird für das Erstellen des mathematischen Modells noch ein Zwischenschritt eingefügt. Wie bei der Bearbeitung des Container-Problems (s. Abb. 2.3) wird die Vereinfachung in der Realität, das reale Modell, noch als eigener Schritt betrachtet.

Dieses Modell wurde gemeinsam mit Kaiser-Meßmer (1986) entwickelt und wird von vielen Autoren verwendet (z. B. Henn 1995, S. 56; Humenberger und Reichel 1995, S. 35; Maaß K. 2002, S. 11; Borromeo Ferri 2004, S. 109). Katja Maaß (2005) sowie Kaiser und Stender (2013) führen zusätzlich als Zwischenschritt von den mathematischen Resultaten bzw. der mathematischen Lösung zur realen Situation bzw. Realität die *interpretierte Lösung* ein (s. Abb. 2.5). Dieser Zwischenschritt verdeutlicht die unterschiedlichen Prozesse „interpretieren" und „validieren" in der zweiten Hälfte des Modellierungskreislaufs.

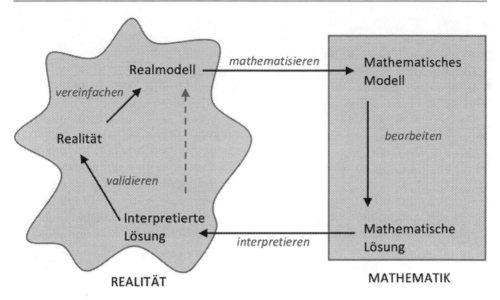

Abb. 2.5 Modellierungskreislauf nach Katja Maaß (2005, S. 117)

2.2.3 Komplexes Mathematisieren

Ein umfassenderes Modell des Modellierens von Blum und Leiß (2005), das im Prinzip auch von Borromeo Ferri (2006, S. 92) verwendet wird, ist unter kognitiven Gesichtspunkten erstellt worden (s. Abb. 2.6). Es wurde im Vergleich zum Modell von Blum (1985) um das Situationsmodell erweitert. Die Erstellung des mathematischen Modells wird detaillierter betrachtet und es wird der Prozess des Individuums, welches das Modell erstellt, detaillierter dargestellt. Das Situationsmodell beschreibt die mentale Darstellung der Situation durch das Individuum.

Auch im Modell von Fischer und Malle (1985) wird der Schritt von der Situation zum mathematischen Modell detailliert beschrieben. Insbesondere das Einfügen der Datenbeschaffung ist hier interessant und spielt bei vielen offenen Modellierungs- oder Anwendungsaufgaben eine Rolle (s. Abb. 2.7). Beispielsweise müssen bei der Bearbeitung von Fermi-Aufgaben viele Informationen durch Schätzen ermittelt werden.

Je nach Zielgruppe, Forschungsgegenstand oder -interesse haben die dargestellten Modelle des Modellierens andere Schwerpunkte. Häufig ist der Zweck unterschiedlich. Insbesondere sind normative und deskriptive Modelle des Modellierens zu unterscheiden. So könnte ein bestimmtes Modell für die Beschreibung von Schülertätigkeiten im Rahmen einer empirischen Untersuchung verwendet werden. Hierzu eignen sich auch sehr komplexe Modelle wie in Abb. 2.6. Ebenso könnte aber auch ein Kreislauf wie in Abb. 2.4 als Unterstützung für Lernende bei der Bearbeitung von Modellierungsaufgaben im Unterricht normativ verwendet werden.

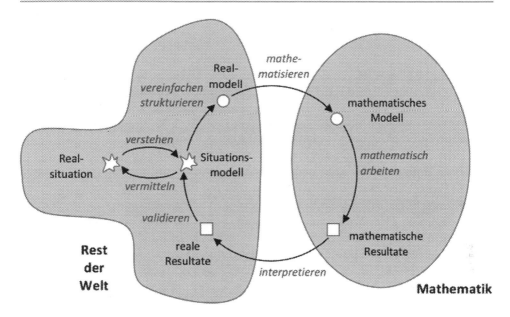

Abb. 2.6 Modellierungskreislauf von Blum und Leiß (2005, S. 19)

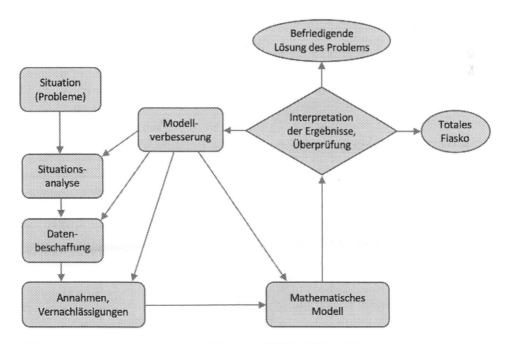

Abb. 2.7 Modellierungskreislauf nach Fischer und Malle (1985, S. 101)

2.3   Modellieren als Kompetenz

In der Vereinbarung der Kultusministerkonferenz über „Bildungsstandards für den Mittleren Schulabschluss" vom 3. Dezember 2003 (KMK 2004) bzw. in den entsprechenden Lehrplänen der Bundesländer wird Modellieren als eine allgemeine mathematische bzw. als prozessbezogene Kompetenz beschrieben.

Der Kern des mathematischen Modellierens ist – wie in den Bildungsstandards beschrieben – das Übersetzen eines Problems aus der Realität in die Mathematik, das Arbeiten mit mathematischen Methoden und das Übertragen der mathematischen Lösung auf das reale Problem. Die Beschreibungen aus den Bildungsstandards sind im idealisierten Kreislauf in Abb. 2.8 dargestellt.

Da aber das Modellieren in den Bildungsstandards neben den inhaltsbezogenen Leitideen wie beispielsweise *Raum und Form*, *Funktionaler Zusammenhang* und *Daten und Zufall* sowie neben weiteren allgemeinen Kompetenzen wie z. B. *Problemlösen* und *Argumentieren* steht, kann das Modellieren nur im Zusammenspiel mit Inhalten und weiteren allgemeinen Kompetenzen gesehen werden. Modellierungskompetenz kann nicht singulär erworben werden, sondern nur in der Auseinandersetzung mit den mathematischen Inhalten aus den Leitideen.

Es ist sinnvoll, den Blick nicht nur auf die Zwischenschritte während des Modellierungsprozesses zu richten, sondern ebenso auf die Teilprozesse, die während dieser Schritte (z. B. vom Realmodell zum mathematischen Modell) ablaufen. Die Diskussion

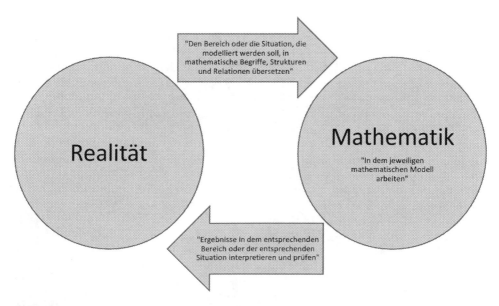

Abb. 2.8 Modellierungsprozess idealisiert. (Vgl. KMK 2004, S. 8)

Tab. 2.1 Teilkompetenzen des Modellierens

Teilkompetenz	Indikator
Verstehen	Die Schülerinnen und Schüler konstruieren ein eigenes mentales Modell zu einer gegebenen Problemsituation und verstehen so die Fragestellung
Vereinfachen	Die Schülerinnen und Schüler trennen wichtige und unwichtige Informationen einer Realsituation
Mathematisieren	Die Schülerinnen und Schüler übersetzen geeignet vereinfachte Realsituationen in mathematische Modelle (z. B. Term, Gleichung, Figur, Diagramm, Funktion)
Mathematisch arbeiten	Die Schülerinnen und Schüler arbeiten mit dem mathematischen Modell
Interpretieren	Die Schülerinnen und Schüler beziehen die im Modell gewonnenen Resultate auf die Realsituation und erzielen damit reale Resultate
Validieren	Die Schülerinnen und Schüler überprüfen die realen Resultate im Situationsmodell auf Angemessenheit Die Schülerinnen und Schüler vergleichen und bewerten verschiedene mathematische Modelle für eine Realsituation
Vermitteln	Die Schülerinnen und Schüler beziehen die im Situationsmodell gefundenen Antworten auf die Realsituation und beantworten so die Fragestellung
Beurteilen	Die Schülerinnen und Schüler beurteilen kritisch das verwendete mathematische Modell
Realisieren	Die Schülerinnen und Schüler ordnen einem mathematischen Modell eine passende Realsituation zu bzw. finden zu einem mathematischen Modell eine passende Realsituation

der unterschiedlich komplexen Modellierungskreisläufe (s. Abschn. 2.2) zeigt, dass auch die Teilprozesse unterschiedlich differenziert und detailliert beschrieben werden können.

Auch in den Kernlehrplänen von Nordrhein-Westfalen (Ministerium für Schule NRW 2004) werden einige dieser Prozesse als Teilkompetenzen des Modellierens beschrieben und dort beispielsweise das Mathematisieren, das Validieren und das Realisieren explizit genannt. Mithilfe genauerer Beschreibungen, die wir hier Indikatoren nennen, kann verdeutlicht werden, was unter diesen Teilkompetenzen zu verstehen ist. Dieses Verfahren kann auch auf andere Modelle des Modellierens übertragen werden. Wir beziehen uns hier im Wesentlichen auf den siebenschrittigen Modellierungskreislauf von Blum und Leiß (2005) und erhalten dann eine umfangreiche Liste von Teilkompetenzen des Modellierens (s. Tab. 2.1).

Abb. 2.9 zeigt die in der Tab. 2.1 aufgeführten Teilkompetenzen im Modellierungskreislauf visualisiert, z. B. wie sich der Prozess der Modellentwicklung aus Vereinfachen und Mathematisieren zusammensetzt. Das Realisieren ist hier genannt, weil es auch im Kernlehrplan Nordrhein-Westfalens (Ministerium für Schule NRW 2004) vorkommt. Diese Kompetenz scheint zunächst für einen Modellierungsprozess unnötig zu sein. Sie ist aber beispielsweise im Zusammenhang mit der Diskussion von Modellen sinnvoll. Das

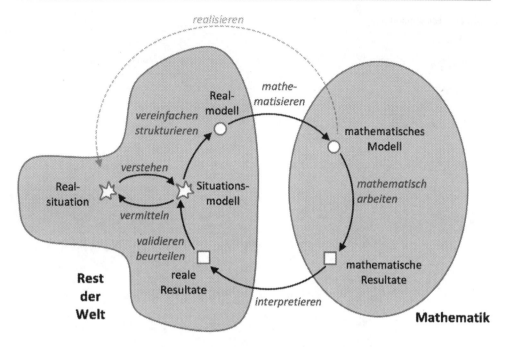

Abb. 2.9 Teilkompetenzen im idealisierten Modellierungskreislauf

Aufteilen des Modellierens in Teilkompetenzen bzw. Teilprozesse stellt einen möglichen
Weg dar, um die Komplexität der Problematik zu reduzieren. Insbesondere ermöglicht
diese genaue Betrachtung von Teilkompetenzen eine gezielte Diagnose und Förderung,
um schließlich eine umfassende Modellierungskompetenz aufzubauen (zu Modellierungskompetenzen vgl. auch Kaiser und Brand 2015).

2.4   Lösungspläne und Lösungshilfen

Eine Möglichkeit, Lernende bei der Bearbeitung von Modellierungsaufgaben zu unterstützen, ist die Verwendung von Lösungsplänen. Diese orientieren sich häufig an Teilschritten
oder Teilkompetenzen, die beim Modellieren eine wichtige Rolle spielen. Lösungspläne können die Bearbeitung von Modellierungsaufgaben unterstützen. Blum (2010) hat
beispielsweise im Rahmen des Projekts DISUM („Didaktische Interventionsformen für
einen selbständigkeitsorientierten aufgabengesteuerten Unterricht am Beispiel Mathematik") einen Lösungsplan für Schülerinnen und Schüler entwickelt, der sich an einem vereinfachten Modellierungskreislauf orientiert (s. Tab. 2.2).

Dieser Lösungsplan umfasst vier Schritte, die *Aufgabe verstehen*, *Modell erstellen*,
Mathematik benutzen und *Ergebnis erklären* genannt werden. Jeder Schritt wird für die
Schülerinnen und Schüler mit einer Frage und einigen erklärenden Punkten erläutert.

Tab. 2.2 Lösungsplan für Modellierungsaufgaben. (Blum 2010)

1	Aufgabe verstehen	Was ist gegeben, was ist gesucht?	Text genau lesen Situation genau vorstellen Skizze anfertigen
2	Modell erstellen	Welche mathematischen Beziehungen kann ich aufstellen?	Evtl. fehlende Angaben ergänzen, z. B. Gleichung aufstellen oder Dreieck einzeichnen
3	Mathematik benutzen	Wie kann ich die Aufgabe mathematisch lösen?	Z. B. Gleichung ausrechnen oder Pythagoras anwenden, mathematisches Ergebnis aufschreiben
4	Ergebnis erklären	Wie lautet mein Endergebnis? Ist es sinnvoll?	Mathematisches Ergebnis runden und auf die Aufgaben beziehen – evtl. zurück zu 1 Antwort hinschreiben

Der Lösungsplan von Blum gehört zu den sogenannten indirekten allgemeinen strategischen Hilfen, da er zwar auf allgemeine fachliche Modellierungsmethoden hinweist, aber prinzipiell keine konkreten und auf den Inhalt der Aufgabe bezogenen Hilfestellungen gibt. In den Schritten 2 und 3 dieses Lösungsplans wird allerdings die Allgemeinheit der strategischen Hilfe zugunsten inhaltsorientierter Hinweise verlassen. Es handelt sich dann wegen der Hinweise auf Gleichungen und den Satz des Pythagoras um eine inhaltsorientierte strategische Hilfe. Dieser Lösungsplan kann für Lernende aufbereitet werden. Die Verwendung lässt sich zusätzlich mithilfe von Beispielaufgaben einüben.

In einer Studie von Schukajlow et al. (2010) im Rahmen des Projekts DISUM konnten signifikante Unterschiede in den Schülerleistungen beim Modellieren mit diesem Lösungsplan in Bezug auf den Inhaltsbereich „Satz des Pythagoras" nachgewiesen werden. Der Unterricht mit dem Lösungsplan erwies sich dabei als die effektivere Lehr- bzw. Lernform. Zusätzlich haben die Lernenden in der Lösungsplangruppe auch die Nutzung kognitiver Strategien, sprich des Lösungsplans, stärker wahrgenommen.

Ein fünfschrittiger Lösungsplan wurde im Rahmen des Projekts LIMO („Lösungs-Instrumente beim Modellieren") an der Universität Münster verwendet. Dieser Lösungsplan umfasst die Schritte 1) Verstehen und vereinfachen, 2) Mathematisieren, 3) Mathematisch arbeiten, 4) Interpretieren und 5) Kontrollieren. Es wurden fünf Schritte gewählt, um auch den Schritt des Validierens von Ergebnis und Lösungsweg zu betonen (Adamek 2016).

Von einigen Autoren werden auch vereinfachte Modellierungskreisläufe als Lösungshilfen für die Lernenden verwendet. Katja Maaß (2004) hat im Rahmen einer qualitativen Studie in den Klassen 7 und 8 die Modellierungskompetenz von Lernenden untersucht und konnte bei einem großen Teil der Lernenden am Ende der Studie angemessene metakognitive Modellierungskompetenzen rekonstruieren. Sie beschreibt auch als Ergebnis, dass die Lernenden das Wissen über den Modellierungsprozess und die Darstellung in Form eines Kreislaufs als Orientierungshilfe empfunden haben.

Es werden aber auch Nachteile solcher Lösungspläne genannt. So führen etwa Meyer und Voigt (2010) an, dass ein Lösungsplan in Anlehnung an einen Modellierungskreislauf mit Strukturschemata zur Bearbeitung von Aufgaben des Sachrechnens aus den 1960er und 1970er Jahren verglichen werden kann, als solche den Lernenden als vermeintliche Lösungshilfe angeboten wurden und sich als zusätzlicher Lernstoff herausstellten.

Eine weitere Möglichkeit für eine Lösungshilfe zur Bearbeitung von Modellierungsaufgaben, die nicht an einen Modellierungskreislauf angelehnt ist, ist das Stellen und Beantworten von Hilfsfragen bzw. einfacheren Fragen (Greefrath und Leuders 2013). Die Schülerinnen und Schüler lernen dabei, zu Modellierungsaufgaben eigene Fragen zu stellen und zu beantworten. Dadurch können zwei Ziele erreicht werden. Zum einen ist es dadurch einfacher zu erkennen, welche Informationen der Text in der Aufgabenstellung wirklich liefert und welche – möglicherweise sogar für die Lösung der Aufgabe erforderlichen Informationen – auf andere Weise beschafft werden müssen. Zum anderen wird dadurch die zu bearbeitende Modellierungsaufgabe in Teilschritte zerlegt, die zunächst einzeln bearbeitet werden können, bevor die Teilergebnisse dann zur Lösung der Aufgabe zusammengesetzt werden. Später können die Lernenden selbst solche Fragen stellen und entscheiden, ob sie mithilfe des Textes zu beantworten sind.

Der tatsächliche Lösungsweg von Lernenden verläuft allerdings nicht immer nach dem jeweils vorgegebenen Lösungsplan. Auch wenn schriftlich fixierte Lösungen von Lernenden zum Teil eine ähnliche, am Lösungsplan orientierte Struktur haben, so unterscheiden sich die detaillierten Lösungsprozesse erheblich. Dies erinnert an die individuellen Modellierungsverläufe, die etwa von Borromeo Ferri (2018) beschrieben wurden. Ob der Lösungsplan beim Lösungsprozess eine Rolle spielt oder nur das Ergebnis beeinflusst, ist aber die entscheidende Frage bei der Beurteilung der Effektivität dieser Pläne als Lösungshilfen. Es ist anzunehmen, dass es Lernende gibt, die größere Schwierigkeiten haben, mit einem solchen Plan umzugehen, und andere, denen bereits eine kurze Einführung ausreicht, um mit dem Plan zu arbeiten.

2.5 Perspektiven zum Modellieren

Ausgehend von der Analyse historischer und aktueller Entwicklungen von Anwendungen und Modellierung im Mathematikunterricht können unterschiedliche Richtungen der Diskussion unterschieden werden, die in neueren Arbeiten als Perspektiven zum Modellieren weiter differenziert werden (Kaiser und Sriraman 2006). Für die Modellierungsdiskussion im deutschsprachigen Raum sind besonders die folgenden Perspektiven von Bedeutung.

2.5.1 Realistische oder angewandte Perspektive

Diese Richtung verfolgt inhaltsbezogene Ziele, darunter das Lösen realistischer Probleme, Verständnis der realen Welt und *Förderung von Modellierungskompetenzen*. In diesem

Ansatz wird Modellierung verstanden als Aktivität zur Lösung authentischer Probleme. Dabei werden Modellierungsprozesse nicht als Teilprozesse, sondern als Ganzes durchgeführt. Als Vorbild dienen reale Modellierungsprozesse von Mathematikerinnen und Mathematikern. Der theoretische Hintergrund dieser Richtung ist in der Nähe zur Angewandten Mathematik verortet und bezieht sich historisch auf pragmatische Ansätze des Modellierens, wie sie u. a. von Pollak (1968) zu Beginn der neueren Modellierungsdiskussion entwickelt wurden. Diese Position stellt reale und vor allem authentische Probleme aus Industrie und Wissenschaft, die nur unwesentlich vereinfacht werden, ins Zentrum.

2.5.2 Pädagogische Perspektive

Diese Richtung verfolgt prozessbezogene und inhaltsbezogene Ziele. Man kann hier genauer zwischen didaktischem Modellieren und begrifflichem Modellieren unterscheiden. Das *didaktische* Modellieren beinhaltet zum einen die Förderung von Lernprozessen beim Modellieren und zum anderen die Behandlung von Modellierungsbeispielen zur Einführung und Übung neuer mathematischer Methoden, also eine vollständige Integration des Modellierens in den Mathematikunterricht. Beim *begrifflichen* Modellieren sollen die Begriffsentwicklung und das Begriffsverständnis der Lernenden innerhalb der Mathematik und in Bezug auf Modellierungsprozesse gefördert werden. Dies beinhaltet auch die Vermittlung von Metawissen über Modellierungskreisläufe und die Beurteilung der Angemessenheit verwendeter Modelle. Die beim pädagogischen Modellieren verwendeten Aufgaben werden speziell für den Mathematikunterricht entwickelt und sind daher deutlich vereinfacht im Vergleich zu Problemen aus Industrie und Wissenschaft.

2.5.3 Soziokritische Perspektive

Hier werden pädagogische Ziele wie ein kritisches Verständnis der Welt verfolgt. Dabei soll die Rolle mathematischer Modelle bzw. allgemein der Mathematik in der Gesellschaft hinterfragt werden. Der Modellierungsprozess als solcher und eine entsprechende Visualisierung stehen eher nicht im Fokus. Hintergrund sind emanzipatorische Perspektiven auf und soziokritische Ansätze für den Mathematikunterricht. Ein Beispiel für ein Modellierungsproblem aus dieser Perspektive ist die Frage nach der gerechten Verteilung von Heizkosten (Maaß K. 2007).

2.5.4 Epistemologische oder theoretische Perspektive

Dieser Ansatz weist einen stark *theoriebezogenen* Hintergrund auf und geht auf eine wissenschaftlich-humanistische Perspektive beim Modellieren zurück, wie sie u. a. Freudenthal (1978) zu Beginn der neueren Modellierungsdiskussionen vertreten hat. Freudenthal bezeichnet Mathematisieren als lokales Ordnen und Strukturieren mathematischer und nichtmathematischer Felder. Er betont dabei stark die klassischen Anwendungen der Mathematik in der Physik. Der Realitätsgehalt der in dieser Richtung verwendeten Beispiele ist weniger bedeutsam, denn es werden sowohl außer- als auch innermathematische Themen vorgeschlagen und die verwendeten Textaufgaben sind oft bewusst künstlich und realitätsfern. Modellierungsbeispiele sollen hier neben der Bearbeitung des Modellierungsproblems zur Entwicklung neuer mathematischer Theorien bzw. Konzepte beitragen.

2.5.5 Forschungsperspektive

Dieser Ansatz, der als kognitive Perspektive bezeichnet wird, stellt eine Art *Metaperspektive* dar, da er *Forschungsziele* in den Mittelpunkt stellt. Es geht darum, die kognitiven Prozesse, die bei Modellierungsprozessen stattfinden, zu analysieren und zu verstehen. Es werden daher unterschiedliche deskriptive Modelle von Modellierungsprozessen entwickelt, wie etwa individuelle Modellierungsrouten einzelner Lernender. Auch psychologische Ziele wie die Förderung mathematischer Denkprozesse vor dem Hintergrund der Kognitionspsychologie spielen eine Rolle (Kaiser und Sriraman 2006).

2.6 Modellieren mit digitalen Werkzeugen

Gerade beim Umgang mit anwendungsbezogenen Problemen kann ein digitales Medium ein sinnvolles Werkzeug zur Unterstützung von Lehrenden und Lernenden sein. Durch die Implementierung digitaler Werkzeuge in den Mathematikunterricht kann die Einführung komplexerer Anwendungen und Modellierungen in die tägliche Unterrichtspraxis ermöglicht werden (Henn 2007).

Aktuell werden digitale Werkzeuge bei anwendungsbezogenen Problemen häufig eingesetzt, um z. B. Modelle mit komplexen Funktionstermen zu bearbeiten oder den Rechenaufwand zu vermindern. Digitale Werkzeuge können im Unterricht von Anwendungen und Modellierungen unterschiedlichste Aufgaben übernehmen.

Eine dieser Einsatzmöglichkeiten ist das *Experimentieren* oder Entdecken (vgl. Hischer 2016, S. 180). Beispielsweise kann man mithilfe einer dynamischen Geometriesoftware oder einer Tabellenkalkulation eine reale Situation in ein geometrisches Modell übertragen und darin experimentieren.

Eine sehr ähnliche Tätigkeit wie das Experimentieren ist das *Simulieren* von Realsituationen mit dem digitalen Werkzeug. Simulationen sind Experimente mit Modellen, die Erkenntnisse über das im Modell dargestellte reale System oder das Modell selbst liefern sollen (Greefrath und Weigand 2012). So sind beispielsweise Voraussagen über die Population einer bestimmten Tierart bei unterschiedlichen Umweltbedingungen mithilfe einer Simulation möglich. Unter anderem beschreibt Schumann (2003) das Simulieren mithil-

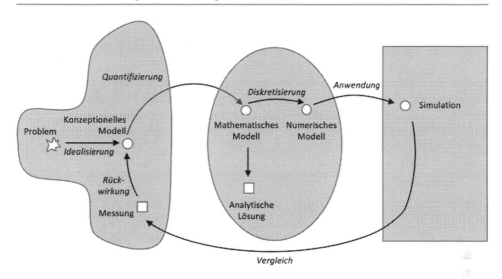

Abb. 2.10 Simulation als Teil des erweiterten Modellierungskreislaufs. (Vgl. Sonar 2001)

fe eines Modellierungskreislaufs, der sich speziell auf den Einsatz eines dynamischen Geometriesystems bezieht. Aus Sicht der Angewandten Mathematik kann man Simulationen mit dem digitalen Werkzeug als Teil eines Modellierungskreislaufs verstehen, in dem ein aus dem mathematischen Modell entwickeltes numerisches Modell getestet wird, um durch Vergleich mit Messergebnissen das konzeptionelle Modell zu validieren (Sonar 2001). Nach Experiment oder Simulation kann über mathematische Begründungen für die gewonnene Lösung nachgedacht werden (s. Abb. 2.10). Auch dazu ist ein Computeralgebra-System ein geeignetes Hilfsmittel (Henn 2004).

Digitale Werkzeuge können außerdem die Aufgabe des *Visualisierens* im Unterricht übernehmen. Beispielsweise lassen sich gegebene Daten mithilfe einer Computeralgebra- oder Statistikanwendung in einem Koordinatensystem darstellen. Dies kann dann der Ausgangspunkt für die Entwicklung mathematischer Modelle sein.

Eine verbreitete Verwendung von digitalen Werkzeugen ist die *Berechnung* numerischer oder algebraischer Ergebnisse, die Schülerinnen und Schüler ohne digitales Werkzeug nicht oder nicht in angemessener Zeit erhalten können. Ein Beispiel ist die Berechnung optimaler komplexer Verpackungsprobleme wie etwa einer Milchverpackung (Böer 1993). Wird dieses Problem mithilfe von Funktionsgleichungen und der Differenzialrechnung bearbeitet, kommt man auf gebrochen-rationale Funktionen, bei denen die Nullstellen der ersten Ableitung mit Methoden der Schulmathematik nur schwer zu bestimmen sind.

In den Bereich der Berechnungen mit dem digitalen Werkzeug gehört auch das Finden algebraischer Darstellungen aus gegebenen Informationen. Wenn beispielsweise eine Funktionsgleichung aus vorhandenen Daten ermittelt wird, wird das digitale Medium ebenfalls als Rechenwerkzeug verwendet. Dieses sogenannte *Algebraisieren* ist dadurch charakterisiert, dass reale Daten in das digitale Werkzeug eingegeben werden und man eine algebraische Darstellung erhält.

Das *Kontrollieren* ist ebenfalls eine sinnvolle Funktion des digitalen Werkzeugs bei Lernprozessen. So können digitale Werkzeuge etwa bei der Bestimmung von Funktionen zu gegebenen Eigenschaften auf unterschiedliche Weise Kontrollprozesse unterstützen. Wird beispielsweise eine Funktionsgleichung mit bestimmten Bedingungen gesucht, so kann das entsprechende Ergebnis – unabhängig davon, ob es mit oder ohne digitales Werkzeug bestimmt worden ist – sowohl durch algebraisches Nachvollziehen der Rechnungen mithilfe eines digitalen Werkzeuges als auch durch grafische oder numerische Verfahren kontrolliert werden.

Verwendet man im Mathematikunterricht digitale Medien mit Internetzugang, so können diese auch zum *Recherchieren* von Informationen, beispielsweise im Zusammenhang mit Anwendungskontexten, verwendet werden.

Digitale Werkzeuge können im Mathematikunterricht also wichtige und vielfältige Aufgaben übernehmen. Allerdings ersetzen sie nicht das Verstehen mathematischer Ideen. Ein wichtiges Konzept im Mathematikunterricht der Oberstufe ist beispielsweise der Grenzwert. Der Grenzwertprozess ist einerseits bei der Einführung der Ableitung und andererseits bei der Einführung des Integrals die zentrale Idee.

Denkt man an die Einführung der Ableitung am Beispiel der Steigung einer Tangente in einem Punkt eines Funktionsgraphen, so können digitale Werkzeuge zwar numerisch vor dem Grenzwertprozess in nahezu beliebiger Genauigkeit die entsprechenden Werte von Sekanten in der Nähe dieses Punktes berechnen und nach Durchführung des Grenzwertprozesses algebraisch auch Grenzwert und Ableitung ermitteln. Der Begriff Grenzwert selbst muss aber von den Schülerinnen und Schülern – auch ohne digitales Werkzeug – hinsichtlich seiner Aspekte und Grundvorstellungen verstanden werden.

Mit digitalen Werkzeugen kann allerdings dieses Verständnis unterstützt werden, da sie durch das Experimentieren, Visualisieren und Berechnen von Beispielen Hilfestellungen geben können. Hier ist sicherlich eine Erkundungsphase mit dem digitalen Werkzeug eine wichtige Hilfe für ein tiefgreifendes Verständnis dieses zentralen Begriffs. Dennoch bedarf es eines gedanklichen Schritts von einer Sekante mit sehr nahe beieinanderliegenden Punkten zu einer Tangente. Dieser gedankliche Schritt kann aber durch den Einsatz digitaler Werkzeuge erleichtert und besonders durch experimentellen und visualisierenden Einsatz verkleinert werden.

Die unterschiedlichen Funktionen digitaler Mathematikwerkzeuge kommen bei anwendungsbezogenen Aufgaben an unterschiedlichen Stellen im Modellierungskreislauf zum Tragen. So sind Kontrollprozesse in der Regel im letzten Schritt des Kreislaufs anzusiedeln. Die Berechnungen finden mithilfe des erstellen mathematischen Modells statt, das beispielsweise in der Analysis in der Regel eine Funktion ist.

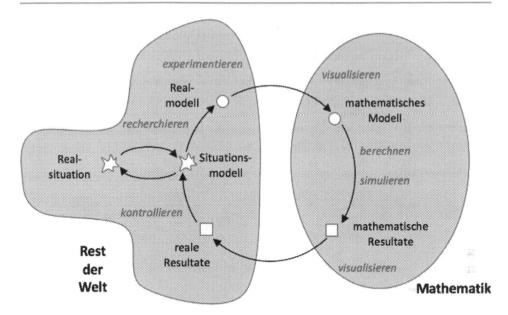

Abb. 2.11 Möglicher Einsatz digitaler Werkzeuge im Modellierungskreislauf. (Greefrath 2011, S. 303)

Einige Möglichkeiten für den Einsatz digitaler Werkzeuge in einem Modellierungsprozess sind im Modellierungskreislauf nach Blum und Leiß (2005) in Abb. 2.11 idealisiert dargestellt. Es wird deutlich, dass die digitalen Werkzeuge beim Modellieren in allen Phasen des Modellierungskreislaufs sinnvoll eingesetzt werden können.

Betrachtet man den Schritt des Berechnens mit digitalen Werkzeugen genauer, so erfordert die Bearbeitung von Modellierungsaufgaben mit einem digitalen Werkzeug zwei Übersetzungsprozesse. Zunächst muss die Modellierungsaufgabe verstanden, vereinfacht und in die Sprache der Mathematik übersetzt werden. Das digitale Werkzeug kann jedoch erst eingesetzt werden, wenn die mathematischen Ausdrücke in die Sprache des digitalen Werkzeugs übersetzt worden sind und ein digitales Werkzeugmodell entwickelt wurde. Die Ergebnisse des digitalen Werkzeugs müssen dann wieder in die Sprache der Mathematik zurücktransformiert werden. Schließlich kann dann das ursprüngliche Problem gelöst werden, wenn die mathematischen Ergebnisse auf die reale Situation bezogen werden. Diese Übersetzungsprozesse können in einem erweiterten Modellierungskreislauf (s. Abb. 2.12) dargestellt werden, der neben der realen Welt („Rest der Welt") und der Mathematik auch das digitale Werkzeug berücksichtigt (vgl. Savelsbergh et al. 2008; Greefrath 2011). Aktuelle Studien zeigen aber, dass die integrierte Sicht die tatsächlichen Modellierungstätigkeiten mit digitalen Werkzeugen besser beschreibt (s. Greefrath und Siller 2017).

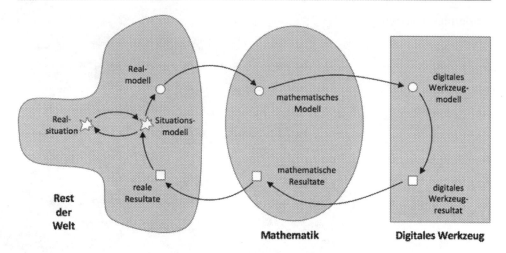

Abb. 2.12 Integration des digitalen Werkzeugs in den Modellierungskreislauf. (Greefrath 2011, S. 302)

2.7 Einige empirische Untersuchungsergebnisse zum Modellieren

Die Durchführung von Modellierungsaktivitäten im Unterricht ist vielfach untersucht worden. Dabei interessiert beispielsweise, ob sich Einstellungen von Lehrenden und Lernenden auf die Modellierungsaktivitäten auswirken und ob die Durchführung von Modellierungsaktivitäten Einfluss auf die Einstellungen von Lehrenden und Lernenden zum Modellieren hat. Ebenso sind Unterrichtsmethoden im Zusammenhang mit Modellierungsaufgaben und die tatsächliche Arbeit von Schülerinnen und Schülern im Vergleich mit dem theoretischen Modellierungskreislauf Gegenstand empirischer Forschung.

2.7.1 Einstellungen von Lernenden

Es gibt offenbar relativ festgelegte Einstellungen zu Modellierungsaufgaben bei Schülerinnen und Schülern. Katja Maaß (2003) hat unterschiedlichste „Beliefs" in einer Gruppe von 35 Lernenden gefunden. Unter Beliefs versteht man Überzeugungen und Auffassungen über das Fach Mathematik oder auch das Lehren und Lernen von Mathematik. Sie hat eine Gruppierung in prozessorientierte, schemaorientierte, formalismusorientierte und anwendungsorientierte Beliefs vorgenommen. Außerdem fand Maaß sogenannte nicht fachspezifische Beliefs mit kognitivem bzw. affektivem Schwerpunkt. Es zeigt sich in dieser Studie, dass Schülerinnen und Schüler mit schemaorientierten, formalismusorientierten oder kognitiv geprägten, nicht fachspezifischen mathematischen Weltbildern Modellierungsbeispiele vehement ablehnen, während die anderen Gruppen diesen teilweise positiv oder sehr positiv gegenüberstehen (Maaß K. 2003, S. 51 f., 2005, S. 131 ff.).

Befragt man Schülerinnen und Schüler nach geeigneten Anwendungen von Mathematik, dann werden wirkliche Modellierungsprobleme selten als brauchbare, anwendbare Gebiete genannt. Humenberger (1997) untersuchte dies im Rahmen einer schriftlichen Befragung von 491 Schülerinnen und Schülern hauptsächlich der 11. Klasse. Als brauchbare anwendbare Gebiete der Mathematik wurden am häufigsten Wahrscheinlichkeitsrechnung, Prozentrechnung, die Grundrechenarten und Extremwertaufgaben genannt. Gleichzeitig wurde erhoben, wie beliebt Mathematik im Vergleich zu anderen Schulfächern ist. Dabei wurde Mathematik als Lieblingsfach im Vergleich mit anderen Fächern erst an der siebter Stelle genannt. Die Schülerinnen und Schüler, die Mathematik als Lieblingsfach nannten, zeigten gleichzeitig höhere Mathematikleistungen (Humenberger 1997).

Nicht nur gute Leistungen der Schülerinnen und Schüler, sondern auch der Unterricht mit Modellierungsaktivitäten kann die Meinung zum Fach Mathematik allgemein günstig beeinflussen. Galbraith und Clatworthy haben im Rahmen einer zweijährigen Studie zum Modellieren erhoben, dass die durchgeführten Modellierungen die Meinung zum Fach Mathematik deutlich positiv veränderten (Galbraith und Clatworthy 1990, S. 156).

2.7.2 Einstellungen von Studierenden und Lehrenden

Modellierungsprobleme und Anwendungsbezüge werden von vielen Lehrerinnen und Lehrern grundsätzlich positiv gesehen. Es scheint aber noch Verbesserungsbedarf zu geben. Humenberger berichtet von einer schriftlichen Befragung von 202 Studierenden des Mathematiklehramtes für Gymnasien. Diese nannten als für den Mathematikunterricht geeignete außermathematische Gebiete am häufigsten Physik – Technik, Wirtschaft – Handel – Finanzen und Informatik. Er befragte auch 174 Lehrerinnen und Lehrer nach ihrer Position zur Anwendungsorientierung: 58 % davon gaben an, dass eine Steigerung der Anwendungsorientierung im Unterricht nötig sei, und 85 % waren der Meinung, dass mithilfe von Anwendungsaufgaben auch neuer mathematischer Lernstoff erarbeitet werden kann. Als wichtige Einflussfaktoren für das Ausmaß an Anwendungen im Unterricht wurden der Lehrstoff und die Klassensituation genannt. Fortbildungsangebote und Schulbuchaufgaben wurden als verbesserungsbedürftig angesehen (Humenberger 1997).

Wenn Lehrerinnen und Lehrer eine positive Einstellung gegenüber Anwendungsbezügen im Mathematikunterricht haben, dann ist dies häufig deshalb der Fall, weil sie sich dadurch eine höhere Lernmotivation der Schülerinnen und Schüler erhoffen. Die aus Sicht des Modellierens gewünschte Umwelterschließung scheint dagegen für viele Pädagogen kein wichtiges Ziel des Mathematikunterrichts zu sein. So untersuchte Förster Vorstellungen von Lehrerinnen und Lehrern im Rahmen einer qualitativen Studie. Dabei zeigte sich der Trend, dass die Motivation als dominierendes Argument für Anwendungen im Vordergrund steht. Daher spielt bei den Befragten die Modellierung praktisch keine Rolle. Das Fach Mathematik wird in vielen Fällen in erster Linie als formalbildend angesehen (Förster 2002, S. 67).

Lehrerinnen und Lehrer sind in vielen Fällen aber an Möglichkeiten des Einsatzes von Modellierungsaufgaben im Mathematikunterricht interessiert. Sie sehen noch einen großen Bedarf, mehr über die Modellierungstätigkeiten und Anwendungsbeispiele im Mathematikunterricht bereits an der Universität zu erfahren. Tietze berichtet von einer Befragung in Niedersachsen. Demnach fordern Gymnasiallehrerinnen und -lehrer eine stärkere Berücksichtigung von Realitätsbezügen der Mathematik in der Hochschulausbildung (Tietze 1986, S. 191 ff.).

Es scheint schulformspezifische Unterschiede bei Lehrerinnen und Lehrern bezüglich der Einstellung zu Realitätsbezügen im Mathematikunterricht zu geben. Grigutsch et al. (1998) haben über 300 Mathematiklehrerinnen und -lehrer zu ihren Einstellungen befragt. Zwei Drittel attestierten darin der Mathematik einen z. T. starken Anwendungsbezug, und nur 7 % sahen keinen Nutzen in der Mathematik. Diese Einstellung war allerdings schulformabhängig: Lehrerinnen und Lehrer an Hauptschulen schätzten die Anwendbarkeit von Mathematik stärker ein als solche an Realschulen und Gymnasien (Grigutsch et al. 1998).

2.7.3 Präferenzen und Denkstile von Lernenden

Es gibt Schülerinnen und Schüler mit unterschiedlichen *Präferenzen* für Realitätsbezüge in der Mathematik. Katja Maaß unterscheidet vier Typen von Modellierern nach der Einstellung gegenüber der Mathematik bzw. gegenüber Modellierungsbeispielen. Während der desinteressierte Modellierer, der weder gegenüber der Mathematik noch gegenüber Modellierungsbeispielen eine positive Einstellung hat, Schwächen in allen Bereichen zeigt, ist es beim reflektierenden Modellierer genau umgekehrt. Bei realitätsfernen Modellierern liegt eine Schwäche im Bereich der kontextbezogenen Mathematik vor, sie haben aber eine positive Einstellung zur kontextfreien Mathematik. Umgekehrt liegt bei mathematikfernen Modellierern eine Präferenz für den Sachkontext und eine Schwäche beim Bilden und Lösen des mathematischen Modells vor (Maaß K. 2005, S. 135 f.).

Auch die *Denkstile* von Schülerinnen und Schülern haben Einfluss auf die Modellierungsaktivitäten. Borromeo Ferri (2004) berichtet, dass Schülerinnen und Schüler mit ausgeprägten internen bildlichen Vorstellungen auch extern bildliche Darstellungen anfertigen und einen visuellen Denkstil zeigen. Schülerinnen und Schüler mit internen formalen Vorstellungen wurden als eindeutige analytische Denker beschrieben. Es ergeben sich die Hypothesen, dass bildlich ganzheitliche Denker beim Übersetzen ins mathematische Modell eher im realen Kontext argumentieren, während symbolisch-zergliedernde Denker schnell formal argumentieren (Borromeo Ferri 2018).

Die unterschiedlichen Präferenzen und Denkstile der Schülerinnen und Schüler müssen im Unterricht berücksichtigt werden. Schülerinnen und Schüler mit ablehnender Haltung gegenüber Modellierungsbeispielen können durch weniger komplexe Modelle in Einstiegsaufgaben langsam herangeführt werden, während reflektierende Modellierer auch gern komplexe Probleme bearbeiten. Ebenso sollten die unterschiedlichen Denkstile der Schülerinnen und Schüler im Unterricht berücksichtigt werden und sowohl für visuell als auch formal arbeitende Modellierer Materialien (z. B. Grafiken, Daten etc.) zur Verfügung stehen.

2.7.4 Unterrichtsformen für Modellierungsaktivitäten

Neue Unterrichtsformen können die Arbeit mit anwendungsbezogenen Aufgaben erleichtern. So wurden mit verstärkten Schreibaktivitäten im Mathematikunterricht gute Erfahrungen bezüglich des Kontextbezugs von Lösungen gemacht. Hollenstein (1996) stellt eine Unterrichtsform zur Entwicklung von Schreibanlässen im Mathematikunterricht dem traditionellen Lösen von Aufgaben gegenüber ($n = 42$). Dabei wurden in der Experimentalgruppe vergleichsweise weniger häufig mechanisch-assoziative Muster der Problembewältigung angewendet und Strategien, die ein Bemühen um Einsicht in den Kontext bedingen, häufiger beobachtet. An nicht adäquaten Lösungen der Kontrollgruppe konnten sogenannte Kapitänssymptome nachgewiesen werden (Hollenstein 1996).

Die Durchführung von Modellierungsaktivitäten kann einen positiven Einfluss auf innermathematische Fähigkeiten haben. Gialamas et al. untersuchten 97 Schülerinnen und Schüler eines 11. Jahrgangs. Sie verglichen die Ergebnisse von Unterricht mit Modellierungsaufgaben mit denen von Unterricht ohne Modellierungsaufgaben. In einem Abschlusstest zeigte die Experimentalgruppe nicht nur in anwendungsbezogenen Aufgaben, sondern auch in rein mathematischen Aufgaben signifikant bessere Leistungen (Gialamas et al. 1999).

Im Zusammenhang mit der Förderung von Modellierungskompetenzen wurde von 2005 bis 2012 das DISUM-Projekt durchgeführt. Die zentrale Fragestellung war, inwieweit es gelingen kann, die Modellierungskompetenz von Lernenden der Jahrgangsstufe 9 durch geeignete Lernumgebungen über zehn Unterrichtsstunden zu fördern. Im Rahmen des Projekts wurden ein stärker selbstständigkeitsorientierter („operativ-strategischer") Unterricht und ein eher „herkömmlicher" („direktiver") Unterricht miteinander verglichen. Im selbstständigkeitsorientierten Unterricht arbeiten die Lernenden selbstständig in Gruppen, von der Lehrkraft individuell-adaptiv unterstützt, mit Plenumsphasen für Vergleiche von Lösungen und rückblickende Reflexionen. Der „direktive" Unterricht ist gekennzeichnet durch ein klar strukturiertes und zielgerichtetes, fragend-entwickelndes lehrergesteuertes Vorgehen im Plenum mit Einzelarbeitsphasen beim Einüben von Lösungsverfahren. Beide Unterrichtseinheiten behandelten dieselben Modellierungsaufgaben in derselben Abfolge. Die „direktiv" unterrichteten Lernenden konnten im Gegensatz zu den Schülern, die „operativ-strategisch" gearbeitet hatten, ihre Modellierungskompetenz nicht signifikant steigern. Schüler-Eigenaktivitäten könnten also Lernfortschritte beim Modellieren versprechen. Die Lernfortschritte beider Gruppen bzgl. ihrer technischen Kompetenz waren identisch (vgl. Leiß et al. 2010; Blum 2011; Schukajlow et al. 2012; Greefrath et al. 2013).

Im Rahmen des Projekts LIMO an der Universität Münster wurde eine quantitative Kontrollstudie mit 709 Schülern durchgeführt und insbesondere die Teilkompetenz

Mathematisieren bei der Nutzung digitaler Werkzeuge beim Modellieren untersucht. Es erfolgte der Vergleich der Kompetenzentwicklung einer Testgruppe, die mit dynamischer Geometriesoftware arbeitete, mit der einer Kontrollgruppe, die während einer vierstündigen Intervention zu geometrischen Modellierungsaufgaben mit Papier und Bleistift an den gleichen Aufgaben arbeitete. Es zeigte sich zwar eine vergleichbare Verbesserung der Teilkompetenz Mathematisieren in beiden Gruppen, jedoch stellte die programmbezogene Selbstwirksamkeitserwartung der Lernenden einen signifikanten Prädiktor für den Kompetenzzuwachs dar (Greefrath et al. 2018).

Blum schließt aus verschiedenen Untersuchungen, dass Modellierungskompetenz langfristig und gestuft aufgebaut werden muss. Dabei sollte sich die Aufgabenkomplexität, begleitet von häufigen Übungs- und Festigungsphasen, langsam steigern und die Kontexte systematisch variiert werden. Auch heuristische Fähigkeiten müssen parallel aufgebaut werden (Blum 2007).

2.7.5   Phasen im Modellierungskreislauf

Borromeo Ferri (2018) beschreibt empirisch gefundene Phasen im Modellierungskreislauf. Hierbei handelt es sich außer dem Realmodell, dem mathematischen Modell, dem mathematischen Resultat und dem realen Resultat noch um die mentale Repräsentation der Situation. Dabei werden zwei Aspekte betrachtet: die Vereinfachung der Situation und die individuelle Präferenz im Umgang mit dem Problem im Modellierungsprozess. Dies zeigt, dass die im theoretischen Modell aufgestellten Modellierungskreisläufe durch empirisch gewonnene Ergebnisse ergänzt und bestätigt werden können. Allerdings sind nicht alle Phasen im Modellierungskreislauf immer deutlich zu unterscheiden. So war es insbesondere bei überbestimmten Modellierungsproblemen schwierig, Realmodell und mathematisches Modell zu trennen (Borromeo Ferri 2006, S. 92).

Greefrath (2015) hat insbesondere die Planungsphasen von Schülerinnen und Schülern bei der Bearbeitung von Modellierungsaufgaben detailliert untersucht. Ein idealtypischer Ablauf einer Planung im Rahmen einer Modellierungsaufgabe würde zu Beginn eine Orientierungsphase enthalten, nach der im Rahmen eines Wechsels zwischen Realität und Mathematik Teilmodelle entwickelt werden. Ein solcher Ablauf wurde bei den beobachteten Schülerinnen und Schülern so nicht festgestellt, auch wenn die einzelnen Bausteine der Lösungsprozesse den Schritten in den beschriebenen Kreislaufmodellen zugeordnet werden können. Allerdings lassen sich für die betrachteten Schülerinnen und Schüler unterschiedlich akzentuierte Kreisläufe beschreiben. Hier können unterschiedliche Typen von Schülerinnen und Schülern identifiziert werden. Der Lösungsprozess eines Typs könnte aufgrund der festgestellten häufigen Wechsel zwischen Realität und Mathematik, wie auch von Matos und Carreira (1995, S. 78), zwischen Realmodell und mathematischem Modell durch sehr viele kleine Modellierungskreisläufe beschrieben werden. Ebenso könnte man argumentieren, dass in diesen Fällen das Realmodell und das mathematische Modell als eine Einheit zu betrachten sind. Bei einem anderen Typ entfallen dagegen die Orientierungsphase und die Bildung des mathematischen Modells fast vollständig. Bei Auswertung weiterer Beobachtungen ist durchaus auch eine Erweiterung bzw. Differenzierung dieser Typen zu erwarten. Solche qualitativen Studien können viele Schritte aus den bekannten Kreislaufmodellen des Modellierens (z. B. Blum und Leiß 2005) bestätigen, andererseits tritt die Frage auf, ob für unterschiedliche Planungstypen nicht unterschiedliche Modelle des Modellierens entwickelt werden müssten (Greefrath 2015).

2.8 Grundvorstellungen

Insbesondere qualitative Studien zum Modellieren (s. Abschn. 2.7) zeigen, dass Lernende bei der Bearbeitung von Modellierungsproblemen zwar Modellierungskreisläufen nicht idealtypisch folgen, jedoch in der Regel häufig zwischen *Rest der Welt* und *Mathematik* wechseln. Für diesen Wechsel sind Grundvorstellungen mathematischer Begriffe von zentraler Bedeutung, die man als „realitätsbezogene Stellvertretervorstellungen mathematischer Objekte bzw. Verfahren" (Holzäpfel und Leiß 2014, S. 162) oder „inhaltliche Interpretationen mathematischer Konzepte" (Hußmann und Prediger 2010, S. 35) charakterisieren könnte. Sie sind Grundlagen für das Mathematisieren und Interpretieren im Modellierungskreislauf.

Grundvorstellungen können kurz als inhaltliche Bedeutungen eines mathematischen Begriffs, die diesem Sinn geben (vgl. Greefrath et al. 2016, S. 17), beschrieben werden. Dabei kann die allgemeine fachdidaktische Frage im Hintergrund stehen, was sich Lernende eigentlich idealerweise unter einem bestimmten mathematischen Begriff vorstellen sollen. Man kann auch individuelle Vorstellungen betrachten, die konkrete Lernende zu bestimmten mathematischen Begriffen haben. Der Bezug zu den tatsächlichen Erfahrungen aus dem Rest der Welt kann unterschiedlich deutlich werden. Es ist, wie in Abb. 2.13 skizziert, ein direkter Bezug denkbar. Grundvorstellungen können jedoch auch auf bereits bestehenden Vorstellungen aufbauen.

Ein Beispiel für eine Grundvorstellung ist die Kovariationsvorstellung zu Funktionen. Diese Vorstellung umfasst, wie sich Änderungen einer Größe (z. B. der Zeit, die man im Parkhaus parkt) auf eine zweite Größe (z. B. den Preis für das Parken) auswirkt, wie also – in diesem Beispiel – der Preis durch die Parkdauer im Parkhaus beeinflusst wird. Man könnte in diesem Kontext aber auch eine andere Grundvorstellung von Funktionen, die Zuordnungsvorstellung, verwenden. Diese Vorstellung besteht darin, dass jedem Wert einer Größe (also in diesem Beispiel der Parkdauer) genau ein Wert einer zweiten Größe, also der Preis, zugeordnet wird. Während hier der funktionale Zusammenhang eher punktweise gesehen wird, ist bei der Kovariationsvorstellung der Blick auf ein ganzes Intervall erforderlich, da Änderungen der einen Größe in Bezug auf die andere Größe betrachtet werden (vgl. Greefrath et al. 2016, S. 47 ff.).

Das Konzept der Grundvorstellungen dient zum einen der Sinnkonstituierung eines mathematischen Begriffs durch Verbindung mit bekannten Zusammenhängen aus der Rea-

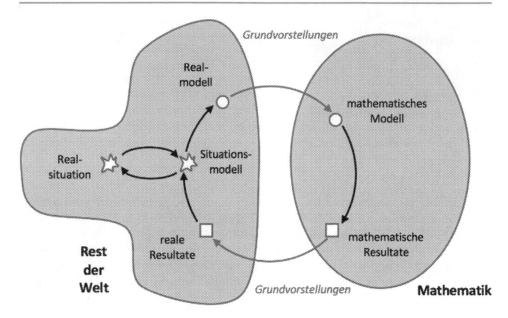

Abb. 2.13 Grundvorstellungen und Modellieren. (Vgl. Holzäpfel und Leiß 2014, S. 162)

lität, zum anderen umgekehrt der Modellierung eines realen Problems mithilfe mathematischer Objekte. Dabei können Repräsentationen aufgebaut werden, die „operatives Handeln auf der Vorstellungsebene" (vom Hofe 1996, S. 6) ermöglichen. Ohne die Entwicklung tragfähiger Grundvorstellungen zu mathematischen Begriffen ist angeeignetes Wissen nur oberflächlich, wenig vernetzt und damit sehr eingeschränkt nutzbar.

Grundvorstellungen sind auch für das Lehren von Mathematik von großer Bedeutung. Für Lehrende bieten Grundvorstellungen Zielorientierung bei der Konzeption und konkreten Gestaltung des Unterrichts. Fachdidaktisches Wissen über Grundvorstellungen, also darüber, was sich Schüler unter mathematischen Begriffen wie Proportionalität oder linearen Funktionen vorstellen sollten, gehört mit zum professionsspezifischen Wissen einer Lehrkraft (Baumert et al. 2010). Zu den Aufgaben von Lehrkräften gehört die Gestaltung der Lehr-Lern-Prozesse, sodass möglichst alle Lernenden angemessene Grundvorstellungen entwickeln. Wenn für ein umfassendes Verständnis eines mathematischen Begriffs mehrere Grundvorstellungen erforderlich sind, ist der jeweilige Begriff im Unterricht entsprechend vielperspektivisch zu behandeln. Wenn also Schüler notwendige Grundvorstellungen nicht entwickeln, kann dies durchaus auch auf einem Versäumnis der Lehrkraft beruhen bzw. darauf, dass die Ausbildung adäquater Grundvorstellungen nicht ausreichend gefördert wurde. Darüber hinaus bildet das didaktische Konzept der Grundvorstellungen einer Lehrkraft auch Hilfen und Struktur bei der Diagnose und Behebung von fachlichen Schwierigkeiten der Schüler. Aufgaben, deren korrekte Bearbeitung gewisse Grundvorstellungen erfordern, bieten Möglichkeiten für Rückschlüsse auf die bei Schülern tatsächlich ausgebildeten Grundvorstellungen. So lassen sich ggf. „Fehlvorstellungen" diagnostizieren und als Ausgangspunkt für weitere Fördermaßnahmen und entsprechende Unterrichtsgestaltung nutzen (Greefrath et al. 2016, S. 20).

2.9 Aufgaben zur Wiederholung und Vertiefung

2.9.1 Modellierungsprozesse

Betrachten Sie das abgebildete Aufgabenbeispiel.

Europa-Park-Aufgabe

Die Eurosat im Europa-Park ist eine der schnellsten Indoor-Achterbahnen Deutschlands. Der gesamte Streckenverlauf ist in eine silberfarbene Kugel gebaut. Wie viele Fußbälle würden anstelle der Achterbahn in die Kugel passen?

1. Lösen Sie die „Europa-Park"-Aufgabe mit den in der Sekundarstufe I zur Verfügung stehenden Mitteln idealisiert nach dem Kreislauf von Blum (1985). Machen Sie in Ihrer Lösung deutlich, worin sowohl die einzelnen Schritte als auch die Stationen des Kreislaufs bei dieser konkreten Aufgabe bestehen.
2. Welche Schwierigkeiten können für Schülerinnen und Schüler bei der Aufgabenbearbeitung entstehen? Gehen Sie in diesem Zusammenhang auf die Frage nach der Genauigkeit der Lösung ein.
3. Ein mathematisches Modell kann durch *isolierte Wirklichkeit, Vereinfachung, Anwendung von Mathematik* und *Entsprechung* charakterisiert werden. Erläutern Sie dies am Beispiel der vorliegenden Aufgabe.

4. Häufig ist es sinnvoll, gezielt einzelne Schritte des Modellierungsprozesses gesondert zu üben. Formulieren Sie dazu eine Aufgabe im Kontext der „Europa-Park"-Aufgabe, mittels der Schülerinnen und Schüler gezielt die Teilkompetenz des Vereinfachens üben können. Begründen Sie, warum Ihre Aufgabe besonders zur Förderung des Vereinfachens geeignet ist.
5. Erläutern Sie am Beispiel der „Europa-Park"-Aufgabe das Situationsmodell, das Realmodell und das mathematische Modell. Gehen Sie auf Gemeinsamkeiten und Unterschiede der drei Modelle ein.

2.9.2 Teilkompetenzen des Modellierens

1. In den Kernlehrplänen der Sekundarstufe I von Nordrhein-Westfalen wird das Modellieren als Kompetenz in drei Teilkompetenzen *Mathematisieren, Validieren* und *Realisieren* unterteilt. Erklären Sie diese drei Teilkompetenzen des Modellierens.
2. Formulieren Sie die oben abgebildete „Europa-Park"-Aufgabe so um, dass jeweils eine der in 1. genannten drei Teilkompetenzen des Modellierens im Vordergrund steht.
3. Könnte man eine allgemeine Rangordnung bezüglich der Wichtigkeit einzelner Teilkompetenzen bei Modellierungsprozessen erstellen?
4. Erstellen Sie für die Sekundarstufe eine Modellierungsaufgabe zum Themenfeld *Volumenberechnung*. Analysieren Sie, welcher Teilkompetenz bzw. welchen Teilkompetenzen Ihre Aufgabe in erster Linie anspricht.

Problemlösen

3

Das Problemlösen stellt wie das Modellieren eine allgemeine bzw. prozessbezogene Kompetenz dar. Setzt man einen Modellierungskreislauf voraus, so kann man die inhaltbezogenen Kompetenzen im Modellierungskreislauf relativ klar lokalisieren. Sie spielen beim Schritt des mathematischen Arbeitens vom mathematischen Modell zur mathematischen Lösung eine besondere Rolle. Das Problemlösen dagegen lässt sich nicht so exakt in einem solchen Kreislauf lokalisieren. Es kann prinzipiell in allen Schritten eines Lösungsprozesses auftreten.

Problemlösen wird häufig im Zusammenhang mit Modellieren genannt, da Modellierungsaufgaben oder Modellierungs*probleme* in der Regel für die Schülerinnen und Schüler nicht mit Standardverfahren bearbeitet werden können, also in diesem Sinne auch *Probleme* sind. Problemlösen ist aber nicht auf Modellierungsprobleme beschränkt, sondern ein weiter gefasster Begriff. Klassischerweise wird Problemlösen nicht nur im Kontext von Anwendungen verwendet, sondern auch mit innermathematischen Aufgaben in Verbindung gebracht. In jedem Fall ist für das Verständnis des Begriffs *Problemlösen* das Verständnis des Begriffs *Problem* im Sinne eines mathematischen Problems von zentraler Bedeutung.

3.1 Mathematisches Problem

Mit Problemen ist häufig ein weites Feld verschiedener Aufgaben- und Problemtypen gemeint, denn die Bezeichnung „Problem" oder „offenes Problem" wird nicht einheitlich verwendet (Pehkonen 2001; Silver 1995; Graf 2001). Ein Problemlöseprozess kann als Weg von einem Anfangs- zu einem Zielzustand beschrieben werden, der durch eine Barriere zunächst verstellt ist (Klix 1971, S. 641 ff.). Ein Problem im Mathematikunterricht ist also eine Aufgabe, bei der der Weg zu dem angestrebten Zielzustand für den Lernenden zunächst unklar ist (s. Abb. 3.1).

© Springer-Verlag GmbH Deutschland, ein Teil von Springer Nature 2018
G. Greefrath, *Anwendungen und Modellieren im Mathematikunterricht*,
Mathematik Primarstufe und Sekundarstufe I + II,
https://doi.org/10.1007/978-3-662-57680-9_3

Abb. 3.1 Problem im Mathematikunterricht

Einige Autoren unterscheiden die Begriffe „offene Aufgabe" und „offenes Problem". Letztere Bezeichnung wird von diesen Autoren verwendet, wenn

- Informationen auf für die Schülerinnen und Schüler neue Weise verknüpft werden sollen (Pehkonen 2001),
- die Transformation, d. h. der Weg vom Anfangs- zum Zielzustand der Aufgabe unklar ist (Wiegand und Blum 1999),
- die Transformation keine geläufige Routine ist (Schulz 2000) oder
- der Zielzustand nicht eindeutig ist (Schulz 2000).

In den anderen Fällen, wenn z. B. lediglich der Anfangszustand nicht genau beschrieben ist, verwenden diese Autoren die Bezeichnung „offene Aufgabe". Wir verwenden einen weiten Aufgabenbegriff, der die offenen Probleme einschließt. Unter Problemlösen wird hier also der Prozess der Lösung von offenen Problemen oder offenen Aufgaben verstanden.

3.2 Modelle des Problemlösens

Polya entwickelte 1949 in seinem Buch *Schule des Denkens* einen Katalog heuristischer Fragen, die bei der Bearbeitung von Problemlöseaufgaben helfen sollen. Dabei wird der Problemlöseprozess in die folgenden Abschnitte eingeteilt (Polya 1949): Verstehen der Aufgabe, Ausdenken eines Planes, Ausführen des Planes, Rückschau (s. Abb. 3.2).

In der Literatur findet man sehr viele Strukturierungen von Problemlöseprozessen. Exemplarisch ist die oben beschriebene Grobstruktur nach Polya (1949). Garofalo und Lester (1985) bzw. Cai (1994) verwenden ebenso wie Polya vier Schritte, die sie *Orientierung, Organisation, Ausführung* und *Prüfung* nennen. Schoenfeld (1985) hat diese Schritte etwas detaillierter beschrieben. Das Verstehen der Aufgabe hat er durch *Lesen, Analysieren* und *Exploration* genauer unterteilt. Nach Planung und Ausführung betrachtet er auch die Rückschau genauer und unterteilt diesen Schritt in *Verifikation* und *Übergang*. Ähnlich wie bei Modellierungskreisläufen zur Beschreibung von Modellierungsprozessen findet man auch bei Problemlöseprozessen unterschiedlich akzentuierte Beschreibungen, die verschiedene Schwerpunkte setzen und zum Teil zu unterschiedlichen Zwecken erstellt wurden.

Betrachtet man einen Modellierungsprozess ebenfalls als Problemlöseprozess, dann kann man Schritte des Problemlösens im engeren Sinne im Rahmen der Arbeit im ma-

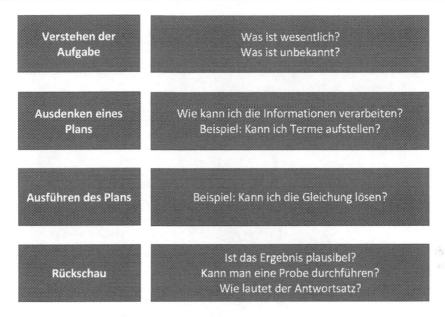

Verstehen der Aufgabe	Was ist wesentlich? Was ist unbekannt?
Ausdenken eines Plans	Wie kann ich die Informationen verarbeiten? Beispiel: Kann ich Terme aufstellen?
Ausführen des Plans	Beispiel: Kann ich die Gleichung lösen?
Rückschau	Ist das Ergebnis plausibel? Kann man eine Probe durchführen? Wie lautet der Antwortsatz?

Abb. 3.2 Problemlöseprozess nach Polya (1949)

thematischen Modell finden (Büchter und Leuders 2005, S. 30). Sieht man jedoch im weiteren Sinne die gesamte Bearbeitung von Modellierungsproblemen als Problemlösen an, dann sind bereits die Entwicklung des mathematischen Modells sowie weitere Schritte im Modellierungsprozess Teile eines Problemlöseprozesses.

Nicht nur Modellierungsprozesse, sondern auch Problemlöseprozesse können als Kreislauf dargestellt werden. Hier sind insbesondere das Finden von Beweisen oder Widerlegungen mit heuristischen Mitteln nach dem Lakatos-Modell (s. Abb. 3.3) und die Schritte von Polya zu nennen.

Das Modell von Lakatos kann man an einem innermathematischen Beispiel konkretisieren. Wir starten beispielsweise mit der *Vermutung*, dass der Quotient einer ganzen Zahl und ihres Vorgängers stets zwischen 1 und 2 liegt. Durch *naives Erproben* (z. B. $1 < \frac{4}{3} < 2$) könnte man vermuten, dass die Aussage wahr ist. Weitere Versuche (z. B. $\frac{2}{1} = 2$) lassen Zweifel aufkommen und ein *lokales Gegenbeispiel* führt zu einer *Umformulierung*, z. B. $n \neq 2$. Der Blick auf negative Zahlen als *globales Gegenbeispiel* führt zu einer neuen Vermutung, nämlich dass die Aussage nur für positive Zahlen größer 2 gilt. Nun kann der *Beweis* für die Aussage $1 < \frac{n}{n-1} < 2$ für $n > 2$ erstellt werden.

Das Lakatos-Modell ist für einen anwendungsbezogenen Mathematikunterricht zwar nur bedingt von Bedeutung, da Beweise innermathematischer Aussagen hier weniger im Fokus stehen, dennoch zeigt dieses Modell sehr schön die mögliche Kreislaufstruktur von Problemlöseprozessen. Angeregt durch das Lakatos-Modell und die Darstellung von Modellierungsprozessen (s. Blum 1985) kann auch der Problemlöseprozess nach Polya als Kreislauf dargestellt werden (s. Abb. 3.4).

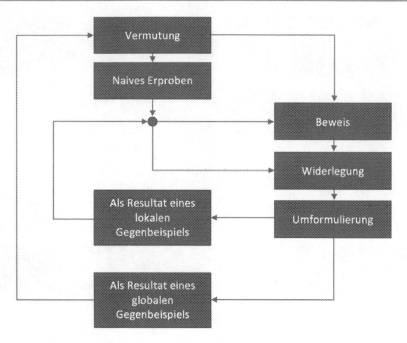

Abb. 3.3 Lakatos-Modell. (Davis und Hersh 1986, S. 306)

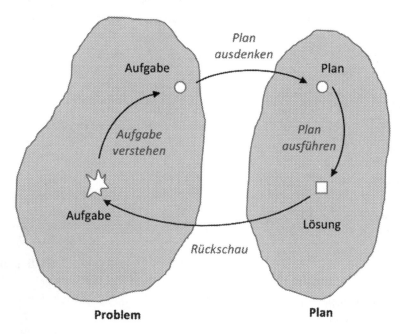

Abb. 3.4 „Problemlösekreislauf" in Anlehnung an Polya (1949)

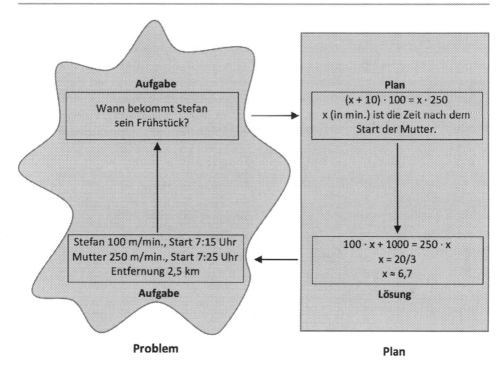

Abb. 3.5 Problemlöseprozess

Diese Problemlöseschritte – beschrieben als Kreislauf – sollen nun am Beispiel einer Aufgabe für Schülerinnen und Schüler der Sekundarstufe I erläutert werden (s. Abb. 3.5). Wir wählen dazu als Beispiel eine Aufgabe, die auch als einfache Modellierungsaufgabe angesehen werden könnte. Wir wollen hier aber den Aspekt des Problemlösens in den Vordergrund stellen.

▷ Stefan startet um 7:15 Uhr seinen Schulweg. Die Schule ist 2,5 km entfernt. Kurz danach bemerkt seine Mutter, dass er sein Frühstück vergessen hat, und fährt um 7:25 Uhr mit dem Fahrrad hinterher. Stefan läuft etwa 100 m pro Minute. Die Mutter fährt ca. 250 m pro Minute. Wann bekommt Stefan sein Frühstück?

Der erste Schritt ist das *Verstehen der Aufgabe*. Hier fragen die Schülerinnen und Schüler, was die wesentlichen Informationen sind und was unbekannt ist. Zu den wesentlichen Informationen gehört die Entfernung der Schule sowie die Geschwindigkeiten von Stefan und seiner Mutter. Unbekannt dagegen ist die Zeit, zu der sich Stefan und seine Mutter treffen.

Der zweite Schritt im „Problemlösekreislauf" ist das *Ausdenken eines Plans*. Der Plan kann in diesem Fall darin bestehen, die Informationen des Textes mithilfe von Termen darzustellen und für die unbekannte Größe eine Variable zu verwenden. Die Zeit, die die Mutter mit dem Fahrrad fährt, wird x (in Minuten) genannt. Stefan startet zehn Minuten eher, er legt also die Strecke $(x + 10) \cdot 100$ m zurück, während seine Mutter $x \cdot 250$ m zurücklegt. An der Stelle, wo sich Stefan und seine Mutter treffen, haben sie genau die gleiche Strecke zurückgelegt, d. h., der Weg, den Stefan nach $10 + x$ Minuten zurückgelegt hat, entspricht dem Weg, den die Mutter in x Minuten zurückgelegt hat. Wir können dann beide Terme gleichsetzen und erhalten:

$$(x + 10) \cdot 100 = x \cdot 250$$

Der nächste Schritt ist das *Durchführen des Plans*. Dies bedeutet in diesem Fall, dass die aufgestellte Gleichung gelöst wird. Dies geschieht durch eine äquivalente Umformung der Gleichung:

$$(x + 10) \cdot 100 = x \cdot 250$$
$$100 \cdot x + 1000 = 250 \cdot x$$
$$1000 = 150 \cdot x$$
$$x = \frac{20}{3}$$
$$x \approx 6{,}7$$

Stefan und seine Mutter treffen sich also etwa 7 min nach dem Start der Mutter.

Der vierte und letzte Schritt ist die *Rückschau*. Hier ist zunächst zu überlegen, ob das Ergebnis sinnvoll und plausibel ist. Nach 17 min hat Stefan $17 \cdot 100 = 1700$ m zurückgelegt. Er ist also noch nicht an der Schule angekommen, da diese 2500 m entfernt ist. In 7 min kann man auch ca. 1,7 km mit dem Fahrrad fahren. Das Ergebnis ist somit sinnvoll. Setzt man das gerundete Ergebnis in beide Terme ein, so erhält man:

$$\left(\frac{20}{3} + 10\right) \cdot 100 = 1666\,\frac{2}{3}$$

bzw.

$$\frac{20}{3} \cdot 250 = 1666\,\frac{2}{3}$$

Die Probe liefert ein korrektes Ergebnis. Der Antwortsatz könnte lauten: „Stefan und seine Mutter treffen sich etwa 7 min nach dem Start der Mutter. Um 7:32 Uhr bekommt Stefan sein Frühstück."

3.3   Problemlösen als Kompetenz

In der Vereinbarung der Kultusministerkonferenz über „Bildungsstandards für den Mittleren Schulabschluss" aus dem Jahr 2003 (KMK 2004) bzw. in den entsprechenden Lehrplänen der Bundesländer, z. B. im Kernlehrplan Nordrhein-Westfalens (Ministerium für Schule NRW 2004), wird Problemlösen als eine allgemeine mathematische Kompetenz bzw. als prozessbezogene Kompetenz beschrieben.

Tab. 3.1 Mögliche Teilkompetenzen des Problemlösens

Teilkompetenz	Indikator
Verstehen	Die Schülerinnen und Schüler konstruieren ein eigenes mentales Modell zu einer gegebenen Problemsituation und verstehen so die Fragestellung
Vereinfachen	Die Schülerinnen und Schüler stellen Vermutungen auf und zerlegen das Problem in Teilprobleme
Mathematisieren	Die Schülerinnen und Schüler übersetzen geeignet vereinfachte Problemsituationen in mathematische Fragestellungen
Mathematisch arbeiten	Die Schülerinnen und Schüler wenden Problemlösestrategien an und nutzen mathematische Regeln und Verfahren
Interpretieren	Die Schülerinnen und Schüler deuten die mathematischen Ergebnisse in Bezug auf die ursprüngliche Problemstellung
Validieren	Die Schülerinnen und Schüler überprüfen die Ergebnisse auf Plausibilität Die Schülerinnen und Schüler überprüfen und bewerten die Lösungswege auf Korrektheit und Konsistenz
Vermitteln	Die Schülerinnen und Schüler beziehen die im mentalen Modell gefundenen Antworten auf die Problemsituation und lösen so die Problemsituation

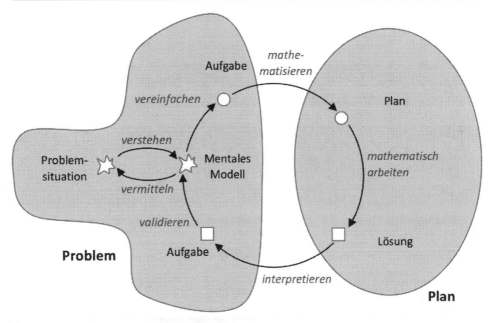

Abb. 3.6 Mögliche Teilkompetenzen des Problemlösens

Der Kern des Problemlösens – wie in den Bildungsstandards beschrieben – ist das Bearbeiten einer Aufgabe, für die der Lösungsweg aus Sicht der Schülerinnen und Schüler zunächst unklar ist.

Genauer wird in den Bildungsstandards sowie in Kernlehrplänen Problemlösen dadurch charakterisiert, dass Schülerinnen und Schüler Problemstellungen, die inner- und außermathematisch sein können, erkennen und erkunden, um Vermutungen aufzustellen und Teilprobleme zu extrahieren. Zur Lösung können verschiedene Darstellungen und Verfahren sowie Problemlösestrategien angewendet werden. Zu Letzteren zählen beispielsweise das systematische Probieren und das Zurückführen auf Bekanntes, aber auch Vorwärts- und Rückwärtsarbeiten. Anschließend werden die Ergebnisse und die Lösungswege überprüft und bewertet (Ministerium für Schule NRW 2004; KMK 2012).

Auf der Basis verschiedener Modelle des Problemlösens können analog zum Vorgehen in Abschn. 2.3 Teilkompetenzen des Problemlösens beschrieben werden (s. Tab. 3.1). Diese sind in Abb. 3.6 im Rahmen eines „Problemlösekreislaufs" analog zur Kompetenz Modellieren dargestellt.

3.4   Problemlösestrategien

Da sich Probleme gerade dadurch auszeichnen, dass man zunächst keinen Lösungsweg zur Verfügung hat, ist es besonders schwierig, Strategien zur Lösung anzugeben, die für alle Probleme Gültigkeit haben. Dies zeigt bereits das Beispiel mit dem Schulweg. Dort wird auf die in der Situation mögliche Lösung mithilfe einer Gleichung verwiesen. Dies kann aber kein allgemeiner Hinweis zur Lösung von Problemen sein.

Man kann also nur eine Liste von Möglichkeiten angeben, die helfen könnten, ein solches Problem zu lösen. Welche dieser Strategien dann tatsächlich auch erfolgreich eingesetzt werden kann, hängt zum einen vom konkreten Problem und zum anderen von den Schülerinnen und Schülern ab. Polya (1964) hat einige grundsätzliche Prinzipien für das Lösen von Problemen zusammengestellt. Dazu zählen *Rationalität*, *Ökonomie* und *Durchhalten*. Gemeint ist damit, dass Schülerinnen und Schüler nicht ohne Begründungen arbeiten und möglichst alle zur Verfügung stehenden Informationen nutzen sollen. Außerdem soll man nicht zu früh aufgeben.

Allgemein lassen sich durch die Untersuchung von Problemlöseprozessen sogenannte Heurismen finden, die bei der Lösung von Problemen helfen können.

▶▶ **Heuristik** ist die „Kunde [...] vom Gewinnen, Finden, Entdecken, Entwickeln neuen Wissens und vom methodischen Lösen von Problemen" (Winter 2016, S. 4). „Das Ziel der Heuristik ist, die Methoden und Regeln von Entdeckung und Erfindung zu studieren." (Polya 1949, S. 118 f.).

Bruder und Collet (2011) unterscheiden heuristische Hilfsmittel, Strategien und Prinzipien.

Heuristische Hilfsmittel sollen dazu dienen, ein Problem zu verstehen, zu strukturieren oder zu visualisieren, und können auch genutzt werden, um Lösungswege von Lernenden zu dokumentieren (Bruder und Collet 2011, S. 45).

Tab. 3.2 Ausgewählte Problemlösestrategien. (Leuders 2003, S. 134)

Name	Erklärung
Alternativen suchen	Völlig anderen Ansatz wählen, um das Problem zu lösen
Analogien bilden	Übertragung von einer bekannten Situation auf eine andere Situation
Aufteilen	Zerlegen eines Problems in Teilprobleme
Darstellungswechsel	Darstellung von Informationen in einer anderen Form, z. B. als Bild, Tabelle oder Formel
Muster suchen	Nach Regelmäßigkeiten und Wiederholungen suchen
Probieren	Durchprobieren von möglichen Zahlenwerten und Beobachten der Ergebnisse
Rückwärtsarbeiten	Ausgehend von einer Lösung zur Problemstellung finden
Spezialfälle suchen	Suchen besonderer Fälle und Ziehen von Rückschlüssen für das Problem
Systematisches Vergleichen	Gemeinsamkeiten und Unterschiede von zwei Situationen feststellen und daraus Schlüsse ziehen
Vereinfachen	Weglassen von Bedingungen, um das Problem zu reduzieren
Voraussetzungen variieren	Veränderung der Voraussetzungen, um Auswirkungen zu erkunden

Heuristische Strategien beschreiben grundsätzliche Vorgehensweisen, wie in Problemsituationen operiert werden kann, wenn das Problem bereits verstanden wurde (Bruder und Collet 2011, S. 69). Sie sollen helfen, den gesamten Lösungsprozess zu organisieren und einen Lösungsplan zu entwickeln (Rott 2013, S. 73). Beispiele für heuristische Strategien sind das systematische Probieren, bei dem verschiedene Fälle oder Beispiele systematisch betrachtet und nach geeigneten Kriterien ausgewählt werden, oder das Vorwärts- und Rückwärtsarbeiten, bei dem einerseits ausgehend vom Anfangszustand mit den vorhandenen Informationen gearbeitet wird, um schrittweise dem Zielzustand näher zu kommen, und andererseits vom Zielzustand ausgehend versucht wird, die davorliegenden erforderlichen Schritte zu rekonstruieren (Bruder und Collet 2011). Leuders (2003) formuliert Problemlösestrategien schülergerecht für die Sekundarstufe I. Wir stellen daraus in Tab. 3.2 eine Auswahl zusammen. Daran wird deutlich, was Problemlösestrategien leisten können und wie damit gearbeitet werden kann.

Heuristische Prinzipien stehen den mathematischen Fachinhalten näher als heuristische Strategien und sind konkrete, teilweise spezifische Hilfestellungen bei der Suche nach Ideen für eine Lösung (Bruder und Collet 2011, S. 87; Rott 2013, S. 74). Ein Beispiel für heuristische Prinzipien ist das Zerlegungsprinzip. Im Sinne dieses Prinzips wird die Komplexität der Aufgabe reduziert, indem das Problem in verschiedene Teilprobleme zerlegt wird. Ein anderes Beispiel ist das Symmetrieprinzip, in dessen Rahmen Symmetrien wie etwa Musteranalogien in den Informationen aus dem Anfangszustand gesucht und für die Lösungsfindung genutzt werden (s. Bruder und Collet 2011).

3.5   Aufgaben zur Wiederholung und Vertiefung

3.5.1 Modellieren und Problemlösen

Betrachten Sie die folgende Beispielaufgabe.

Container-Aufgabe

Der Container soll bis zur Ladekante gefüllt werden. Wie viel Sand passt in den Container?

1. Stellen Sie eine mögliche Aufgabenlösung der Container-Aufgabe als Problemlöseprozess dar.
2. Diskutieren Sie am konkreten Beispiel der Container-Aufgabe Gemeinsamkeiten und Unterschiede von Modellierungs- und Problemlöseprozessen.
3. Bestätigen oder widerlegen Sie die folgenden Behauptungen:
   Problemlösen ist immer auch Modellieren.
   Modellieren ist immer auch Problemlösen.

Aufgabentypen

Im Mathematikunterricht allgemein und im anwendungsbezogenen Mathematikunterricht speziell spielen Aufgaben eine große Rolle. Die Betrachtung einzelner Aufgaben hat nicht den Anspruch, einen ausreichenden Blick auf die Gestaltung des Unterrichts, die Planung eines Schuljahres oder weiterführende didaktische Überlegungen zu ersetzen. Aufgaben sind im Prinzip die kleinsten Einheiten für Überlegungen zum Mathematikunterricht. Sie stellen aber gleichzeitig eine anschauliche und allgemein anerkannte Diskussionsgrundlage für Mathematikunterricht dar (Büchter und Leuders 2005, S. 7).

Eine Typisierung von Aufgaben hat unterschiedliche Funktionen. So können beispielsweise aus Sicht von Lehrerinnen und Lehrern Aufgaben unter Berücksichtigung der Bildungsstandards (Blum et al. 2006) im Hinblick auf ihren mathematischen Inhalt, ihren Schwierigkeitsgrad oder auf die mögliche Motivation durch ihren Kontext oder ihre Präsentationsform strukturiert und gezielt im Unterricht eingesetzt werden. Aufgaben können auch genutzt werden, um Lehrenden und Lernenden zu erreichende Kompetenzen wie beispielsweise das Problemlösen oder das Modellieren zu verdeutlichen. Ebenso werden Aufgaben für Forschungsprojekte klassifiziert (Jordan et al. 2008).

Wir stellen hier unterschiedliche Aufgabentypen vor, die abhängig von der Situation genutzt werden können. Nicht alle Einordnungen sind eindeutig. Aufgaben können auch zu mehreren Kategorien gehören oder Mischformen darstellen. Außerdem kann die konkrete Unterrichtssituation, die Art der Bearbeitung oder die Person des Lernenden über den Aufgabentyp mitentscheiden.

Eine Klassifikation von Aufgaben zu Anwendungen von Mathematik und zum mathematischen Modellieren ist aufgrund der Vielzahl von Aspekten, die der anwendungsbezogene Mathematikunterricht bietet, schwierig. Beispielsweise sind Aufgaben zu Anwendungen häufig Textaufgaben, ggf. mit weiteren Informationen wie z. B. Bild, Tabelle etc. Aber nicht jede Textaufgabe ist eine Aufgabe mit außermathematischem Kontext, wie das folgende Beispiel zeigt.

© Springer-Verlag GmbH Deutschland, ein Teil von Springer Nature 2018
G. Greefrath, *Anwendungen und Modellieren im Mathematikunterricht*,
Mathematik Primarstufe und Sekundarstufe I + II,
https://doi.org/10.1007/978-3-662-57680-9_4

▶   Das Dreifache einer Zahl ist um 5 kleiner als das Sechsfache der Zahl. Um welche
    Zahl handelt es sich? (Lösung: $x = 5/3$)

Es handelt sich zwar um eine Textaufgabe. Es ist aber kein Umwelt- oder Realitätsbezug vorhanden. Eine erste Charakterisierung von Aufgaben zu Anwendungen als Textaufgaben ist also nicht erfolgreich.

Anwendungsbezogene Aufgaben – etwa im Zusammenhang mit Gleichungen – werden
häufig von Schülerinnen und Schülern als schwer eingeschätzt. Die besondere Schwierigkeit bei diesem Aufgabentyp ist das Finden des Ansatzes, also etwa der Gleichung
(Vollrath 2003, S. 207 ff.). Aufgaben mit Sachkontexten zu Gleichungen sind jedoch häufig nicht sehr realistisch und haben oft ausschließlich das Ziel, das Aufstellen und Lösen
von Gleichungen zu üben.

Aufgaben im anwendungsbezogenen Mathematikunterricht (s. Ziele in Abschn. 1.3)
sollten aber einen echten Kontextbezug haben und einen wirklichen Modellierungsprozess
erfordern, um Schwierigkeiten im Umgang mit realen Kontexten und einem falschen Bild
von Mathematik vorzubeugen. Zur Beurteilung und Einordnung von Aufgaben zu Anwendungen und zum Modellieren werden im Folgenden verschiedene Kriterien vorgestellt.

4.1   Allgemeine Kriterien

Wir beginnen mit allgemeinen Kriterien für Aufgaben im Mathematikunterricht. Diese
können nicht nur für Aufgaben zu Anwendungen und zum Modellieren verwendet werden, sondern sind prinzipiell für alle Aufgaben im Mathematikunterricht anwendbar. Es
ist sinnvoll, Aufgaben mit Anwendungsbezug auch nach diesen Kriterien zu erstellen,
einzuordnen und zu beurteilen.

4.1.1   Mathematische Sachgebiete

Aufgaben zu Anwendungen können das ganze Spektrum mathematischer Inhalte der Sekundarstufe I abdecken. Daher ist es sinnvoll, Aufgaben nach den in der Sekundarstufe I

Abb. 4.1 Aufgabe zur Stochastik. (Vgl. Kietzmann et al.
2004, S. 46)

Glücksrad

a) Welche Ergebnisse ge-
   hören zu dem Ereignis
   „blau" bzw. „weiß oder
   Vielfache von vier"? Bestimme die Wahrschein-
   lichkeiten dieser Ergebnisse.
b) Welches Ereignis tritt
   mit Sicherheit ein?
c) Welches Ereignis tritt
   auf keinen Fall ein?

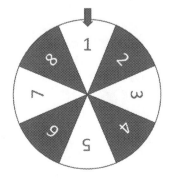

CDs

In einem Elektrofachmarkt werden CDs besonders günstig angeboten

Anzahl der CDs	Preis in Euro
1	1,50
2	3,00
3	4,50
4	6,00
5	
6	9,00
7	
8	

a) Vergleiche den Preis für zwei CDs mit dem Preis für vier CDs und sechs CDs. Was fällt die auf?
b) Gib die fehlenden Preise an. Nenne unterschiedliche Möglichkeiten zur Berechnung.

Abb. 4.2 Aufgabe zur Arithmetik und Algebra. (Vgl. Herling et al. 2008, S. 13)

Symmetrie

In unserer Umwelt gibt es viele (annähernd) symmetrische Figuren.
a) Welche Abbildungen sind (annähernd) achsensymmetrisch?
b) Finde weitere achsensymmetrische Figuren in der Umwelt.

Abb. 4.3 Aufgabe zur Geometrie. (Vgl. Schneider et al. 2006, S. 91)

zu unterrichtenden mathematischen Sachgebieten *Stochastik* (s. Abb. 4.1), *Arithmetik und Algebra* (s. Abb. 4.2), *Geometrie* (s. Abb. 4.3) zu unterteilen. Ähnlich wie beispielsweise in den Kernlehrplänen Nordrhein-Westfalens für die Sekundarstufe I (Ministerium für Schule NRW 2004) könnte noch ein Inhaltsbereich *Funktionen* hinzugefügt werden. Diesen Bereich zählen wir hier zur Algebra (vgl. Vollrath 2003). Bei vielen Aufgaben ist die Zuordnung zu diesen Inhaltsbereichen nicht schwierig, da zahlreiche Schulbücher eher inhaltsorientierte Kapitel enthalten und diese Zuordnung bereits durchgeführt wurde.

Abb. 4.4 Aufgabe zur Geometrie sowie zu Arithmetik und Algebra. (Vgl. Böer et al. 2002, S. 169)

Kürbispyramide

Im Herbst werden an einigen Orten Kürbispyramiden aufgebaut. Solche Pyramiden können aus bis zu 5000 Kürbissen bestehen.

Wie hoch wäre eine Pyramide mit 5000 Kürbissen?

Es gibt auch Aufgabenbeispiele, die inhaltsübergreifend einzuordnen sind. Die abgebildete Aufgabe zur Kürbispyramide (s. Abb. 4.4) kann – abhängig von der gewählten Lösung – zur Geometrie sowie zur Arithmetik und Algebra zugeordnet werden. Pyramiden zählen zum Sachgebiet Geometrie, während die Berechnungen der Anzahl zur Arithmetik gehören. Gegebenenfalls könnte die Lösung sogar mit algebraischen Mitteln erarbeitet werden und so eine Zuordnung zum Sachgebiet Algebra sinnvoll sein.

4.1.2 Mathematische Leitideen

Etwa anders strukturiert als die Aufteilung nach mathematischen Inhalten ist die Aufteilung nach mathematischen Leitideen gemäß dem Vorbild der Bildungsstandards. Diese fünf Leitideen sind Zahl (L1), Messen (L2), Raum und Form (L3), Funktionaler Zusammenhang (L4) sowie Daten und Zufall (5). Die Leitideen stehen zwar mit Sachgebieten der Mathematik in Verbindung, sind mit diesen jedoch nicht identisch. Vielmehr soll durch die Betonung von Leitideen deutlich werden, dass sich aus mathematischen Phänomenen wie dem Zählen, dem Messen oder dem Umgang mit Zufällen mathematische Sachgebiete herausgebildet haben. Außerdem stehen alle Leitideen gleichberechtigt nebeneinander und sind keiner Fachsystematik verpflichtet. Es ergibt sich also keine Hierarchie wie beispielsweise in einem axiomatisch aufgebauten Sachgebiet der Mathematik. Leitideen folgen auch nicht einem didaktischen Aufbau im Sinne einer zeitlichen Abfolge im Lernprozess, sondern sind als fundamentale Ideen aufzufassen (Schwill 1994), die im Mathematikunterricht auf jedem intellektuellen Niveau vermittelt werden können und in verschiedenen Gebieten eines Bereichs vielfältig anwendbar sind.

▷ **Leitidee** „Eine Leitidee vereinigt Inhalte verschiedener mathematischer Sachgebiete und durchzieht ein mathematisches Curriculum spiralförmig. Die Zuordnung einer inhaltsbezogenen mathematischen Kompetenz zu einer mathematischen Leitidee ist nicht in jedem Fall eindeutig, sondern davon abhängig, welcher Aspekt mathematischen Arbeitens im inhaltlichen Zusammenhang betont werden soll." (KMK 2004, S. 18)

Vor dem Hintergrund der genannten Leitideen könnte die Aufgabe a) aus Abb. 4.4 der Leitidee Messen zugeordnet werden, da eine Größe mithilfe von Vorstellungen über alltagsbezogene Repräsentanten geschätzt werden soll. Für die Aufgabe b) aus Abb. 4.4 ist die Leitidee Zahl zu nennen, da die Schülerinnen und Schüler in der konkreten Situation kombinatorische Überlegungen durchführen müssen, um die gesuchte Anzahl zu bestimmen.

4.1.3 Mathematische Prozesse

Aufgaben können auf verschiedene Aspekte fokussieren. Es kann interessant sein, nicht nur auf die Sachgebiete und die Leitideen zu schauen, sondern auch auf den Bearbeitungsprozess. Die Bildungsstandards und Lehrpläne beschreiben prozessbezogene Kompetenzen, die sich in Aufgaben des Sachrechnens widerspiegeln sollten. Der Bearbeitungsprozess von Aufgaben hängt zwar von vielen Faktoren und nicht nur von der Aufgabe allein ab, aber man kann bei der Erstellung von Aufgaben besonders den erwarteten Lösungsprozess in den Blick nehmen. In den Bildungsstandards werden die folgenden allgemeinen Kompetenzen beschrieben, nach denen mathematische Prozesse strukturiert werden können:

- mathematisch argumentieren,
- Probleme mathematisch lösen,
- mathematisch modellieren,
- mathematische Darstellungen verwenden,
- mit Mathematik symbolisch, formal und technisch umgehen,
- mathematisch kommunizieren (KMK 2012).

Die Aufgabe aus Abb. 4.4 kann beispielsweise unter dem Aspekt des Problemlösens gesehen werden, weil zunächst eine Strategie entwickelt werden muss, wie die Kürbisse geeignet gezählt werden können.

4.1.4 Lernen, Leisten und Diagnostizieren

Aufgaben unterscheiden sich häufig abhängig vom Zweck, für den sie erstellt worden sind. Es gibt eher offene Aufgabenformate, die auf den Lernprozess zielen. Hier werden häufig nicht genau die erforderlichen Informationen zur Lösung vorgegeben und die Schülerinnen und Schüler sollen zunächst eigenständig auswählen und recherchieren.

Aufgaben für den Lernprozess können noch dahingehend unterschieden werden, welche Funktion sie im Lernprozess einnehmen sollen. So können es Aufgaben zum Entdecken, zum Systematisieren oder zum Üben sein. Aufgaben zum Entdecken sind vom Charakter her in der Regel offener, um unterschiedliche Wege zu ermöglichen. Aufgaben zum Systematisieren geben dagegen häufig eine Struktur vor. Aufgaben zum Üben können auf bestimmte thematische Aspekte fokussieren, bestimmte Fertigkeiten fördern oder auch bestimmte Strategien in den Mittelpunkt stellen.

Sind Aufgaben für eine Klassenarbeit oder für einen Test konzipiert, so kann der Fokus auf möglichst eindeutigen und einfachen Korrekturmöglichkeiten liegen. Ein Ziel ist dann die genaue und zuverlässige Feststellung der Leistung der Lernenden. Bei der individuellen Diagnose dagegen liegen die Interessen von Lehrerinnen und Lehrern im Auffinden von Schwächen und Stärken der Schülerinnen und Schüler mit dem Ziel der individuellen Förderung. Diagnoseaufgaben haben insbesondere das Ziel herauszufinden, was Schülerinnen und Schüler bereits können (Scherer 1999, S. 170).

Für die Diagnose sollten Aufgaben für die Lehrerinnen und Lehrer besonders informativ sein und beispielsweise ausreichend Möglichkeiten und Anreize für individuelle Erläuterungen und ausführliche Begründungen sowie Nebenrechnungen zur Verfügung stellen. So können etwa Aufgaben durch eine systematische Serie von Veränderungen an den Zahlenwerten, durch Variationen von Formulierungen, durch die Veränderung der Darstellungsform oder durch die Aufforderung, die eigene Vorgehensweise zu erklären, für die Lehrerinnen und Lehrer informativ werden und so eine individuelle Diagnose ermöglichen. Dabei ist es stets das Ziel, dass die Schülerinnen und Schüler in möglichst hohem Maße Eigenproduktionen erzeugen und auf diese Weise nicht nur deutlich wird, ob eine Schülerin oder ein Schüler eine Aufgabe gelöst hat, sondern auch, an welcher Stelle und auf welchem Niveau Schwierigkeiten aufgetreten sind (Sundermann und Selter 2006, S. 79 ff.; Leuders 2006a).

Des Weiteren sollten Diagnoseaufgaben im Hinblick auf die zu untersuchende Kompetenz oder Teilkompetenz valide sein und diese nicht mit anderen Aspekten vermischen (Büchter und Leuders 2005, S. 173; Abel et al. 2006). Erfordern die Diagnoseaufgaben unterschiedliche Teilkompetenzen gleichzeitig, so ist die Analyse der Lösungen schwieriger als bei Aufgaben, die nur eine Teilkompetenz erfordern.

Eine Möglichkeit, um solche Eigenproduktionen zu motivieren, sind Aufgaben, die mit authentischem Material arbeiten und auffordern, vorhandene Widersprüche oder Fehler zu finden und richtigzustellen.

▶ **Schnellfahrer** Fuhr vor einigen Jahren noch jeder zehnte Autofahrer zu schnell, so ist es mittlerweile heute „nur noch" jeder fünfte. Doch auch fünf Prozent sind zu viel und so wird weiterhin kontrolliert … und die Schnellfahrer haben zu zahlen. (Erscheinen in Norderneyer Badezeitung, entnommen aus Herget und Scholz 1998, S. 32)

Auf diese Weise können auch Lehrende feststellen, ob Schülerinnen und Schüler die Zusammenhänge von Bruch- und Prozentrechnung und deren Anwendung auf reale Situationen verstanden haben (Herget 2006).

Insbesondere die Gestaltung von Prüfungsaufgaben mit Anwendungsbezug ist problematisch, wenn nicht nur eingekleidete Aufgaben verwendet werden sollen. Hier könnte es auch eine Lösung sein, wieder häufiger die Erstellung von Texten über Mathematik in Prüfungen zu verlangen. Beispielsweise könnte in einer Prüfungsaufgabe zum Dreisatz auch ein kurzer Text über die Anwendungsmöglichkeiten des Dreisatzes und über Situationen, in denen er nicht verwendet werden kann, verlangt werden.

Dieses Vorgehen ist auch in der Sekundarstufe II noch möglich. Beispielsweise könnte in einer Prüfung zum Bereich Integralrechnung folgende Aufgabe gestellt werden:

▶ Beschreibe ein Anwendungsbeispiel, in dem die Integralrechnung verwendet werden kann.

Das Ziel einer solchen Aufgabe ist die Reflexion der Verwendung von Mathematik im Alltag. Dieser Aufgabentyp gibt keinen spezifischen Anwendungsbezug vor, sondern ist – auch in zentralen Prüfungen – flexibel auf den Unterricht bezogen (Greefrath et al. 2008).

Die vielfältigen Anforderungen an Prüfungsaufgaben führen in Aufgaben mit Anwendungssituationen und Modellierungen zu besonderen Herausforderungen, die z. B. so gelöst werden können, dass Anwendungssituationen in Prüfungsaufgaben nur vorkommen, soweit sie einen authentischen Mathematikgebrauch darstellen oder wenn sie Vorteile bei der Problemerschließung bieten. Aufgaben für die Prüfung werden in der Regel kleinschrittiger aufgebaut sein als Aufgaben für den Unterricht. Daher ist es schwierig, wirklich authentische Anwendungen in Prüfungsaufgaben zu verwenden. Insofern werden meist nur Teilschritte des Modellierungskreislaufs in Prüfungsaufgaben aufgenommen. Die Verwendung von Modellierungen in Prüfungsaufgaben wird aber nicht uneingeschränkt positiv gesehen. Gerade vor dem Hintergrund, dass hier die Relevanz des verwendeten Sachkontexts häufig nicht im Vordergrund steht, gibt es Kritik an Modellierungen in Prüfungen. Stark kritisiert wird auch der größere Anteil an Texten in Prüfungsaufgaben (Jahnke et al. 2014, S. 120). Die bisherige Praxis der Konzeption von Abiturprüfungsaufgaben in Bezug auf Modellierungsanteile ist ganz unterschiedlich. In vielen Bundesländern kommen praktisch nur Einkleidungen vor, in deren Rahmen kleine lokale Mathematisierungen oder Interpretationen erforderlich sind, während am anderen Ende des Spektrums über viele Jahre hinweg sämtliche Abituraufgaben in Anwendungskontexte eingebettet, teilweise mit umfangreichen Sachtexten, viele Modellierungsanforderungen stellen. In jedem Fall sollten außermathematische Kontexte und zugehörige Fragestellungen auch im Abitur stimmig, grundsätzlich glaubwürdig und den Lernenden bekannt sein. Der Aufwand durch das Lesen des Aufgabentextes sollte in einem angemessenen Verhältnis zum Aufwand beim Modellieren und beim mathematischen Arbeiten stehen. Im Unterricht kann hingegen das volle Spektrum von Kompetenzen und Teilkompetenzen des Modellierens in allen Anforderungsbereichen behandelt werden, auch umfassende Modellierungsprozesse (Kaiser und Leuders 2016).

4.1.5 Offenheit

Es gibt verschiedene Klassifizierungen offener Aufgaben, von denen hier nur auf die von Bruder (2000, 2003), Leuders (2015) und Wiegand und Blum (1999, 2000) hingewiesen werden soll. Alle diese Klassifizierungen nutzen die aus der Problemlösepsychologie bekannte Beschreibung eines Problems durch *Anfangszustand, Zielzustand* und eine *Transformation,* die den Anfangs- in den Zielzustand überführt (Klix 1971).

Offene Aufgaben können dabei nach Klarheit von Anfangs- und Zielzustand sowie nach Klarheit und Mehrdeutigkeit der Transformation eingeteilt werden. Dabei sind unterschiedliche Klassifikationen möglich, die hier nicht im Einzelnen diskutiert werden sollen. Wir beziehen uns speziell auf die von Wiegand und Blum (1999) vorgestellte Typisierung, die sechs Typen unterscheidet (s. Tab. 4.1).

Bruder (2003) unterscheidet dagegen acht Aufgabentypen, wobei die Anfangs- und die Endsituation durch die Begriffe *vorgegeben* und *nicht vorgegeben* bezeichnet werden. Dies führt zu einer etwas anderen Akzentsetzung (s. Tab. 4.2).

Die Tabellen zeigen, dass Blum und Wiegand mit *unklar* etwas anderes meinen als Bruder mit *nicht vorgegeben.* Blum und Wiegand betrachten die Sicht der Lehrenden, Bruder die Sicht der Lernenden.

Tab. 4.1 Klassifizierung offener Aufgaben. (Wiegand und Blum 1999)

Typ	Anfangszustand	Transformation	Zielzustand
Typ 1	Unklar	Unklar	Unklar
Typ 2	Unklar	Unklar	Klar
Typ 3	Klar	Unklar	Unklar
Typ 4	Klar	Unklar	Klar
Typ 5	Klar	Klar	Unklar
Typ 6	Klar	Klar	Klar

Tab. 4.2 Klassifizierung offener Aufgaben. (Bruder 2003)

Name	Anfangssituation	Transformation	Endsituation
Vollständig gelöste Aufgabe	Vorgegeben	Vorgegeben	Vorgegeben
Grundaufgabe	Vorgegeben	Vorgegeben	Nicht vorgegeben
Umkehrung einer Grundaufgabe	Nicht vorgegeben	Vorgegeben	Vorgegeben
Bestimmungsaufgabe	Vorgegeben	Nicht vorgegeben	Nicht vorgegeben
Umkehrung einer Bestimmungs-aufgabe	Nicht vorgegeben	Nicht vorgegeben	Vorgegeben
Strategiefindungs- oder Begründungsaufgabe	Vorgegeben	Nicht vorgegeben	Vorgegeben
Eigenkonstruktionen – Anwendungen finden	Nicht vorgegeben	Vorgegeben	Nicht vorgegeben
Offene Aufgabensituationen	Nicht vorgegeben	Nicht vorgegeben	(Nicht vorgegeben)

Tab. 4.3 Klassifizierung offener Aufgaben. (Greefrath 2004)

Typ der offenen Aufgabe	Anfangszustand	Transformation	Zielzustand
Problemsituation	Unklar	Unklar	Unklar
Unscharfes Problem	Unklar	Unklar	Klar
Interpretationsproblem	Klar	Unklar	Unklar
Strategiefindungsproblem	Klar	Unklar	Klar
Interpretationsaufgabe	Klar	Klar	Unklar
Einfache offene Aufgabe	Klar	Klar	Klar
Aufgabe erfinden	Unklar	Klar	Unklar
Anfangssituation erfinden	Unklar	Klar	Klar

Vergleicht man beispielsweise Typ 5 aus Tab. 4.1 mit der Grundaufgabe aus Tab. 4.2, so ist im ersten Fall auch für den Lehrer das Ergebnis der Aufgabe unklar. Er kann nicht alle Lösungen kennen, denn es gibt keine eindeutige Lösung. Bei der Grundaufgabe dagegen ist die Lösung der Aufgabe für den Schüler zwar nicht bekannt, sie existiert aber eindeutig und ist dem Lehrer bekannt.

Wir wollen hier die Typisierung aus Tab. 4.1 noch etwas ausweiten. Man erhält dann die in Tab. 4.3 dargestellte Liste von Aufgabentypen unter Berücksichtigung der Offenheit von Anfangs- und Zielzustand sowie Transformation.

Dabei muss zu den einfachen offenen Aufgaben angemerkt werden, dass hier eine klare, aber mehrdeutige Transformation gemeint ist, da es sich sonst nicht mehr um eine offene Aufgabe handeln würde (Wiegand und Blum 1999).

Als Beispiel wollen wir hier die Haus-Aufgabe vom Typ *unscharfes Problem* betrachten. Dieser Typ umfasst Aufgaben mit unklarer Ausgangssituation, aber eindeutiger Fragestellung.

Haus-Aufgabe

Was kostet das Verputzen dieses Hauses?

In der Beispielaufgabe ist durch die Fotos nur eine unklare Ausgangssituation gegeben, da genaue Informationen zu dem Problem nicht vorliegen. Die Fragestellung *„Was kostet das Verputzen dieses Hauses?"* beschreibt allerdings den Zielzustand klar, da genau benannt ist, was bestimmt werden soll. Die Transformation, also der mögliche Weg zum Erreichen des Zielzustandes, wird ebenfalls durch die Aufgabenstellung nur angedeutet und ist somit ebenfalls unklar.

Durch eine Änderung der Fragestellung zum Verputzen des Hauses (s. Beispiel) kann der Typ der offenen Aufgabe verändert werden. Die folgende Aufgabenstellung enthält zusätzlich einen unklaren Anfangszustand.

> ▶   Das Haus soll verputzt werden. Finde dazu Fragen, zu deren Beantwortung Ma-
>   thematik benötigt wird.

Es handelt sich also um eine *Problemsituation*, die sich dadurch auszeichnet, dass Anfangszustand, Zielzustand und Transformation unklar sind. Im Beispiel ist die Ausgangssituation durch Fotos beschrieben, aus denen die benötigten Informationen nur ungenau abgelesen bzw. geschätzt werden können. Schülerinnen und Schüler sollen dann selbst eine Frage formulieren, die mithilfe mathematischer Methoden beantwortet werden kann, und diese bearbeiten. Mögliche Fragen, die von Schülerinnen und Schülern gestellt und beantwortet werden können, sind:

> ▶   • Wie viele Quadratmeter müssen verputzt werden?
>   • Wie teuer ist das Verputzen des Hauses?
>   • Wie lange dauert das Verputzen des Hauses?

Aufgrund der vielen Möglichkeiten für Fragestellungen sind auch die Transformation und der Zielzustand nicht klar festgelegt. Dieser Aufgabentyp ist charakteristisch für viele Aufgaben aus dem Alltagsleben, die häufig als Problemsituation ohne Fragen präsentiert werden können.

Die Beispiele für die verschiedenen Typen offener Aufgaben zeigen viele Möglichkeiten für das Öffnen von Aufgaben. Es wird deutlich, dass etwa mit dem gleichen Bildmaterial viele mehr oder weniger offene Aufgaben durch einfache Variation des Aufgabentextes hergestellt werden können. Sinnvoll für die Schülerinnen und Schüler ist ein langsamer Weg von einfachen offenen Aufgaben zu Problemsituationen. Die Anzahl der offenen Aufgabenbestandteile kann dabei immer weiter erhöht werden. So lässt sich der selbstständige Umgang der Schülerinnen und Schüler mit offenen Aufgaben trainieren. Ebenso ist es möglich, gezielt bestimmte offene Bestandteile von Aufgaben im Unterricht in den Mittelpunkt zu stellen.

4.1.6 Überbestimmte und unterbestimmte Aufgaben

Aufgabentexte oder Aufgabenstellungen können Angaben enthalten, die zur Lösung der Aufgabe nicht erforderlich sind. In einem solchen Fall spricht man von einer *überbestimmten Aufgabe*. Zech (1998, S. 328) sieht hier eine erhöhte Abstraktionsanforderung.

Ein Beispiel dafür ist eine Frage zu einem Sachtext, aus dem nur einige Informationen zur Lösung der Aufgabe verwendet werden müssen. Möglich wäre auch der Fall, dass die Informationen nicht exakt zueinander passen und je nach Auswahl unterschiedliche Ergebnisse liefern.

Ebenso ist der umgekehrte Fall denkbar, bei dem die Aufgaben nicht alle Informationen enthalten, die zur Lösung benötigt werden. Das ist beispielsweise bei unscharfen Problemen der Fall, bei denen der Anfangszustand unklar ist. In solchen Fällen spricht man von einer *unterbestimmten Aufgabe*. Dann müssen die fehlenden Informationen beispielsweise durch Alltagswissen, Schätzen oder eine Recherche ermittelt werden.

Es ist auch eine Kombination beider Typen vorstellbar. Wenn etwa nicht erforderliche Informationen in einer Aufgabenstellung vorgegeben sind, während gleichzeitig erforderliche Informationen nicht zur Verfügung stehen und recherchiert, geschätzt oder auf anderem Weg beschafft werden müssen, dann spricht man von einer *kombinierten unterbestimmten und überbestimmten Aufgabe*.

4.2 Spezielle Kriterien

Während die in Abschn. 4.1 genannten Kriterien auch für Aufgaben verwendet werden können, die nicht im Kontext von Anwendungen und Modellieren gestellt werden, so gibt es Aspekte, die typisch und besonders wichtig für Modellierungsaufgaben sind.

4.2.1 Teilkompetenzen des Modellierens

Schülerinnen und Schüler können bei der Bearbeitung einer Modellierungsaufgabe an vielen Stellen auf Probleme stoßen. Für eine gezielte Förderung oder eine genaue Diagnose von Modellierungskompetenzen ist es sinnvoll, Modellierungsaufgaben zu Teilaufgaben zu reduzieren, die Teilschritte des Modellierungskreislaufs besonders in den Blick nehmen. Diesen Teilschritten entsprechen die schon angesprochenen Teilkompetenzen des Modellierens (s. Abschn. 2.3).

Das Entwickeln von Aufgaben für einzelne Teilkompetenzen des Modellierens ist schwierig, da bei der Reduktion von Modellierungsaufgaben auf eine Teilkompetenz die *Authentizität* der Aufgabe verloren gehen kann. Gerade die Authentizität ist aber für Modellierungstätigkeiten eine unverzichtbare Voraussetzung. Ob die entsprechende Aufgabe tatsächlich geeignet ist, (nur) auf eine Teilkompetenz des Modellierens zu fokussieren, muss jeweils kritisch hinterfragt werden. Wird beispielsweise mehr als eine Teilkompetenz angesprochen oder ist die Aufgabe keine Modellierungsaufgabe mehr, so kann sie nicht zur Diagnose einer bestimmten Teilkompetenz des Modellierens eingesetzt werden.

Im Folgenden sollen Aufgaben zu Teilkompetenzen des Modellierens vorgestellt werden, die durch das Einschränken einer vorhandenen Modellierungsaufgabe mittels Angabe weiterer Informationen gewonnen wurden. So werden die Schülerinnen und Schüler von bestimmten Tätigkeiten im Modellierungsprozess entlastet und können sich auf eine (oder auch wenige) Teilkompetenz(en) des Modellierens konzentrieren. Dadurch wird eine Diagnose oder Förderung dieser Teilkompetenzen möglich. Diese Vorgehensweise stellen wir an einer Modellierungsaufgabe zum Themenbereich „Stau" vor und schränken diese im ersten Beispiel auf das Vereinfachen und im zweiten Beispiel auf das Validieren ein.

Modellierungsaufgabe „Stau"

Die Sommerferien beginnen häufig mit vielen Kilometern Stau in Deutschland. Im letzten Jahr waren es an einem Tag insgesamt 180 km. Wie viele Menschen befanden sich dann vermutlich im Stau?

   In der ersten Teilkompetenzaufgabe werden unterschiedliche Möglichkeiten zur Vereinfachung des Problems vorgegeben. Nicht alle angegebenen Möglichkeiten sind zur Lösung der Stau-Aufgabe sinnvoll. Bei einigen ist sogar eine Entscheidung schwierig, da beispielsweise die Tageszeit aufgrund von Berufspendlern schon Einfluss auf die Anzahl der Personen im Auto haben könnte. Deshalb wird auch eine Begründung eingefordert. In dieser Aufgabe wird keine Rechnung oder weitere Bearbeitung wie etwa Interpretation verlangt. Sie zielt allein auf die Wahl geeigneter Modellparameter ab. Die Aufgabe ist – obwohl deutlich eingeschränkter als die Modellierungsaufgabe – weiterhin offen, da die Auswahl der möglichen Einflussgrößen auch von den gewählten Begründungen abhängt. Außerdem hat die Aufgabe durch die Einschränkung nicht ihre Authentizität verloren. Sie ist als Diagnose- und Förderaufgabe der Teilkompetenz Vereinfachen geeignet, weil sie sehr gezielt nur diese Kompetenz anspricht und aufgrund der eingeforderten Begründungen viele Informationen über die Gedanken der Schülerinnen und Schüler liefert.
   In der zweiten Teilkompetenzaufgabe dagegen werden zwei Berechnungsmöglichkeiten, d. h. mathematische Modelle vorgegeben. Die Schülerinnen und Schüler sollen diese Terme vergleichen und bewerten. Dazu müssen die gegebenen mathematischen Modelle analysiert und mit der realen Situation in Beziehung gesetzt werden. Die Schülerinnen und Schüler müssen dazu die entsprechenden Faktoren aus den Termen in der Realität deuten

und auf Plausibilität überprüfen. Dies spricht die Teilkompetenz des Validierens an. Die Bewertung der beiden Rechnungen erfordert eine längere Begründung, die hier ermöglicht, dass die Gedanken der Schülerinnen und Schüler erfasst werden können (Greefrath 2008a).

Teilkompetenzaufgabe zum Vereinfachen

Katja und Toni wollen berechnen, wie viele Menschen sich vermutlich in einem Stau der Länge 180 km befinden. Sie haben sich überlegt, welche Informationen wichtig sein könnten, und eine Liste von benötigten Informationen erstellt. Für welche dieser Informationen würdest Du Dich entscheiden? Begründe!

Fahrzeuglänge

Wetter

Art des Fahrzeugs

Benzinverbrauch

Bundesland

Abstand zum nächsten Pkw

Anzahl der Fahrspuren

Jahreszeit

Alter des Fahrers

Anzahl der Mitfahrer

Tageszeit

Wochentag

Baustellen

Ferienzeit

Teilkompetenzaufgabe zum Validieren

Katja und Toni wollen berechnen, wie viele Menschen sich vermutlich in einem Stau der Länge 180 km befinden. Sie gehen davon aus, dass ein Fahrzeug 10 m Platz auf der Straße benötigt, und haben sich folgende Rechnungen überlegt.

$3 \cdot 18.000 \cdot 4 =$

$3 \cdot 18.000 \cdot 2 =$

Vergleiche die beiden Rechnungen und bewerte sie!

4.2.2   Deskriptive und normative Modelle

Aufgaben zu deskriptiven oder normativen mathematischen Modellen können sehr unterschiedlichen Charakter haben. Während es bei deskriptiven Modellen im Prinzip darum geht, mathematische Modelle zu verwenden, um anwendungsbezogene Probleme zu beschreiben und schließlich zu lösen, so geht es bei normativen Modellen darum, mathematische Vorschriften zu entwickeln, die in bestimmten Situationen für Entscheidungen verwendet werden können.

Ein Beispiel für eine deskriptive Modellierung wäre die Ermittlung von Materialkosten selbst hergestellter Marmelade. Dazu müssten die Schülerinnen und Schüler zunächst aus dem Aufgabentext oder durch eine Recherche die Informationen zusammenstellen, die man in diesem Zusammenhang benötigt. Die Kosten können dann auf der Basis entsprechender Annahmen und Berechnungen ermittelt werden (Leuders und Leiß 2006).

Ein Beispiel für eine normative Modellierung ist die Verteilung der Heizkosten in einem Haus mit mehreren Wohnungen. Dies ist tatsächlich ein reales Problem, das von Schülerinnen und Schülern in der Sekundarstufe I verstanden und bearbeitet werden kann.

Einen Unterrichtsvorschlag findet man dazu bei Jürgen Maaß (2007). Hier können Schülerinnen und Schüler erkennen, dass unterschiedliche Modelle gleichberechtigte Lösungen
dieses Problems sein können.

Im ersten Beispiel zur Preisermittlung der Marmelade wird die Realität mithilfe von
Mathematik beschrieben: Beispielsweise wird berechnet, wie schwer die Marmelade ist,
wie viel Marmelade in ein herkömmliches Glas passt und wie teuer die Gläser sind. Im
zweiten Beispiel wird die Realität durch die Entscheidung für ein bestimmtes mathematisches Modell, beispielsweise die Aufteilung der Kosten nach Fläche, Personenzahl oder
Verbrauch, erst erschaffen.

4.2.3 Schätzaufgaben

Bei der Bearbeitung unterbestimmter Aufgaben spielt häufig das *Schätzen* zur Datenbeschaffung eine große Rolle. Schätzen wird zur Ermittlung von Näherungswerten für reale
Daten verwendet. Im Unterschied zum *Raten*, bei dem Größen ohne Vergleich mit bekannten Größen willkürlich genannt werden, wird beim Schätzen ein gedanklicher Vergleich
mit bekannten Größen durchgeführt. Solche bekannten Größen sind die Stützpunktvorstellungen der Schülerinnen und Schüler. Dazu kann beispielsweise gehören, dass eine Tür in der Regel eine Höhe von 2 m oder ein DIN-A4-Blatt eine Breite von 21 cm
hat.

Falls der Schätzwert als Intervall von kleinst- und größtmöglichem Wert bestimmt
wird, spricht man von *Abschätzen*. Während beim Schätzen und Abschätzen ein gedanklicher Vergleich vorliegt, wird beim *Messen* mithilfe von Messinstrumenten ein direkter
Vergleich mit einer festgelegten Einheit durchgeführt. Das Messen ist daher in den meisten Fällen das genauere Verfahren. Allerdings sind nicht alle Größen auch tatsächlich
dem Messen zugänglich bzw. ist nicht immer ein entsprechendes Messinstrument vorhanden.

Der Schwierigkeitsgrad einer Schätzaufgabe hängt von verschiedenen Faktoren ab.
Diese sind zum einen individuelle Faktoren wie das vorhandene Stützpunktwissen der
Schülerinnen und Schüler, zum anderen Faktoren der Schätzaufgabe selbst. So spielt die
Anzahl der gleichzeitig zu schätzenden Größen genauso eine Rolle wie die Darstellung
dieser Größen.

Schätzgröße nur gedanklich vorhanden

Wie viele Kürbisse wachsen auf einem Kürbisfeld?

Schätzgröße als Foto vorhanden

Auf dem Foto ist ein Ausschnitt eines Kürbisfeldes zu sehen. Wie viele Kürbisse wachsen auf einem ganzen Kürbisfeld?

Bei der zweiten Kürbis-Aufgabe ist die Schätzgröße als *Foto* vorhanden. Die Schätzgrößen in der ersten Kürbis-Aufgabe sind nicht gegenständlich vorhanden, sie existieren zum Zeitpunkt der Aufgabenstellung nur *gedanklich*. Anders wäre das etwa, wenn die Schulklasse zur Bearbeitung dieser Aufgabe zu dem Feld mit Kürbissen gehen würde und dort die Überlegungen mit direktem Vergleich unterstützen könnte.

Für die Darstellung der Schätzgröße gibt es also im Prinzip die Möglichkeiten, dass sie als *Gegenstand*, als Foto oder nur gedanklich vorliegen. Um eine Schätzaufgabe handelt es sich aber nur, wenn der Gegenstand oder das Foto nicht zum direkten Messen benutzt wird bzw. werden kann. Die Art der Darstellung der Schätzgrößen ist also ein schwierigkeitsgenerierender Faktor. Im Regelfall wird die Darstellung als Gegenstand oder als Foto zugänglicher sein, als wenn die Schätzgrößen nur gedanklich vorliegen.

Die Anzahl der zu schätzenden Größen beeinflusst ebenfalls den Schwierigkeitsgrad von Schätzaufgaben. In einer *einfachen Schätzaufgabe* wird nur eine Größe gesucht. Die könnte beispielsweise eine Schätzaufgabe zur Länge eines Traktoranhängers sein.

▷   *Wie lang ist ein Traktoranhänger?*

In diesem Beispiel ist nur eine Länge zu schätzen. Dies kann z. B. durch den gedanklichen Vergleich mit bekannten Körpermaßen oder der Reifengröße geschehen. Der Erfolg solcher Vergleiche hängt vom Stützpunktwissen der Schülerinnen und Schüler ab. Eine Schwierigkeit dabei ist, dass nicht alle Anhänger die gleiche Länge haben. Hier muss also ein Durchschnittswert ermittelt werden, wenn der Anhänger nicht gegenständlich oder als Foto vorliegt. In einer *komplexen Schätzaufgabe* wird mit mindestens zwei Größen gearbeitet. Hier könnte man an das folgende Beispiel denken:

▷   Wie groß ist die Ladefläche eines Traktoranhängers?

Für diese Aufgabe kann entweder die Fläche durch Vergleich mit einer geeigneten Stützpunktvorstellung (wie z. B. einem Quadratmeter) direkt geschätzt oder es müssen zwei gleichartige Schätzwerte (Länge und Breite) ermittelt werden. Je nach Vorgehen handelt es sich also um eine einfache oder bereits um eine komplexe Schätzaufgabe. Der Schwierigkeitsgrad erhöht sich, wenn weitere Schätzgrößen hinzukommen.

▷   Wie viele Kürbisse passen auf einen Traktoranhänger?

Für diese Aufgabe muss nicht nur die Fläche des Traktoranhängers, sondern auch die mögliche Höhe der Ladung sowie die Größe der Kürbisse bekannt sein. Das Beispiel kann zu einer Aufgabe mit drei Schätzgrößen ausgebaut werden:

▷   Wie viele Traktoranhänger werden bei der Ernte eines Kürbisfeldes gefüllt?

Es wird also deutlich, dass die Anzahl der zu schätzenden Größen einen Einfluss auf den Schwierigkeitsgrad der Aufgabe hat.

Die Darstellung der Schätzgröße und die Anzahl der zu schätzenden Größen beeinflussen also in der Regel den Schwierigkeitsgrad, der bei Schätzaufgaben betrachtet werden kann. Verwenden wir das Aufgabenbeispiel, in dem die Anzahl der Traktoranhänger ermittelt werden soll, die für die Ernte eines Kürbisfeldes benötigt werden, so können sich viele Schülerinnen und Schüler vermutlich nicht gut vorstellen, wie das konkret abläuft und wie die entsprechenden Größen zueinander in Beziehung stehen. Dazu könnte dann die Angabe der Schätzgrößen als Foto eine wichtige Hilfe sein, um auch mit der großen Zahl von Schätzgrößen arbeiten zu können (Bönig 2003; Franke und Ruwisch 2010; Greefrath 2007; Greefrath und Leuders 2009).

Komplexe Schätzaufgabe mit Schätzgrößen als Foto
Wie viele Traktoranhänger werden bei der Ernte eines Kürbisfeldes gefüllt?

4.2.4 Fermi-Aufgaben

Fermi-Aufgaben sind im Prinzip unterbestimmte offene Aufgaben mit klarem Endzustand, aber unklarem Anfangszustand sowie unklarer Transformation, bei denen die Datenbeschaffung – meist durch mehrfaches Schätzen – im Vordergrund steht. Sie gehen auf den Kernphysiker und Nobelpreisträger Enrico Fermi (1901–1954) zurück. Er war für schnelle Abschätzungen von Problemen bekannt, für die praktisch keine Daten vorliegen.

Das klassische Beispiel für eine Fermi-Aufgabe ist die Frage nach der Zahl der Klavierstimmer in Chicago. Hier liegen zunächst keine Informationen vor. Man kann aber die Größenordnung schrittweise durch sinnvolle Annahmen über die Einwohner von Chicago, die Größe eines Haushalts, den Anteil von Haushalten mit Klavier, den Zeitraum zwischen zwei Klavierstimmungen, die Dauer des Klavierstimmens und das Arbeitspensum eines Klavierstimmers auf etwa 100 schätzen und so die Frage sinnvoll beantworten. Die Antwort wird also durch geeignete Auswahl und sinnvolles Schätzen von Zwischenangaben bestimmt.

Fermi-Aufgaben zeichnen sich außer durch ihre Offenheit auch durch Realitätsbezug und eine besondere Zugänglichkeit aus. Sie sind herausfordernd und können nicht nur weitere Fragen, sondern auch die Verwendung von Mathematik in der Welt anregen.

Der Begriff „Fermi-Aufgaben" wird auch *im weiteren Sinne* für offene Aufgaben verwendet, bei denen die Aufgabenstellung nur aus einer Frage besteht. Wir bezeichnen Fermi-Aufgaben wie die Frage nach der Zahl der Klavierstimmer in Chicago, die durch Schätzen von Zwischenangaben gelöst werden, als Fermi-Aufgaben *im ursprünglichen*

Sinne. Es handelt sich bei solchen Aufgaben also gleichzeitig auch um komplexe Schätzaufgaben.

Beim Einsatz von Fermi-Aufgaben im Mathematikunterricht steht weniger das Rechnen im Vordergrund als die anderen Schritte im Modellierungskreislauf wie das Vereinfachen und das Validieren. Speziell der Umgang mit Ungenauigkeit, der häufig keinen
großen Raum im Mathematikunterricht einnimmt, kann mithilfe von Fermi-Aufgaben
thematisiert werden. So werden durch eine Fermi-Aufgabe im ursprünglichen Sinne das
Schätzen und die Arbeit mit ungenauen Angaben besonders gefördert. Auch das Mathematisieren zu (möglichst einfachen) Modellen spielt eine wichtige Rolle. Durch Fermi-
Aufgaben im weiteren Sinne können außerdem das Recherchieren und Experimentieren
sowie das Finden verschiedener Wege in den Mittelpunkt gestellt werden. Schülerinnen
und Schüler lernen außerdem selbst Fragen zu stellen und so mit heuristischen Strategien
zu arbeiten. Sie verwenden Alltagswissen und rechnen mit Größen.

Fermi-Aufgaben im weiteren Sinne können entsprechend ihrem Schwerpunkt im Umgang mit Daten klassifiziert werden:

- Schätzen und Überschlagen von Größen und Anzahlen
- Veranschaulichung gegebener Größen und Anzahlen
- Schätzen und Überschlagen sowie Veranschaulichen
- Gewinnen fehlender Daten aus Annahmen/Alltagswissen
- Bestimmen von Daten aus Abbildungen (s. Abb. 4.5)
- Bestimmen fehlender Daten durch Messung/Experiment (s. Abb. 4.6)
- Recherchieren von Daten
- experimentelles Überprüfen

Riesenmund

Wie groß wäre wohl eine Person, die solchen einen großen Mund hätte?

Besuch bei „Camilla"

Die riesige „Camilla" bildet in der peruanischen Haupt-
stadt Lima den Eingang zu einer besonderen Ausstel-
lung. Dort können Räume besichtigt werden, in denen
unterschiedliche Teile des menschlichen Körpers überdi-
mensional dargestellt sind.

Abb. 4.5 Bestimmen von Daten aus Abbildungen. (Vgl. Büchter et al. 2006, S. B 10)

Zahlen schreiben

Können die Angaben in dem Text stimmen?

Weltrekord im Schreiben von Zahlen in Worten

Les Steward aus Australien hat es geschafft. Am 25. November 1998 erreicht er sein Ziel:
das Schreiben aller Zahlen von 1 bis 1 Million in Worten auf seiner mechanischen
Schreibmaschine.
Er begann seinen Rekord als Therapie im Jahr 1982. Nach 16 Jahren und 7 Monaten,
nach sieben verbrauchten Schreibmaschinen und 19890 beschriebenen Seiten beendete
er seine Arbeit mit folgenden Zeilen:

```
nine hundred and ninety-nine thousand nine hundred and
ninety-nine, one million.
```

Abb. 4.6 Bestimmen fehlender Daten durch Messung/Experiment. (Vgl. Büchter et al. 2006,
S. H 5)

Fermi-Aufgaben im ursprünglichen Sinne finden sich in den Typen *Schätzen und
Überschlagen von Größen und Anzahlen* sowie *Gewinnen fehlender Daten aus Annah-
men/Alltagswissen*. Die Arbeit mit Experimenten und Abbildungen sowie die Recherche
kann Fermi-Aufgaben im weiteren Sinne zugeordnet werden (Büchter et al. 2006; Leuders
2001, S. 104; Herget und Klika 2003).

4.2.5   Klassische Aufgabentypen

Traditionell werden Mathematikaufgaben mit Sachkontext in Bezug auf die Ernsthaftig-
keit des verwendeten Kontextes klassifiziert. Diese Einteilung wird häufig auf Aufgaben
für die Grundschule bezogen, kann aber entsprechend auch für die Sekundarstufe verwendet werden.

Eingekleidete Aufgaben

Bei eingekleideten Aufgaben handelt es sich um Rechnungen ohne wirklichen Realitätsbezug. Der Sachkontext spielt für die Lösung der Aufgaben keine Rolle und kann beliebig
ausgetauscht werden. Dies birgt die Gefahr, dass der Bezug zur Erfahrungswirklichkeit
im Mathematikunterricht verloren geht (Schütte 1994, S. 78 ff.). Das Ziel eingekleideter
Aufgaben ist die Anwendung und Übung von Rechenfertigkeiten. Zu diesem Aufgabentyp
zählen auch eingekleidete Knobelaufgaben wie das folgende Beispiel.

Eingekleidete Aufgabe

In einem Stall werden 42 Tiere gezählt. Es sind Pferde und Fliegen. Zusammen haben
sie 196 Beine. Wie viele Fliegen und wie viele Pferde sind es?

In der Beispielaufgabe ist nur relevant, dass Pferde vier und Fliegen sechs Beine haben. Ansonsten könnte der Kontext beliebig ausgetauscht werden. Außerdem hat die Fragestellung keinen wirklichen Realitätsbezug, da es viel leichter wäre, die Tiere nach ihrer Art zu zählen als die Beine und dann auf die Anzahl der Tiere zu schließen. Das Ziel ist also eine Lösung durch geschicktes Ausprobieren. Denkbar ist ebenso – bezogen auf die Sekundarstufe – das Aufstellen von Gleichungen und deren Lösung (Radatz und Schipper 1983; Krauthausen und Scherer 2007, S. 84 ff.; Franke 2003, S. 32 ff.).

Die Problematik der eingekleideten Aufgaben setzt sich auch in der Sekundarstufe II fort. Sie wird durch die nun fast überall in Deutschland eingeführten zentralen Prüfungen noch verschärft (Henn 2007, S. 263). In zentralen Prüfungen setzt man in der Regel kein Wissen über Kontexte voraus, daher spielt der Kontext häufig eine untergeordnete Rolle. Daher besteht die Gefahr, dass der Bezug zur Realität in den Prüfungen und in der Folge auch im Mathematikunterricht verloren geht.

Textaufgaben

Textaufgaben sind typisch für das klassische Sachrechnen. Sie bestehen aus Aufgaben in Textform – teilweise auch ergänzt durch ein Bild. Die Sache ist – ähnlich wie bei den eingekleideten Aufgaben – austauschbar und die Realität häufig sehr vereinfacht dargestellt. Das Ziel ist die Förderung mathematischer Fähigkeiten. Daher wird in diesem Zusammenhang auch von *Sachrechenaufgaben* gesprochen (Schütte 1994, S. 79). Allerdings muss dazu zunächst der Zusammenhang zwischen den angegebenen Daten im Text erfasst und mathematisch dargestellt werden. Von der Erstellung eines mathematischen Modells kann aber aufgrund des fehlenden echten Realitätsbezugs und der vorgegebenen Vereinfachungen nicht wirklich gesprochen werden. Dennoch besteht ein Hauptproblem für die Schülerinnen und Schüler in der Übersetzung des Textes in die entsprechenden mathematischen Objekte, wie z. B. Terme oder Gleichungen. Aus diesem Grund ist auch die aus der Modellierung bekannte Bezeichnung *Mathematisierung* in diesem Zusammenhang üblich (Schütte 1994, S. 79). Bei Textaufgaben dominiert das mathematische Problem im Vergleich zu den eingekleideten Aufgaben. Ein weiterer Schwerpunkt liegt dann – abhängig von der konkreten Aufgabenstellung – in der Interpretation der mathematischen Ergebnisse bezogen auf die Sachsituation.

Textaufgabe

Herr Stein bekommt 11 € Stundenlohn. Die monatlichen Abzüge betragen 363 €. Er erhält daher am Ende des Monats Mai 2035 €. Wie viele Stunden hat er im Mai gearbeitet?

Der in der Beispielaufgabe dargestellte Sachverhalt ist zwar möglicherweise real, allerdings für Schülerinnen und Schüler nicht wirklich interessant. Vergleichbare Textaufgaben werden auch heute noch zu Übungszwecken im Unterricht eingesetzt. In den 1970er Jahren hat man Textaufgaben als die eigentlichen Sachrechenaufgaben angesehen (Maier und Schubert 1978, S. 12).

Die ausgiebige Behandlung derartiger Textaufgaben im Mathematikunterricht ist stark kritisiert worden. Ein Grund dafür ist der fehlende echte Realitätsbezug. Ein weiterer Grund ist das Verfahren des Einübens mathematischer Sachverhalte an gleichartigen Textaufgaben, sodass noch schneller ein echtes Nachdenken über den verwendeten Kontext überflüssig wird (Franke 2003, S. 32 ff.; Krauthausen und Scherer 2007, S. 84 ff.; Radatz und Schipper 1983).

Sachprobleme

Bei Sachproblemen, die auch als Sachaufgaben bezeichnet werden, steht ein tatsächliches Problem aus der Umwelt im Vordergrund. Hier wird die Sachrechnen-Funktion der Umwelterschließung vermittelt. Dabei sind häufig reale Daten vorgegeben, zu denen dann authentische Fragen gestellt werden. Die entsprechenden Probleme können auch im projektartigen Unterricht eingesetzt werden.

> **Sachproblem**
>
> Sonja hat zum Geburtstag ein 21-Gang-Fahrrad bekommen. Kritisch fragt sie sich, wie viele Gänge es wohl wirklich hat. Was meint ihr? (vgl. Hinrichs 2008, S. 164)

Da die bearbeitete Sache eine echte Rolle spielt, müssen auch Informationen über den entsprechenden Sachverhalt eingeholt und verarbeitet werden. Daher ist die Bearbeitung von Sachproblemen auch fachübergreifend bzw. im Idealfall sogar fächerverbindend. In diesem Sinne sind die Sachprobleme auch Modellierungsaufgaben gleichzusetzen (Radatz und Schipper 1983; Krauthausen und Scherer 2007, S. 84 ff.; Franke 2003, S. 32 ff.; Maier und Schubert 1978).

Im Rahmen des modernen Sachrechnens beschäftigt man sich mit Aufgaben, bei denen sowohl die Umwelt als auch die Mathematik etwa gleichberechtigt sind. Daher ist die klassische Einteilung im Prinzip überflüssig. Dennoch wird diese Einteilung noch häufig verwendet (Franke 2003, S. 35). Die eindeutige Zuteilung von Aufgaben, insbesondere zu eingekleideten Aufgaben und Textaufgaben, ist nicht ganz einfach, auch weil die Beurteilung der Sachsituation nicht immer eindeutig ausfällt (s. Tab. 4.4).

4.2.6 Authentizität und Relevanz

Der Realitätsbezug von Aufgaben kann außer durch die Charakterisierung als Sachaufgabe auch genauer durch Begriffe wie Authentizität, Lebensrelevanz, Schülerrelevanz und Lebensnähe gefasst werden.

Eine *authentische* Aufgabe ist für Schülerinnen und Schüler glaubwürdig und gleichzeitig bezogen auf die Umwelt realistisch. Mit Authentizität ist sowohl die Authentizität

Tab. 4.4 Klassische Aufgabentypen

	Eingekleidete Aufgabe	Textaufgabe	Sachaufgabe
Schwerpunkt	Rechnerisch	Mathematisch	Sachbezogen
Ziel	Anwendung und Übung von Rechenfertigkeiten	Förderung mathematischer Fähigkeiten	Umwelterschließung mithilfe von Mathematik
Darstellung	In einfache Sachsituationen eingekleidet	In (komplexere) Sachsituationen eingekleidet	Reale Daten und Fakten bzw. offene Angaben
Kontext	Kein wirklicher Realitätsbezug	Kein wirklicher Realitätsbezug	Echter Realitätsbezug
Tätigkeiten	Rechnen	Übersetzen, Rechnen, Interpretieren	Recherchieren, Vereinfachen, Mathematisieren, Rechnen, Interpretieren, Validieren

des außermathematischen Kontexts als auch die der Verwendung von Mathematik in dieser Situation gemeint. Der außermathematische Kontext muss echt sein und darf nicht speziell für die Mathematikaufgabe konstruiert worden sein. Die Verwendung der Mathematik in dieser Situation muss ebenfalls sinnvoll und realistisch sein und sollte nicht nur im Mathematikunterricht stattfinden. Die Schülerinnen und Schüler können bei authentischen Aufgaben davon ausgehen, dass sie Dinge bearbeiten, die es tatsächlich in der Realität gibt, und die gestellte Aufgabe oder das formulierte Problem somit eine wirkliche Fragestellung ist, die auch außerhalb des Mathematikunterrichts ihre Berechtigung hat. Authentische Modellierungsaufgaben sind Probleme, die genuin zu einem existierenden Fachgebiet oder Problemfeld gehören und von dort arbeitenden Menschen als solche akzeptiert werden (Niss 1992). Authentizität hilft Schülerinnen und Schülern, die Aufgabenstellung ernst zu nehmen und somit vordergründige Ersatzstrategien beim Bearbeiten, wie sie etwa bei eingekleideten Aufgaben vorkommen, zu vermeiden (Palm 2007).

Die Authentizität von Aufgaben bedeutet noch nicht, dass Schülerinnen und Schüler die entsprechenden Anwendungen tatsächlich benötigen oder dass diese Aufgaben für ihr gegenwärtiges oder zukünftiges Leben wichtig sind. Eine Aufgabe ist dann *relevant*, wenn sie als bedeutsam für das gegenwärtige oder zukünftige Leben von Schülerinnen und Schülern angesehen wird. Wenn eine Aufgabe aus deren Sicht bereits gegenwärtig als bedeutsam angesehen wird, sprechen wir von *Schülerrelevanz*. Wird eine Aufgabe dagegen erst in zukünftigen Situationen für Schülerinnen und Schüler relevant, dann sprechen wir von *Lebensrelevanz*.

Etwas abgeschwächter ist mit *Lebensnähe* lediglich gemeint, dass die entsprechenden Aufgaben mit dem gegenwärtigen oder zukünftigen Leben der Schülerinnen und Schüler in Verbindung gebracht werden können, aber nicht unbedingt relevant sind (Leuders 2001, S. 100 ff.).

4.2.7   Subjektive Kriterien

Ob eine Aufgabe aus Sicht der Schülerinnen und Schüler als interessant angesehen wird, kann vielfältige Gründe haben. Häufig werden zwar schülerrelevante Aufgaben als interessanter empfunden als nicht authentische Aufgaben, aber auch weniger relevante Aufgaben können, wenn sie beispielsweise interessant präsentiert sind oder in bestimmter Weise auf die Erfahrungswelt der Schülerinnen und Schüler eingehen, interessant sein.

Die folgende Beispielaufgabe ist zwar nicht relevant, da Elefanten vermutlich selten in randvollen Becken baden, sie wird aber von Schülerinnen und Schülern häufig als interessant charakterisiert.

Ein Grund für den möglicherweise stärkeren Aufforderungscharakter dieser Aufgabe ist sicherlich, dass eine solche Aufgabe im Mathematikunterricht eher selten bearbeitet wird und viele Schülerinnen und Schüler Elefanten sehr interessant finden. Es kann also eine Frage des *Unterrichtskontextes* und des *Inhalts* sein, ob Schülerinnen und Schüler eine Aufgabe interessant finden.

Schon kleine Unterschiede von Aufgaben können einen Beitrag zu einem erhöhten Interesse leisten. So ist beispielsweise eine Aufgabe, in der das eigene Zimmer der Schülerinnen und Schüler angestrichen werden soll, vermutlich interessanter als eine Aufgabe, in der bestimmte Maße eines fiktiven Zimmers angegeben sind. Hier wäre dann der Faktor *Schülerrelevanz* entscheidend.

Auch die Frage der *Aktualität* kann eine Rolle spielen. So ist beispielsweise die Frage, ob man mithilfe der Wahrscheinlichkeitsrechnung auch Aussagen über den zukünftigen Fußballweltmeister machen kann (Hußmann und Leuders 2006), kurz vor der Fußballweltmeisterschaft sicher viel interessanter als ein Jahr später.

Aufgabenbeispiel Elefant

Der Elefant soll baden. Wie viel Wasser wird aus einem randvollen Becken überlaufen?
(vgl. Greefrath 2007, S. 109)

Für Schülerinnen und Schüler kann auch eine Aufgabe interessant sein, die nicht im Einklang mit bisherigen Vorstellungen steht. Sie löst dann einen *kognitiven Konflikt* aus, der das Interesse an einer Lösung erhöht. Hierzu zählt beispielsweise das Ziegenproblem, in dem es um eine Spielshow geht, bei der ein Kandidat ein Auto gewinnen kann. Dazu werden folgende Regeln festgelegt (Wikipedia 2017c):

- Ein Auto und zwei Ziegen werden zufällig auf drei Tore verteilt.
- Zu Beginn des Spiels sind alle Tore verschlossen, sodass Auto und Ziegen nicht sichtbar sind.
- Der Kandidat wählt ein Tor aus, welches aber vorerst verschlossen bleibt.
- Hat der Kandidat das Tor mit dem Auto gewählt, dann öffnet der Moderator zufällig ausgewählt eines der beiden anderen Tore, hinter dem sich immer eine Ziege befindet.
- Hat der Kandidat ein Tor mit einer Ziege gewählt, dann öffnet der Moderator dasjenige der beiden anderen Tore, hinter dem die zweite Ziege steht.
- Der Moderator bietet dem Kandidaten an, seine Entscheidung zu überdenken und das andere, ungeöffnete Tor zu wählen.
- Das vom Kandidaten letztlich gewählte Tor wird geöffnet und er erhält das Auto, falls es sich hinter diesem Tor befindet.

Die Frage ist nun, wie sich der Kandidat entscheiden soll. Tatsächlich ist es vorteilhaft für den Kandidaten, das Tor zu wechseln. Dies ist für viele überraschend und kann Ausgangspunkt für eine Beschäftigung mit bedingten Wahrscheinlichkeiten sein.

Die Frage, ob eine Aufgabe von Schülerinnen und Schülern *subjektiv* als interessant angesehen wird, hängt also von Faktoren unterschiedlichster Dimension ab. Hier haben wir als Auswahl den kognitiven Konflikt, die Aktualität, die Schülerrelevanz, den Inhalt und den Unterrichtskontext vorgestellt.

4.3   Aufgaben zur Wiederholung und Vertiefung

4.3.1   Europa-Park-Aufgabe

Untersuchen Sie das folgende Aufgabenbeispiel.

Europa-Park-Aufgabe

Die Eurosat im Europa-Park ist eine der schnellsten Indoor-Achterbahnen Deutschlands. Der gesamte Streckenverlauf ist in eine silberfarbene Kugel gebaut. Wie viele Fußbälle würden anstelle der Achterbahn in die Kugel passen?

1. Erläutern Sie, welche mathematischen Sachgebiete, Leitideen und prozessbezogenen Kompetenzen die Aufgabe anspricht.
2. Lösen Sie die Aufgabe ohne Hilfsmittel (wie beispielsweise das Internet).
3. Beurteilen Sie die Offenheit der Europa-Park-Aufgabe.
4. Erläutern Sie anhand des Inhalts und der Präsentationsform der Aufgabe, ob diese Aufgabe für Schülerinnen und Schüler interessant sein könnte.
5. Erklären Sie am Beispiel dieser Aufgabe die Begriffe *Sachaufgabe* und *eingekleidete Aufgabe*. Wie würden Sie diese Aufgabe zuordnen? Wie könnte man die Aufgabe verändern, sodass sie anders eingeordnet werden muss?

4.3.2 Aufgabentypen

1. Suchen Sie in Schulbüchern der Sekundarstufe I zwei Sachrechenaufgaben zum gleichen mathematischen Inhalt heraus. Eine der beiden Aufgaben soll lediglich einen Realitätsbezug besitzen, während die andere Aufgabe zusätzlich noch authentische Materialien verwendet.
2. Entwickeln Sie zum Themenbereich *lineare Funktionen* eine eingekleidete Aufgabe, eine Textaufgabe und eine Sachaufgabe und begründen Sie Ihre Zuordnung.
3. Lösen Sie (für eine konkrete Schule) die folgende Fermi-Aufgabe und ordnen Sie die Aufgabe in das Schema für Schätzaufgaben ein.

Fermi-Aufgabe

Wie viele Kopien werden in unserer Schule in einem Jahr gemacht?

4.3.3 Projekt

1. Entwickeln Sie ein Projekt zum Themenbereich „kostbares Wasser" für die Realschule. Stellen Sie dar, welche Informationen Schülerinnen und Schülern gegeben werden und welche Ziele Sie mit dem Projekt verfolgen.
2. Welche Eigenschaften kennzeichnen Projektarbeit im Unterschied zu anderen Unterrichtsformen?
3. Welche Ziele und Funktionen des Sachrechnens werden durch Projektarbeit fokussiert?

Größen

5

Insbesondere die Klassifizierung von Aufgaben hat gezeigt, dass Anwendungen in allen Bereichen der Schulmathematik eine Rolle spielen können. Im Prinzip können also alle Inhalte in den Sekundarstufen auch anwendungsbezogen unterrichtet werden. In diesem Kapitel widmen wir uns den Größen, die im Zusammenhang mit Anwendungen und Modellieren im Mathematikunterricht eine besondere Rolle spielen. Die Inhalte dieses Kapitels sollen auch im Hinblick auf den Modellierungsprozess betrachtet werden. Dazu verwenden wir einen vereinfachten Modellierungskreislauf, der für diese Zwecke ausreicht. Tatsächliche Modellierungsprozesse verlaufen jedoch in der Regel wesentlich komplexer.

5.1 Grundlagen und Grundgrößen

Die Beschäftigung mit Größen im Mathematikunterricht hat eine lange Tradition. Größen begegnen uns an vielen Stellen im Alltag, sind aber gleichzeitig idealisierte mathematische Objekte. Daher stellen Aufgaben, die Größen aus dem Alltag beinhalten, in gewisser Weise eine ideale Verbindung zwischen Realität und Mathematik dar. Größen eignen sich besonders gut für die Auseinandersetzung mit der Umwelt und stellen den Kernbereich für Anwendungen im Mathematikunterricht dar. Wir wollen uns hier auf die Aspekte von Größen konzentrieren, die in der Sekundarstufe eine besondere Rolle spielen.

5.1.1 Einführung

Es gibt eine mathematische und eine physikalische Sichtweise auf Größen, die im Mathematikunterricht zusammenfließen. Größen dienen der Beschreibung einer bestimmten Eigenschaft realer Objekte. Allerdings wird nicht eine beliebige Eigenschaft eines realen Objektes ausgewählt, sondern eine objektiv messbare Eigenschaft. Diese existiert aus

© Springer-Verlag GmbH Deutschland, ein Teil von Springer Nature 2018
G. Greefrath, *Anwendungen und Modellieren im Mathematikunterricht*,
Mathematik Primarstufe und Sekundarstufe I + II,
https://doi.org/10.1007/978-3-662-57680-9_5

Abb. 5.1 Die „preußische halbe Rute" an der Außenwand des Rathauses in Münster

	Gebiet	Länge einer Rute
Tab. 5.1 Die Länge einer Rute im 19. Jahrhundert. (Wikipedia 2017b)	Baden	3,00 m
	Bremen	4,63 m
	Hessen	3,99 m
	Hildesheim	4,48 m
	Köln	4,60 m
	Preußen	3,77 m

physikalischer Sicht nur dann, wenn es möglich ist, eine eindeutige und reproduzierbare Messvorschrift anzugeben. Eine solche Messvorschrift könnte im Beispiel der „preußischen halben Rute" (s. Abb. 5.1) so formuliert werden, dass die Länge einer halben Rute dem Abstand der äußeren Begrenzungen des am Rathaus angebrachten Prototyps entspricht. Die Preußische Rute war von 1816 bis 1872 das in Münster gültige Längenmaß.

Für die Rute war allerdings diese Messvorschrift im 19. Jahrhundert nur lokal einheitlich. Die in Tab. 5.1 aufgeführten Längen einer Rute zeigen die sehr unterschiedlichen regionalen Festlegungen im 19. Jahrhundert.

Das Messen einer Größe kann aus physikalischer Sicht direkt oder indirekt geschehen. Direktes Messen besteht beispielsweise aus dem Vergleich mit dem oben beschriebenen Prototyp der Rute. Indirektes Messen kann auf der Grundlage eines Naturgesetzes geschehen. Beispielsweise lässt sich die Temperatur mithilfe der Längenausdehnung einer Quecksilbersäule im Thermometer messen.

5.1.2 Grundgrößen

Es gibt Grundgrößen und abgeleitete Größen. Die Festlegung kann prinzipiell nach Zweckmäßigkeit erfolgen. Durchgesetzt hat sich das 1960 eingeführte Internationale Ein-

Tab. 5.2 Ausgewählte Grundgrößen mit der Definition der Grundeinheiten. (Wikipedia 2017a)

Größe	Einheit	Definition
Länge	Meter	Länge der Strecke, die das Licht im Vakuum während der Dauer von 1/299.792.458 Sekunden durchläuft
Masse	Kilogramm	Entspricht der Masse des internationalen Kilogrammprototyps
Zeit	Sekunde	Das 9.192.631.770-Fache der Periodendauer der dem Übergang zwischen den beiden Hyperfeinstrukturniveaus des Grundzustands von Atomen des Nuklids ^{133}Cs entsprechenden Strahlung

heitensystem (Système international d'unités) für physikalische Größen. Es beruht auf sieben festgelegten Basiseinheiten zu entsprechenden Grundgrößen. Zu den Grundgrößen gehören Länge, Masse, Zeit, Stromstärke, thermodynamische Temperatur, Stoffmenge und Lichtstärke (s. Tab. 5.2).

Für den Mathematikunterricht sind von den Grundgrößen in erster Linie Länge, Masse (bzw. Gewicht) und Zeit relevant. Auch die Temperatur wird im Mathematikunterricht behandelt, allerdings nicht – wie physikalisch üblich – mit der Einheit Kelvin, sondern gemessen in Grad Celsius (°C). Die Definitionen in der Tab. 5.2 zeigen, dass es sowohl Grundgrößen gibt, die direkt definiert werden, als auch solche, die indirekt definiert werden. Beispielsweise wird die Masse durch Vergleich mit einem Prototyp (z. B. mittels einer Balkenwaage) gemessen, während das Meter nicht als Längenmessung, sondern mithilfe einer Zeitmessung über die konstante Lichtgeschwindigkeit definiert ist.

Auch sogenannte abgeleitete Größen werden im Mathematikunterricht behandelt. Das sind beispielsweise die Fläche (Länge mal Breite), die Geschwindigkeit (Weg pro Zeit) oder die Dichte (Masse pro Volumen). Sie setzen sich aus einer oder mehreren Basisgrößen (z. B. im Fall der Fläche und der Geschwindigkeit) oder aus Basisgrößen und anderen abgeleiteten Größen (z. B. im Fall der Dichte) oder nur aus anderen abgeleiteten Größen zusammen.

Für jede Größe wird eine Maßeinheit festgelegt. Hier ist zwischen natürlichen und willkürlichen Maßeinheiten zu unterscheiden. Eine natürliche Maßeinheit ist beispielsweise die Lichtgeschwindigkeit im Vakuum, weil diese unveränderlich feststeht. Willkürlich festgelegte Maßeinheiten sind beispielsweise das Meter oder auch die preußische halbe Rute.

Die Messung erfolgt im Prinzip in drei Schritten. Zunächst muss eine passende Maßeinheit ausgewählt werden. Dann werden die entsprechenden Vertreter nebeneinandergelegt. Die Einheit wird dazu ggf. vervielfacht oder zerlegt. Zur Messung wird die Anzahl der entsprechenden Einheiten oder Untereinheiten gezählt (Peter-Koop und Nührenbörger 2007).

Die Angabe einer Größe setzt sich zusammen aus einer (reellen) Maßzahl und einer Maßeinheit. Die Größenangabe kann als Produkt aus Maßzahl und Maßeinheit dargestellt werden, z. B. 4 m für die Länge eines Objektes mit der Maßzahl 4 und der Maßeinheit m (Meter).

Wenn der Quotient zweier Größenangaben eine reelle Zahl ist, so sind die zugehörigen Größen gleichartig. Die *Größenart* ist der Oberbegriff für alle Größen, für die das möglich ist. Beispielsweise ist die Angabe einer Länge mit 4 m und die Angabe einer Breite mit 300 cm gleichartig, da der Quotient

$$\frac{4\,\text{m}}{300\,\text{cm}} = \frac{4\,\text{m}}{300 \cdot 10^{-2}\,\text{m}} = \frac{4}{3}$$

eine reelle Zahl ist. Die Angabe einer Länge mit 4 m und die Angabe einer Fläche mit 30.000 cm² ist dagegen nicht gleichartig, da der Quotient

$$\frac{4\,\text{m}}{30.000\,\text{cm}^2} = \frac{4\,\text{m}}{30.000 \cdot 10^{-4}\,\text{m}^2} = \frac{4}{3}\,\text{m}^{-1}$$

keine reelle Zahl ist, sondern noch die Einheit m^{-1} enthält.

Länge und Breite sind also von der gleichen Größenart. Ebenso sind der Durchmesser eines Rohres, die Niederschlagshöhe und die Wellenlänge Größen der Größenart *Länge*. Länge und Fläche dagegen sind nicht von der gleichen Größenart (Meschede 2015, S. 3 ff.; Kuchling 1985).

5.2 Ausgewählte Größen

In der Sekundarstufe I kann im Mathematikunterricht eine große Bandbreite an Größen bei der Bearbeitung von Anwendungen in den Blick genommen werden (s. Tab. 5.3). Die Größen Anzahl, Temperatur, Gewicht, Datenmenge und Geld spielen in gewisser Weise – aus unterschiedlichen Gründen – eine Sonderrolle und werden daher gesondert vorgestellt.

5.2.1 Anzahl

Die Anzahl benötigt keine Maßeinheit. Es handelt sich im Prinzip um die natürlichen Zahlen $\mathbb{N}$. Um eine Konsistenz mit der oben ausgeführten Überlegung herzustellen, kann der Anzahl die Einheit 1 zugeordnet werden. Dann ist in diesem Fall das Produkt aus Maßzahl (also Anzahl) und Maßeinheit (also 1) wieder die Anzahl.

5.2.2 Temperatur

Die der Grundgröße Temperatur zugrunde liegende thermodynamische Temperaturskala in Kelvin (K) bezieht sich auf den absoluten Nullpunkt. Da es physikalisch betrachtet keine niedrigere Temperatur als den absoluten Nullpunkt geben kann, sind alle Temperaturwerte positiv. Die Kelvin-Skala ist so geeicht, dass der Gefrierpunkt von Wasser einer

Tab. 5.3 Ausgewählte Größenarten in der Sekundarstufe I

Größenart	Einheiten	Vertreter	Zusammenhang
Länge	m, cm, mm, km, ...	Stäbe, Autos, Personen, ...	Grundgröße
Fläche	m^2, cm^2, mm^2, km^2, ...	Fliesen, Grundstücke, ...	Länge · Länge
Volumen	m^3, l, ml, hl (= 100 l), ...	Gläser, Milchpackungen, Kannen, Badewannen, ...	Länge^3
Masse	g, kg, mg, t, ...	Lebensmittel (Käse, Fleisch), Personen, ...	Grundgröße
Zeit	s, min, h, ms, ...	100-m-Lauf, Schulstunde, ...	Grundgröße
Frequenz	Hz, 1/s, ...	Musik, Martinshorn, ...	1/Zeit
Temperatur	K, °C, °F, ...	Backofen, Außentemperatur, ...	Grundgröße
Dichte	kg/m^3, kg/l, g/m^3, ...	Steine, Federn, Sand, ...	Masse/Volumen
Geschwindigkeit	m/s, km/h, mph, ...	100-m-Läufer	Länge(Strecke)/Zeit
Winkel	1 rad = 1	Dreieck, Rampe, Tisch, ...	Dimensionslos
Anzahl	1	Äpfel, Schüler, Autos, ...	Dimensionslos
Geld	€, $, ...	Münzen, Geldscheine, Überweisungen, ...	Ökonomische Einheit
Datenmenge	Bit, Byte	Festplatte, USB-Stick, ...	Informatische Einheit

Temperatur von 273,16 K entspricht. Daher passt die Kelvin-Skala zu den anderen bekannten physikalischen Einheiten, die auch positive Maßzahlen haben. Im Alltag und im Mathematikunterricht wird üblicherweise die Temperaturskala in Grad Celsius verwendet. Dies führt zu der Besonderheit, dass auch negative Werte für die Temperatur auftreten. Im Mathematikunterricht wird diese Besonderheit häufig zur Einführung der negativen rationalen Zahlen verwendet (s. Abb. 5.2).

5.2.3 Gewicht

Umgangssprachlich meint man häufig mit Masse und Gewicht das Gleiche. Physikalisch bezeichnet das Gewicht (oder besser die Gewichtskraft) eines Objekts seine nach unten gerichtete Anziehungskraft durch die Gravitation. Gemessen wird das Gewicht in der Einheit Newton, also einer Einheit der Kraft. Masse dagegen wird in Kilogramm gemessen und kann mithilfe der Trägheit von Körpern beschrieben werden. Auf der Erde können zwei Massen mithilfe einer Balkenwaage verglichen werden. Allgemeiner werden zwei Massen als gleich bezeichnet, wenn sie nach einem unelastischen Stoß bei entgegengesetzt gleichen Geschwindigkeiten zur Ruhe kommen. Gewicht wird im Mathematikunterricht häufig – physikalisch nicht korrekt – im Sinne von Masse verwendet (s. Abb. 5.3).

Temperatur

Im Jahr 1714 entwickelte Gabriel Daniel Fahrenheit eines der ersten Thermometer.

Er legte für den Siedepunkt des Wassers 212 °F, für die Körpertemperatur des Menschen 96 °F und für den Gefrierpunkt des Wassers 32 °F fest.

Für die tiefste Temperatur, die Fahrenheit durch eine Kältemischung aus Wasser, Eis und Salmiak erzeugte, legte er 0 °F fest.

a) Später gab es Schwierigkeiten bei der Messung mit dem Fahrenheit-Thermometer, denn es gab einen Winter, der noch viel kälter war als 0 °F. Wie würdet Ihr diese Probleme lösen?

b) Vergleiche die Fahrenheit-Skala mit der bei uns üblichen Celsius-Skala.

Abb. 5.2 Einführung der negativen rationalen Zahlen mithilfe der Temperatur. (Vgl. Herling et al. 2008, S. 102)

Kilogramm

Kilogramm ist die Grundmaßeinheit für Gewichte.

Tonne	t	1 t = 1000 kg
Kilogramm	kg	1 kg = 1000 g
Gramm	g	1 g = 1000 mg
Milligramm	mg	

Für die Umwandlung von Gewichtsangaben eignet sich eine Stellenwerttafel.

t			kg			g			mg			
H	Z	E	H	Z	E	H	Z	E	H	Z	E	
		2	7	6	2							2,762 t = 2 t 762 kg = 2762 kg
			3	4	7	5	9					34,759 kg = 34 kg 759 g = 34759 g
						7	2	1	3			7,213 g = 7 g 213 mg = 7213 mg

In der Physik verwendet man statt **Gewicht** den Begriff **Masse**.

Abb. 5.3 Verwendung von Gewicht im Sinne von Masse. (Kliemann et al. 2006, S. 108)

5.2.4 Datenmenge

Die Datenmenge ist eine Größe aus der Informatik bzw. der Informationstechnik. Sie wird noch selten im Mathematikunterricht behandelt. Sie wird in Bit (bit) oder Byte (B) gemessen. Bit ist die Abkürzung für *binary digit*, also Binärziffer. Ein Byte ist die Datenmenge von 8 bit. Für Bit und Byte können auch die üblichen dezimalen Vielfachen (z. B. Kilo für 1000) verwendet werden. Allerdings ist die Verwendung nicht ganz einheitlich, da der Faktor 2^{10} teilweise anstelle von 1000 verwendet wird. Dann entspräche 1 kB also 1024 B und nicht 1000 B. Hier versucht man durch die Einheit KiBiByte (*kilo binary*) den Unterschied zu verdeutlichen.

5.2.5 Geld

Geld wird nicht als physikalische, sondern als ökonomische Größe verwendet. Hier gibt es keine eindeutige und reproduzierbare Messvorschrift, um den Geldwert eines bestimmten Gegenstandes zu bestimmen. Ansonsten wird die Größe Geld analog zu den physikalischen Größen mit Maßzahl und Maßeinheit (z. B. Euro) verwendet. In diesem Zusammenhang muss noch zwischen Bargeld und Buchgeld unterschieden werden, da Bargeld nicht in beliebig kleinen Beträgen existiert, sondern durch die kleinste Einheit, etwa 1 Eurocent, begrenzt wird. Buchgeld dagegen kann theoretisch in beliebig kleinen Beträgen auftreten.

5.3 Größen als mathematisches Modell

Bei Größen handelt es sich um idealisierte Eigenschaften von realen Objekten. Der Übergang vom Arbeiten mit realen Objekten zum Rechnen mit Größen im Mathematikunterricht kann daher als Modellierungsprozess angesehen werden.

5.3.1 Modellierungsprozess

Bei vielen im Mathematikunterricht verwendeten Aufgaben im Zusammenhang mit Größen sind ein oder mehrere reale Objekte der Ausgangspunkt. Die Objekte werden zunächst auf der realen Ebene vereinfacht, da nur eine oder wenige idealisierte Eigenschaften der Objekte betrachtet werden. Diese Eigenschaften können beispielsweise die Länge oder das Gewicht dieser Objekte sein (s. Abb. 5.4).

Bei der mathematischen Bearbeitung der idealisierten Eigenschaften als Maßzahl mit Einheit spielt die konkrete Konstellation dieser Eigenschaften am realen Objekt dann

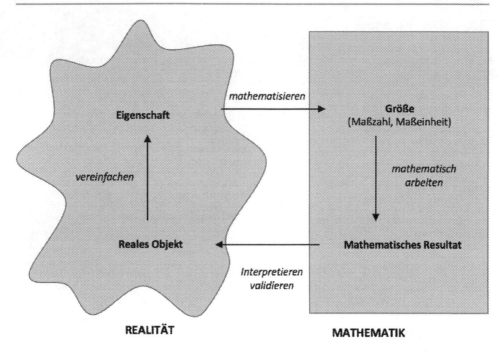

Abb. 5.4 Größen als mathematisches Modell

keine Rolle mehr. Beispielsweise müssen für die Addition von zwei Längen aus mathematischer Sicht keine besonderen Bedingungen erfüllt sein. In der Realität dagegen ist die Addition von zwei Längen im Prinzip nur sinnvoll, wenn die entsprechenden Objekte hintereinanderliegen und damit ein neues Objekt mit der entsprechenden Länge entsteht.

Das mathematische Modell *Größe* ist unabhängig vom jeweiligen Vertreter, also dem konkreten realen Objekt mit der betrachteten Eigenschaft. Die nach der mathematischen Bearbeitung einer oder mehrerer Größen erhaltenen Ergebnisse, beispielsweise die Summe von zwei Längen oder die Fläche (als Produkt von zwei Längen), werden schließlich in der konkreten Situation als Eigenschaft eines bestimmten Vertreters interpretiert. An dieser Stelle schließt sich dann der Modellierungskreislauf bei der Arbeit mit Größen.

Die einzelnen Schritte in diesem Modellierungsprozess sind nicht eindeutig bestimmt. Jedes Objekt besitzt mehrere Eigenschaften, die jeweils betrachtet werden können, und zu jedem Objekt gibt es – sogar für dieselbe Eigenschaft – unterschiedliche Darstellungen als Größe. So kann die halbe Rute (s. Abb. 5.1) etwa mit 12 Fuß oder 144 Zoll bezeichnet werden. Auch die Interpretation mathematischer Lösungen in der Realität ist nicht eindeutig, da es unterschiedliche Objekte mit den entsprechenden Eigenschaften geben kann.

Aus mathematischer Sicht ist es interessant, nicht die Vielfalt der Vertreter und deren Eigenschaften, sondern gemeinsame Eigenschaften aller Größen zu betrachten. Dies rechtfertigt die Verwendung des Begriffs *Modell* und die Beschreibung der Größen als Modellierungsprozess sowie die gemeinsame Bezeichnung Größen.

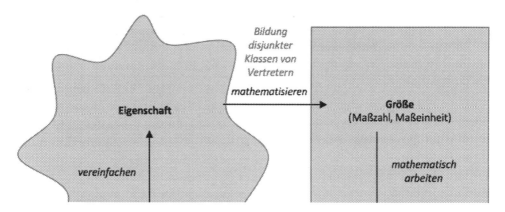

Abb. 5.5 Bildung disjunkter Klassen

Aus didaktischer Sicht sind für das Modell Größe zwei Bereiche interessant. Zum einen wollen wir die Erstellung des mathematischen Modells mit den zugehörigen mathematischen Hintergründen und zum anderen die Arbeit im Modell Größe genauer betrachten.

Bei der Erstellung des mathematischen Modells Größe werden Vereinfachungen durchgeführt, durch die mehreren Objekten die gleiche Größe zugeschrieben wird (s. Abb. 5.5). In der Regel gibt es immer mehrere unterschiedliche reale Objekte für dieselbe Größe. Beispielsweise gibt es sehr viele Gegenstände mit gleichem Rauminhalt oder auch viele unterschiedliche Situationen, in denen Objekte die gleiche Geschwindigkeit haben. Das Volumen ist dann die gemeinsame Eigenschaft aller Objekte mit gleichem Rauminhalt und die Geschwindigkeit die gemeinsame Eigenschaft aller Situationen, die gleich schnell ablaufen.

Wir fassen also alle Objekte mit gleichem Volumen – unabhängig von ihren sonstigen Eigenschaften – zu einer Klasse von Objekten zusammen, die mathematisch gleich behandelt werden kann. Bezüglich dieser Größe, also hier des Volumens, kann ein bestimmtes Objekt nur genau zu einer Klasse gehören. Zu einer Größe kann es selbstverständlich unendlich viele Klassen geben, da im Beispiel des Volumens zu jeder reellen Zahl eine Klasse von Objekten existieren kann, deren Größe genau den Wert der gewählten Maßzahl hat. Beispielsweise gibt es Körper mit dem Rauminhalt $2\,\mathrm{m}^3$, aber auch $2{,}01\,\mathrm{m}^3$ und $\sqrt{2}\,\mathrm{m}^3$. Nicht alle Größen können beliebige reelle Werte annehmen. Die Anzahl hat beispielsweise nur positive ganzzahlige Werte.

5.3.2 Äquivalenzrelation

Diese Aufteilung in disjunkte Klassen, die sich aus der Realität ergibt, definiert aus mathematischer Sicht eine Äquivalenzrelation (vgl. z. B. Scheid und Schwarz 2016, S. 135). Es liegt daher die Beschreibung von Größen mithilfe einer Äquivalenzrelation nahe, die eine solche Zerlegung induziert. Eine Äquivalenzrelation ist transitiv, symmetrisch und

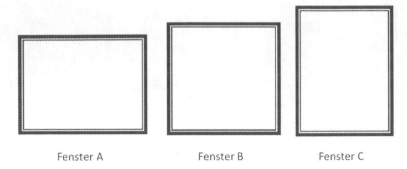

Fenster A   Fenster B   Fenster C

Abb. 5.6 Transitivität am Beispiel des Flächeninhalts von Fenstern

reflexiv. Wir betrachten diese Eigenschaften am Beispiel des Vergleichs von Flächeninhalten.

Vergleicht man drei Fenster bezüglich ihres Flächeninhalts und stellt fest, dass das erste Fenster den gleichen Flächeninhalt wie das zweite hat und das zweite Fenster den gleichen Flächeninhalt wie das dritte, dann weiß man auch, dass das erste Fenster den gleichen Flächeninhalt wie das dritte Fenster hat (Transitivität). Alle drei genannten Fenster würden also bezüglich des Flächeninhalts zu einer Klasse gehören (s. Abb. 5.6).

Ebenso klar ist, dass beim Vergleich von zwei Fenstern aus der Kenntnis, dass das erste Fenster den gleichen Flächeninhalt hat wie das zweite, dies auch umgekehrt gilt (Symmetrie). Außerdem hat ein Fenster den gleichen Flächeninhalt wie es selbst (Reflexivität). Diese Eigenschaft ist allerdings so offensichtlich, dass sie häufig nicht als eigene Aussage wahrgenommen wird. Kurz zusammengefasst gelten folgende Eigenschaften für eine Äquivalenzrelation R auf der Menge A der Größen:

- reflexiv, wenn aRa für alle Größen a gilt.
- symmetrisch, wenn aus aRb stets bRa folgt.
- transitiv, wenn aus aRb und bRc stets aRc folgt.

Dabei ist A die Menge aller infrage kommenden Vertreter einer Größe und die Relation R eine Teilmenge des kartesischen Produkts $A \times A$ (Scheid und Schwarz 2016, S. 134); im Beispiel mit den Fenstern ist die zugehörige Relation „... hat den gleichen Flächeninhalt wie ...".

Die drei oben dargestellten Fenster sind bezüglich ihres Flächeninhalts in einer Äquivalenzklasse – zusammen mit allen Objekten gleichen Flächeninhalts. Beispielsweise gehört auch das Fenster aus Abb. 5.7 zu dieser Äquivalenzklasse.

Außer diesen Fenstern sind alle anderen Objekte mit gleicher Fläche in derselben Klasse und werden alle mit der gleichen Größe, z. B. $12\,\mathrm{m}^2$, bezeichnet. Außer dieser Klasse gibt es unendlich viele andere Klassen mit jeweils vielen unterschiedlichen Objekten. Jedes Objekt kann bezüglich der Fläche aber nur in einer dieser Klassen sein.

Fenster D

Abb. 5.7 Beispiel für ein flächengleiches Fenster

   Die drei Eigenschaften einer Äquivalenzrelation sind hier am Beispiel des Flächeninhalts beschrieben worden und gelten allgemein für den Mathematisierungsprozess bei
Größen. Aus didaktischer Sicht erscheint es zentral, nicht die Eigenschaften der Äquivalenzrelation in den Vordergrund zu stellen, sondern die Aufteilung in disjunkte Klassen
von Objekten zu thematisieren, die die Äquivalenzrelation bewirkt. Die Aufteilung in
disjunkte Klassen verdeutlicht auch die Vereinfachungsschritte bei der Erstellung des mathematischen Modells *Größe*. Der Modellierungsprozess bei Größen kann mathematisch
also mithilfe der disjunkten Einteilung von ausgewählten Eigenschaften in Klassen beschrieben werden.

5.4   Größen im Unterricht

Häufig werden für die Einführung von Größen sogenannte *Stufenmodelle* benutzt. Dabei wird das Rechnen mit Größen in mehreren Schritten erarbeitet, und insbesondere die
standardisierten Maßeinheiten werden erst nach umfangreichen Erfahrungen mit exemplarischen Objekten und selbst gewählten Maßeinheiten verwendet. Eine Schwierigkeit
dabei ist allerdings, die Vorerfahrungen der Kinder adäquat aufzugreifen. Beispielsweise
sind standardisierte Maßeinheiten wie Meter und Stunde häufig bereits vor der Behandlung der entsprechenden Größen im Unterricht bekannt. Es ist daher nicht sinnvoll, dieses
Wissen zu ignorieren und die Schülerinnen und Schüler zunächst mit unterschiedlichen
selbst gewählten Einheiten arbeiten zu lassen, um schließlich die – schon bekannten –
standardisierten Maßeinheiten nacherfinden zu lassen. So ist es kaum möglich, in jedem
Fall eine festgelegte Stufenfolge einzuhalten, sondern es kann nur im Einzelfall entschieden werden, welche Erfahrungsmöglichkeiten noch angeboten werden müssen.
   Außerdem wird bei derartigen Stufenmodellen auf die Besonderheiten der einzelnen
Größen nicht eingegangen. Dies ist speziell in der Sekundarstufe interessant, da hier die
Anzahl der Größenarten höher ist als in der Primarstufe. Die Problematik der Einführung
von Größen ist sehr vielfältig und muss daher immer an die eigene Lerngruppe angepasst
werden (Franke und Ruwisch 2010; Picker 1987b; Radatz und Schipper 1983, S. 125;
Ruwisch 2003; Krauthausen und Scherer 2007, S. 106).
   In der Primarstufe werden fast alle im Mathematikunterricht zu behandelnden Grö
ßenarten bereits eingeführt. In der Sekundarstufe liegt der Schwerpunkt der Arbeit mit
Größen eher in der Verfeinerung und Vergröberung der bereits bekannten Maßeinheiten
sowie im Rechnen mit Größen. Im gezeigten Beispiel (s. Abb. 5.8) wird die Größenart

Typische Algen des Vierwaldstättersees

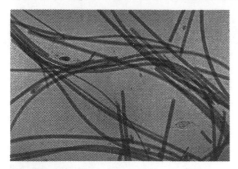
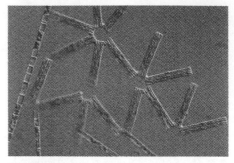

Blaualgen
Länge: $1 \cdot 10^{-2}$ m, Durchmesser: $1 \cdot 10^{-5}$ m

Kieselalgen
Länge: $7 \cdot 10^{-5}$ m, Durchmesser: $1 \cdot 10^{-5}$ m

Typische Wassertierchen des Vierwaldstättersees

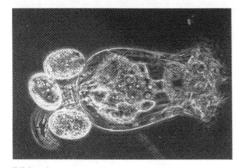

Rädertier
Länge: $4.3 \cdot 10^{-4}$ m, Pflanzen fressend

Ruderfusskrebs
Länge: $1.6 \cdot 10^{-3}$ m, Fleisch fressend

Abb. 5.8 Verfeinerung von Längen. (Affolter et al. 2003, S. 20; Bilder EAWAG, Limnologie)

Länge verfeinert. In diesem Beispiel werden allerdings keine neuen Einheiten, sondern es wird die Dezimalschreibweise eingeführt.

In der Sekundarstufe wird – außer der Verwendung unterschiedlicher Maßeinheiten für eine Größenart – verstärkt der gleichzeitige Umgang mit unterschiedlichen Größenarten thematisiert (s. Abb. 5.9).

Ebenso wird in der Sekundarstufe die Berechnung der abgeleiteten Größen fortgesetzt. Beispielsweise wird die Fläche nicht nur für Rechtecke mit ganzzahligen Längen, sondern auch für beliebige Rechtecke, Dreiecke und Kreise eingeführt.

Nur wenige neue Größen spielen im Mathematikunterricht der Sekundarstufe eine Rolle. In vielen Schulbüchern findet man Aufgaben in Anwendungskontexten zu den Größenarten *Geschwindigkeit* und *Dichte*. Diese Größen werden häufig nicht systematisch eingeführt, sondern als bekannt vorausgesetzt oder durch die Angabe einer entsprechenden Formel erklärt (s. zur Geschwindigkeit Abb. 5.10 und zur Dichte Abb. 5.11).

Trotz der aufgeführten Vorbehalte möchten wir hier die in Stufenmodellen beschriebenen Schritte in den Modellierungskreislauf zu Größen einordnen (s. Abb. 5.12).

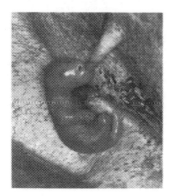

Känguru Das neugeborene Känguru krabbelt nach einer Tragzeit von 27 – 36 d sofort über den Bauch der Mutter in den Beutel. Es ist jetzt 2 – 3 cm gross und 0.8 g schwer. Im Beutel saugt es sich an einer Zitze fest. Erst nach rund 200 d ist es mit 2 – 4 kg kräftig genug für einen ersten Spaziergang. Es schlüpft jedoch immer wieder in den Beutel, besonders bei Gefahr und Hunger. Mit einem Jahr wiegt das Känguru 10 kg. Es ist nun erwachsen und verlasst den Beutel für immer.
Die Kängurumutter ist bis zu 60 kg schwer und 1.8 m lang. Sie frisst vor allem Gräser und Blätter.

⚫ Wähle Informationen zur Entwicklung von Lebewesen aus und stelle damit Berechnungsaufgaben zusammen. Bestimme zu jeder Aufgabe die Lösung und stelle deinen Lösungsweg dar. Gib die Aufgaben andern zu lösen.

Abb. 5.9 Umgang mit unterschiedlichen Größenarten. (Affolter et al. 2004, S. 5)

Durchschnittsgeschwindigkeit

Herr Meier fährt mit seinem Auto 300 km in etwa 2 Stunden und 30 Minuten.
a) Wie lange benötigt Herr Meier bei gleicher Durchschnittsgeschwindigkeit für eine Strecke von 400 km (bzw. 240 km, 90 km)?
b) Warum kann Herr Meier eine 3000 km lange Strecke nicht in 25 Stunden zurücklegen?

> Pause nicht vergessen!
> Wer übermüdet Auto fährt, gefährdet nicht nur sein Leben.

Abb. 5.10 Aufgabe zur Geschwindigkeit. (Vgl. Herling et al. 2008, S. 31)

Für die in der Sekundarstufe neu eingeführten Größen liegen häufig nur sehr unvollständige Vorerfahrungen vor, da es sich um zusammengesetzte Größen handelt, deren Messung beispielsweise nicht immer einfach möglich ist.

Typische Schritte in didaktischen Stufenmodellen zur Behandlung von Größen sind:

1. Erfahrungen in Sachsituationen sammeln
2. Direkter Vergleich von Objekten
3. Indirekter Vergleich von Objekten
4. Stützpunktvorstellungen erwerben und Umrechnen von Maßeinheiten
5. Arbeiten mit Größen

(Franke und Ruwisch 2010; Radatz und Schipper 1983; Krauthausen und Scherer 2007, S. 106)

Volumenbestimmung

Volumen von Steinen kann man wie folgt bestimmen:
Man füllt einen Messzylinder mit Wasser bis zu einer bestimmten Markierung. Dann legt man den Stein in den Messzylinder und ermittelt die Änderung des angezeigten Volumens.

a) Sucht mehrere verschieden große Steine der gleichen Sorte. Bestimmt jeweils ihr Volumen mit Hilfe des Messzylinders.
b) Bestimmt das Gewicht der Steine mit einer Waage.
c) Stellt die Ergebnisse in einem Koordinatensystem dar. Was stellt Ihr fest?

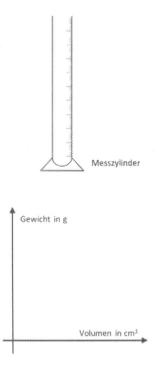

Abb. 5.11 Aufgabe zur Erkundung der Dichte. (Vgl. Affolter et al. 2003, S. 60)

Wir wollen dies im Folgenden an der Größe *Geschwindigkeit* erläutern. Diese Größe wird in der Regel erst in der Sekundarstufe I thematisiert und tritt häufiger im Mathematikunterricht unterschiedlicher Jahrgänge auf. Sie wird allerdings selten im Mathematikunterricht systematisch eingeführt. Für die Einführung des Grenzwertkonzepts in der Sekundarstufe II ist ein sicheres Verständnis der Größe Geschwindigkeit allerdings häufig Voraussetzung.

5.4.1 Erfahrungen in Sachsituationen sammeln

Schülerinnen und Schüler haben Vorerfahrungen zur Größe Geschwindigkeit. Sie wissen beispielsweise, dass man mit dem Fahrrad normalerweise schneller unterwegs ist als zu Fuß. Im ersten Schritt können diese Erfahrungen gesammelt werden. Dazu kann eine Tabelle angelegt werden, in der bewegte Körper und Informationen über die jeweilige Geschwindigkeit zusammengetragen werden. Um über Geschwindigkeit ins Gespräch zu kommen, eignet sich auch ein Spielzeugauto, das man auf einem schräg gestellten Brett herunterfahren lässt. Ebenso sind Schülerinnen und Schülern häufig Angaben zu Geschwindigkeiten bekannt. Diese können ebenfalls gesammelt und strukturiert werden.

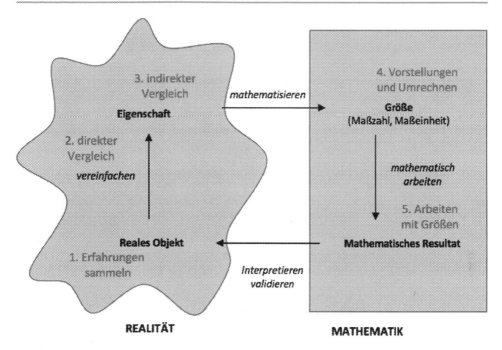

Abb. 5.12 Einordnung des Stufenmodells im Modellierungskreislauf

In dieser Stufe wird immer mit den konkreten Objekten gearbeitet bzw. über konkrete Situationen gesprochen.

5.4.2   Direkter Vergleich von Objekten

Aufbauend auf den Erfahrungen können im zweiten Schritt Objekte direkt verglichen werden. Bei der Geschwindigkeit als zusammengesetzte Größe ist eine Besonderheit zu beachten. Da die Geschwindigkeit von der Strecke, also der Größenart Länge, und der Zeitdifferenz, also der Größenart Zeit, abhängt, kann sie nur direkt verglichen werden, wenn die beobachteten Gegenstände zur gleichen Zeit am gleichen Ort sind. Beispielsweise kann die Geschwindigkeit von zwei Spielzeugautos verglichen werden, wenn sie die gleiche Strecke gleichzeitig durchfahren. Am Ende der Strecke kann direkt festgestellt werden, welches Spielzeugauto eine höhere (Durchschnitts-)Geschwindigkeit hat. Ebenfalls möglich ist der Vergleich von Fahrradgeschwindigkeiten auf dem Schulhof. Dazu wird eine bestimmte Strecke gekennzeichnet, die von den Schülerinnen und Schülern durchfahren wird. Dazu ist es allerdings nötig, dass beide (oder mehrere) Fahrräder zum gleichen Zeitpunkt den Startpunkt durchfahren. Auf dieser Stufe werden die Objekte bzw. Situationen vereinfacht und es wird nur noch ihre Geschwindigkeit betrachtet. Allerdings ist es nötig, die Objekte gleichzeitig an einem bestimmten Ort zu betrachten, um die Geschwindigkeiten vergleichen zu können. Es handelt sich hier um eine Arbeit mit konkreten Objekten. Die Vereinfachung besteht darin, dass nicht zu beachtende Eigenschaften wie beispielsweise das Volumen der Objekte bereits ignoriert werden.

5.4.3   Indirekter Vergleich von Objekten

Die Schwierigkeit beim direkten Vergleich von Geschwindigkeiten, dass die Startlinie zum gleichen Zeitpunkt überschritten werden muss, motiviert den indirekten Vergleich von Geschwindigkeiten. In den unterschiedlichen Stufenmodellen wird dieser Schritt in der Regel unterteilt in den indirekten Vergleich mithilfe willkürlicher bzw. selbst gewählter Maßeinheiten und den indirekten Vergleich mithilfe standardisierter Maßeinheiten. Diese Unterscheidung ist im Fall einer abgeleiteten Größe wie der Geschwindigkeit nur in begrenztem Umfang sinnvoll. Verwendet man eine beliebige, aber fest gewählte Strecke und vergleicht Zeiten, die Fahrräder oder Spielzeugautos für diese Strecke benötigen, so hat die Geschwindigkeit tatsächlich eine selbst gewählte Einheit, in der allerdings schon eine standardisierte Maßeinheit (Sekunde) vorkommt. Hier wäre es ja nicht sinnvoll, die schon bekannten standardisierten Maßeinheiten zu ignorieren. Vergleicht man die zurückgelegten Strecken bei gleichen Zeitintervallen, so werden beide Größen, die für die Geschwindigkeit benötigt werden, mit standardisierten Maßeinheiten gemessen.

Ein indirekter Vergleich von Geschwindigkeiten wäre ebenso mithilfe von Messinstrumenten möglich, die die Geschwindigkeit direkt anzeigen. Dazu ist die Verwendung von Tachometern, die an vielen Fahrrädern vorhanden sind, ebenso denkbar wie der Einsatz einer Laserpistole, die von der Polizei für die Geschwindigkeitsmessung verwendet wird. Für Mobiltelefone gibt es auch Apps, die die Geschwindigkeit direkt aufzeichnen können.

In dieser Stufe wird die Vereinfachung der Objekte konsequent weitergedacht. Die Eigenschaft Geschwindigkeit der Objekte kann unabhängig von Ort und Zeit festgestellt werden. Dennoch müssen konkrete Messungen an den realen Objekten durchgeführt werden.

5.4.4   Stützpunktvorstellungen und Umrechnen

Der Aufbau von Stützpunktvorstellungen zur Geschwindigkeit ist wegen der beiden gleichzeitig zu berücksichtigenden Größen unterschiedlicher Art schwieriger als beispielsweise bei Längen oder Gewichten (s. Abb. 5.13). Die eigenen Versuche der Schülerinnen und Schüler können dazu beitragen, einen Fundus an Repräsentanten anzulegen. Für höhere Geschwindigkeiten muss allerdings auf eine Recherche, z. B. im Internet oder Lexikon, zurückgegriffen werden. In der Tab. 5.4 sind einige Beispiele für solche Repräsentanten aufgeführt. Dabei wurden die Geschwindigkeiten in zwei Maßeinheiten angegeben und jeweils auf glatte Werte gerundet.

Die bekanntesten Einheiten für Geschwindigkeit sind km/h und m/s. Zur Verdeutlichung der Schreibweise und Bewusstmachung, dass die Zeit jeweils im Nenner steht, soll-

Beispiele von Vergleichsgrößen

zu Längen:
- Dein Zeigefinger ist ca. 1 cm breit
- Die Spanne zwischen Daumen und Zeigefinger ist ca. 10 cm lang
- Eine Schrittlänge ist ca. 1 m,
  ein Schäferhund ist vom Kopf bis zur Schwanzspitze ca. 1 m lang

zu Gewichten:
- Eine Füllerpatrone wiegt ca. 1 g.
- Ein Füller wiegt etwa 10 g.
- Eine Tafel Schokolade wiegt ca. 100 g.
- Eine Packung Zucker wiegt ca. 1000 g = 1 kg.

Abb. 5.13 Stützpunktvorstellungen zu Längen und Gewichten. (Vgl. Kliemann et al. 2006, S. 88)

Tab. 5.4 Repräsentanten (Stützpunktvorstellungen) für Geschwindigkeiten

Repräsentant	Geschwindigkeit in m/s	Geschwindigkeit in km/h
Schnecke	0,002	0,007
Fußgänger	1,5	5
Radfahrer	6	20
Auto im Wohngebiet	8	30
100-m-Läufer	10	36
Auto in der Ortschaft	15	50
Auto auf der Landstraße	30	100
Orkan	33	120
Auto auf der Autobahn	35	130
ICE	80	280
Verkehrsflugzeug	250	900
Schallgeschwindigkeit	340	1200
Lichtgeschwindigkeit	300.000.000	1.100.000.000

ten die Maßeinheiten zur Einführung besser in Bruchstrichschreibweise notiert werden. Das unterstützt auch das Umrechnen zur Vergröberung und Verfeinerung der Einheiten. Das Umrechnen von Maßeinheiten der Geschwindigkeit ist aufgrund der Unterschiede in der Umrechnung von Längen und Zeiten schwieriger als bei anderen zusammengesetzten Größenarten. Während bei Längen mit dezimalen Vielfachen und Teilen gearbeitet wird (s. Tab. 5.5), verwendet man bei Zeiten unterschiedliche Vielfache (s. Tab. 5.6).

Während die Zeiteinheiten Woche, Tag, Stunde, Minute und Sekunde konstante, aber unterschiedliche Umrechnungsfaktoren haben, ist dies bei Jahr, Monat, Woche und Tag nicht der Fall, da durch die Schaltjahrregelung nicht immer gleich viele Tage zu einem Jahr gezählt werden. Diese Regelung besagt, dass ein Schalttag eingefügt wird, wenn die Jahreszahl durch 4 teilbar ist, außer in vollen Jahrhunderten, die nicht durch 400 teilbar

Tab. 5.5 Dezimale Vielfache und Teile für Längen

Faktor	Vorsatz	Zeichen	Faktor	Vorsatz	Zeichen
10^1	Deka	da	10^{-1}	Dezi	d
10^2	Hekto	h	10^{-2}	Zenti	c
10^3	Kilo	k	10^{-3}	Milli	m
10^6	Mega	M	10^{-6}	Mikro	μ
10^9	Giga	G	10^{-9}	Nano	n
10^{12}	Tera	T	10^{-12}	Piko	p
10^{15}	Peta	P	10^{-15}	Femto	f
10^{18}	Exa	E	10^{-18}	Atto	a

Tab. 5.6 Zeiteinheiten

Jahr	Monat	Woche	Tag	Stunde	Minute	Sekunde
1	12	ca. 52	365	8760	525.600	31.536.000
			366	8784	527.040	31.622.400
	1	ca. 4	28	672	40.320	2.419.200
			29	696	41.760	2.505.600
			30	720	43.200	2.592.000
			31	744	44.640	2.678.400
		1	7	168	10.080	604.800
			1	24	1440	86.400
				1	60	3600
					1	60

sind. Dies hat dann auch Auswirkungen auf die Anzahl der Wochen. Für die Umrechnung der Geschwindigkeitseinheiten km/h und m/s wird nur der eindeutige Faktor 3600 von Stunden und Sekunden verwendet. Die Umrechnung für die Längen- und Zeiteinheiten sollte bereits sicher beherrscht werden. Dann kann etwa durch die folgende Rechnung die Umrechnung der beiden bekannten Einheiten für die Geschwindigkeit vorgenommen werden:

$$1\,\frac{m}{s} = \frac{3600\,m}{3600\,s} = \frac{3{,}6 \cdot 1000\,m}{3600\,s} = \frac{3{,}6\,km}{1\,h} = 3{,}6\,\frac{km}{h}$$

bzw.

$$1\,\frac{km}{h} = \frac{1000\,m}{60 \cdot 60\,s} = \frac{1000\,m}{3600\,s} = \frac{1}{3{,}6}\,\frac{m}{s}$$

Die Messung der Größe Geschwindigkeit hängt aufgrund der Zusammensetzung aus Länge und Zeit von zwei Messungen ab.

5.4.5 Arbeiten mit Größen

Im idealisierten Modellierungskreislauf findet die Arbeit mit Größen im Bereich der Mathematik statt. Bei der Arbeit im mathematischen Modell kommen praktisch aber auch

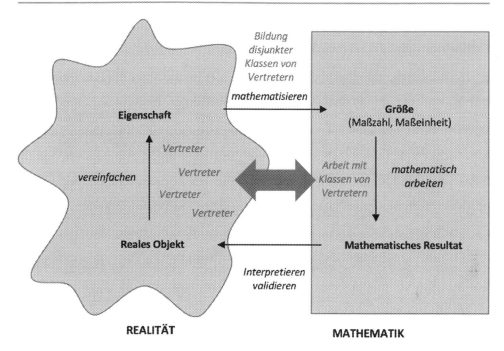

Abb. 5.14   Arbeit mit Klassen von Vertretern

Rückgriffe auf die reale Ebene vor, da die Operationen der disjunkten Klassen mithilfe entsprechender Operationen der Vertreter selbst erklärt werden (s. Abb. 5.14).

Für die Arbeit mit Größen kann man etwa den Vergleich von zwei Größen nennen. Im Beispiel der Geschwindigkeit könnte es interessant sein, ob zwei Fahrräder die gleiche Geschwindigkeit haben. Hier ist zuerst zu klären, ob es sich um eine momentane oder um eine durchschnittliche Geschwindigkeit handeln soll. Es ist durchaus möglich, dass ein Fahrradfahrer mit einer niedrigeren Durchschnittsgeschwindigkeit (über einen längeren Zeitraum ausgewertet) zu einem bestimmten Zeitpunkt eine höhere momentane Geschwindigkeit hat als ein anderer Fahrradfahrer, der eine höhere Durchschnittsgeschwindigkeit fährt. Dabei können nun die Geschwindigkeiten der Objekte aufgrund der entsprechenden Maßzahlen verglichen werden, ohne die konkreten Objekte direkt zu verwenden. Dies ist noch ein Abstraktionsschritt mehr als der indirekte Vergleich mithilfe von Messungen konkreter Objekte. Dennoch wird man zur Veranschaulichung und Validierung immer wieder die konkreten Vertreter in den Blick nehmen. Dies wird auch in der Abb. 5.14 zur Arbeit mit Klassen von Vertretern deutlich.

Außer dem Vergleich von Größen kann komplexer mit Größen operiert werden; beispielsweise ließen sich die Geschwindigkeit eines Flusses und die des in Fließrichtung fahrenden Bootes addieren. Diese Operationen können auch ausgeführt werden, ohne dass die entsprechenden Vertreter diese Aktion tatsächlich ausführen.

Das Rechnen mit Größen spielt auch im Rahmen der Bruchrechnung eine wichtige Rolle. Hier wird es zur Veranschaulichung und Motivation der Addition und Subtraktion von Brüchen als Maßzahl verwendet. Für die Multiplikation dagegen kann nur die einer Größe mit einer Zahl betrachtet werden, da sonst die Größenart verlassen wird. Hier ist ein anschaulicher Weg zur Multiplikation von Brüchen die Bestimmung des Flächeninhalts von Rechtecken mit Brüchen als Maßzahlen (Padberg und Wartha 2017, S. 101).

5.5   Mathematische Vertiefung

Wir betrachten noch einmal das Beispiel der Größenart *Länge*. Länge, Breite und Höhe gehören alle zur Größenart Länge. Allgemein haben wir die Größen als eine *Größenart* bezeichnet, deren Quotient eine reelle Zahl ist.

Wir wollen im Folgenden die mathematischen Eigenschaften einer Größenart genauer untersuchen. Dazu kann ein entsprechendes Objekt, nämlich ein Größenbereich, definiert werden. Ein Größenbereich wird als eine bestimmte algebraische Struktur definiert, in der addiert und verglichen werden kann und die die üblichen, im Mathematikunterricht behandelten Größen sinnvoll zusammenfasst.

▶ **Größenbereich** Eine Menge G mit Elementen $a, b, c, \ldots$, für die eine innere Verknüpfung +, die wir Addition nennen, und eine strenge Ordnungsrelation <, die wir Kleinerrelation nennen, erklärt sind, heißt Größenbereich genau dann, wenn für beliebige $a, b, c \in G$ gilt:

Assoziativgesetz der Addition: $(a + b) + c = a + (b + c)$

Kommutativgesetz der Addition: $a + b = b + a$

Trichotomiegesetz: Für $a, b \in G$ gilt stets genau einer der drei Fälle $a < b, b < a, a = b$.

Lösbarkeitsgesetz: $a + x = b$ ist lösbar mit $x \in G$ genau dann, wenn $a < b$.

Der Größenbereich wird durch die Menge G, die Addition und die Kleinerrelation festgelegt. Die Schreibweise lautet: $(G, +, <)$.

Die Definition des Größenbereichs stellt sicher, dass man Größen eines Größenbereichs addieren und vergleichen kann.

Es handelt sich hier, bezogen auf die bekannten Strukturen Gruppe und Ring, um eine neue algebraische Struktur. Ein Größenbereich ist beispielsweise aufgrund des Lösbarkeitsgesetzes keine Gruppe, da in einer Gruppe eine entsprechende Gleichung immer (eindeutig) lösbar wäre.

Das Lösbarkeitsgesetz ist ebenfalls ein Grund dafür, warum eine der bekannten Größen aus mathematischer Sicht keinen Größenbereich darstellt. Die Temperatur – gemessen in Grad Celsius (°C) – kann auch negative Werte haben. Dies ist nicht im Einklang mit dem Lösbarkeitsgesetz, da beispielsweise die Gleichung $7\,°C + x = 5\,°C$ lösbar ist mit

$x = -2\,°C$. Nach dem Lösbarkeitsgesetz ist eine solche Gleichung $a + x = b$ aber genau dann lösbar, wenn $a < b$ gelten würde. Dies ist hier nicht der Fall, da $7 > 5$. Wird die Temperatur, wie in der Physik üblich, in Kelvin angegeben, so tritt dieses Problem nicht auf. Des Weiteren ist es in einigen Fällen üblich, manchen Größen – beispielsweise der Geschwindigkeit – negative Absolutbeträge zuzuordnen, um eine entgegengesetzte Richtung zum Ausdruck zu bringen. Auch dies passt nicht mit dem Lösbarkeitsgesetz zusammen.

Die Definition des Größenbereichs schließt die Menge $\mathbb{N}$ der natürlichen Zahlen (ohne Null), die Menge $\mathbb{Q}^+$ der positiven rationalen Zahlen und die Menge $\mathbb{R}^+$ der positiven reellen Zahlen ein.

Man kann Größen mit natürlichen Zahlen multiplizieren. Dies wird mithilfe der Addition rekursiv definiert.

➤ **Multiplikation** Für jedes $a \in G$ sei $1 \cdot a = a$, und wenn $n \cdot a$ schon definiert ist, $(n + 1) \cdot a = n \cdot a + a$ für alle natürlichen Zahlen n.

Die Multiplikation von zwei Größen führt (mit Ausnahme der Größen mit der Einheit 1) aus der Größenart heraus. Beispielsweise erhält man durch Multiplikation von zwei Längen die Größenart Fläche.

Die Division von Größen durch natürliche Zahlen ist nicht in allen Fällen uneingeschränkt möglich. Beispielsweise ist es bei der Größe Geld – zumindest bezogen auf das Bargeld – nicht möglich, beliebig zu dividieren und wieder ein durch Bargeld darstellbares Ergebnis zu erhalten. So ist zum Beispiel $1\,€ : 200 = 0{,}005\,€ = 0{,}5\,ct$. Eine solche Münze gibt es aber nicht. Ebenso ist die Division von Anzahlen, die auf nicht-ganze Zahlen führt, ein Beispiel für eine nicht ausführbare Division von Größen. Falls aber die Division doch uneingeschränkt möglich ist, spricht man von einem Größenbereich mit Teilbarkeitseigenschaft.

➤ **Teilbarkeitseigenschaft** Der Größenbereich $(G, +, <)$ hat die Teilbarkeitseigenschaft genau dann, wenn es zu jedem $a \in G$ und $n \in \mathbb{N}$ stets ein $x \in G$ gibt, sodass $n \cdot x = a$.

Beispielsweise haben die Längen und Temperaturen die Teilbarkeitseigenschaft. In diesen Größenbereichen kann durch beliebige natürliche Zahlen dividiert werden.

Eine weitere Frage ist, ob sich in einem Größenbereich eine gegebene Größe uneingeschränkt messen lässt. Das Messen ist der Vergleich mit der bekannten Einheit. Aus mathematischer Sicht wäre Messen mit einer gegebenen Einheit ein Vorgang, bei dem die Größe als Vielfaches einer Einheit geschrieben werden kann. Wenn in einem Größenbereich das Messen uneingeschränkt möglich sein soll, dann muss zu zwei beliebigen Größen eine Einheit existieren, sodass beide Größen als Vielfache dieser Einheit geschrieben werden können.

➤ **Kommensurabilität** Ein Größenbereich $(G, +, <)$ heißt kommensurabel, wenn es zu zwei beliebigen Größen g und h eine Einheit $e \in G$ gibt, sodass gilt: $g = n \cdot e$ und $h = m \cdot e$ mit $m, n \in \mathbb{N}$.

Wenn zwei Größen kommensurabel sind, dann ist die eine Größe als Produkt der anderen Größe mit einer positiven rationalen Zahl darstellbar. In einem solchen Fall gilt nämlich

$$g = n \cdot e \quad \text{und} \quad h = m \cdot e \Rightarrow g = n \cdot \frac{1}{m} \cdot h = \frac{n}{m} \cdot h$$

für zwei Elemente $g, h \in G$ und zwei natürliche Zahlen $m, n \in \mathbb{N}$. Gilt umgekehrt für zwei beliebige Elemente $g, h \in G$ und zwei natürliche Zahlen $m, n \in \mathbb{N}$, die Gleichung

$$g = \frac{m}{n} \cdot h,$$

so könnte man $1/n \cdot h$ als Einheit wählen und damit g messen. Umgekehrt könnte man auch $1/m \cdot g$ als Einheit wählen und damit h messen. In einem solchen Größenbereich ist die Division ohne Einschränkungen möglich. Außerdem ist der Quotient der beiden Größen g und h eine rationale Zahl, also auch eine reelle Zahl. Die Größen gehören damit zur gleichen Größenart.

Die Größen Anzahl und (Bar-)Geld sind beispielsweise kommensurabel. Im Fall von Euro kann als Einheit immer 1 ct gewählt werden; in vielen Beispielen ist auch eine andere Wahl möglich. Die Länge dagegen ist nicht kommensurabel, da beispielsweise ein Kreis mit dem Durchmesser 1 m einen Umfang von π m hat und π keine rationale Zahl ist (Picker 1987a; Strehl 1979, S. 46 ff.).

5.6   Aufgaben zur Wiederholung und Vertiefung

5.6.1   Geschwindigkeit

Es ist möglich, dass ein Fahrradfahrer mit einer niedrigeren Durchschnittsgeschwindigkeit zu einem bestimmten Zeitpunkt eine höhere momentane Geschwindigkeit hat als ein anderer Fahrradfahrer, der eine höhere Durchschnittsgeschwindigkeit fährt. Zeichnen Sie ein Zeit-Weg-Diagramm für zwei Fahrradfahrer, auf das dies zutrifft.

5.6.2   Kommensurabilität und Teilbarkeitseigenschaft

Geben Sie für die im Mathematikunterricht der Sekundarstufe I üblicherweise behandelten Größen an, ob sie kommensurabel sind oder die Teilbarkeitseigenschaft besitzen. Begründen Sie Ihre Zuordnung.

5.6.3   Stützpunktvorstellungen

Erstellen Sie eine Liste von Repräsentanten (Stützpunktvorstellungen) für die Größen Länge, Masse und Geld.

Zuordnungen im Kontext von Anwendungen

Die Behandlung von Zuordnungen und speziell funktionalen Zusammenhängen ist nicht grundsätzlich auf Anwendungen beschränkt, sondern auch innermathematisch sehr gut möglich. Sehr häufig werden aber Zuordnungen von zwei Größen (z. B. Strecke und Geschwindigkeit) im Anwendungskontext im Mathematikunterricht betrachtet (s. Abb. 6.1).

Umgekehrt ist es auch sehr gut möglich, im Anwendungskontext mithilfe von zwei Größen den Begriff der Funktion zu verdeutlichen (s. Abb. 6.2). Anwendungskontexte und innermathematische Begriffsbildungen des Mathematikunterrichts der Sekundarstufe können sich hier wechselseitig ergänzen und den Aufbau geeigneter Grundvorstellungen fördern.

Die Zuordnungen können hier als Fortführung der Arbeit mit Größen im Mathematikunterricht der Sekundarstufe verstanden werden. Gerade bei der Behandlung von Zuordnungen wird deutlich, dass fast alle mathematischen Inhalte mithilfe von Realitätsbezügen motiviert oder bearbeitet werden können und umgekehrt die Umwelt mithilfe von Mathematik erschlossen und verstanden werden kann (s. Abb. 6.3). Man findet daher eine große Bandbreite von Unterrichtsmaterialien mit kaum vorhandenem bis sehr ernst genommenem Realitätsbezug. Diese Thematik ist im Zusammenhang mit den Funktionen des Sachrechnens bereits diskutiert worden.

© Springer-Verlag GmbH Deutschland, ein Teil von Springer Nature 2018
G. Greefrath, *Anwendungen und Modellieren im Mathematikunterricht*,
Mathematik Primarstufe und Sekundarstufe I + II,
https://doi.org/10.1007/978-3-662-57680-9_6

Geschwindigkeit anpassen

Jeden Morgen fährt Peter im Auto zur Schule, denn sie liegt am Arbeitsweg seines Vaters.
Auf den geraden Strecken fährt das Auto mit etwa 50 km/h. In den Kurven muss die Geschwindigkeit entsprechend gesenkt werden. Der gesamte Schulweg hat eine Länge von 1 100 m.

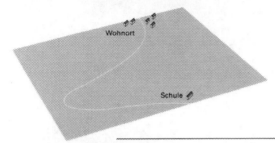

7   Beschreibe die Veränderungen der Geschwindigkeit während der Fahrt.

8   Übertrage die unten stehende Darstellung in dein Heft. Zeichne einen Graphen.
    Er soll zeigen, wie sich die Geschwindigkeit im Verlauf der Fahrt ändert.

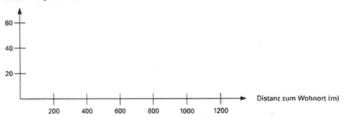

9   Vergleicht eure Graphen und begründet die Unterschiede.

Abb. 6.1 Zuordnung von zwei Größen. (Affolter et al. 2004, S. 7)

Funktionen

Beide Graphen beschreiben den Zusammenhang zwischen Höhe und Temperatur in der Atmosphäre der Erde.

a) Wähle einige Höhen. Welche Temperaturen herrschen dort jeweils?

b) Wähe einige Temperaturen. In welcher Höhe findet man diese jeweils?

c) Welche Frage kann man eindeutig beantworten, welche nicht?

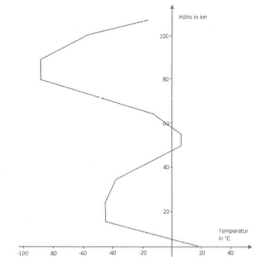

Der Zusammenhang zwischen zwei Größen kann durch eine **Zuordnung**

erste Größe → zweite Größe

beschrieben werden.

Gibt es zur ersten Größe immer nur eine zweite Größe, dann ist die Zuordnung eine **Funktion**.

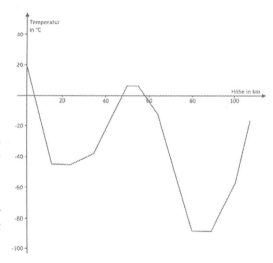

Abb. 6.2 Einführung von Funktionen mithilfe von Größen. (Vgl. Kietzmann et al. 2004)

In lebendem organischem Material, z. B. in einem Baumstamm, kommt Kohlenstoff
in den Isotopen C12 und C14 im Verhältnis 10^{12} : 1 vor. C14 ist radioaktiv. Sobald der Tod
eintritt und der Stoffwechsel zum Erliegen kommt, halbiert sich der C14-Anteil etwa
alle 5 700 Jahre.

Alter des Fossils	0T (lebend)	1T ($\approx$5 700 a)	2T ($\approx$11 400 a)	3T ($\approx$17 000 a)	4T ($\approx$23 000 a)
Anzahl C12-Atome	10^{15}	10^{15}	10^{15}	10^{15}	10^{15}
Anzahl C14-Atome	1 000	500	250	125	$\approx$60
Anteil C14-Atome	100 %	50 %	25 %	12.5 %	6.25 %

A   Erklärt einander die Bedeutungen und Beziehungen der einzelnen Angaben
    in der Tabelle.

Abb. 6.3   Zuordnungen als Mittel zur Umwelterschließung. (Affolter et al. 2006, S. 39)

6.1   Zuordnungen und Funktionen

6.1.1   Hintergrund

Bevor auf spezielle Funktionstypen oder Eigenschaften von Funktionen eingegangen wird,
soll hier zunächst der allgemeine Begriff der Zuordnung von zwei oder auch mehr Größen
betrachtet werden – eine Funktion kann dann als Spezialfall einer Zuordnung angesehen
werden. Gerade aus Sicht von Anwendungen ist dieser allgemeinere Zugang sinnvoll, da
nicht alle Beziehungen von Größen als funktionale Zusammenhänge modelliert werden
können.

▶   **Zuordnung**   Eine Zuordnung ist eine Menge von Paaren (x, y) mit x, y aus einer Menge V, bei denen die Reihenfolge der Zahlen x und y unterschieden wird. Bei solchen
sogenannten geordneten Paaren sind (x, y) und (y, x) verschiedene Zahlenpaare.

Eine Zuordnung muss nicht eindeutig sein. So können mehrere Paare (x, a), (x, b), ...
mit $a \neq b$ existieren, die einem x-Wert unterschiedliche y-Werte zuordnen. Eine eindeutige
Zuordnung dagegen wird als *Funktion* bezeichnet.

▶   **Funktion**   Eine Funktion f ordnet jedem Element x einer Definitionsmenge D genau
ein Element y einer Zielmenge Z zu.
Schreibweise: $f: D \to Z$ mit $x \mapsto y$ bzw. $f(x) = y$.

Wie bereits die Definition zeigt, beschränkt man sich bei der Einführung von Funktionen als Zuordnung von Größen sehr häufig auf die Termdarstellung. Die klassische
Einteilung der Schulmathematik in lineare, quadratische, trigonometrische (z. B. Sinus-

Tab. 6.1 Typisierung von Funktionen nach Funktionstermen

Name	Funktionsterm
Lineare Funktion	$f(x) = ax + b$
Quadratische Funktion	$f(x) = ax^2 + bx + c$
Sinusfunktion	$f(x) = a \cdot \sin(bx + c)$
Exponentialfunktion	$f(x) = a \cdot b^x$

funktion) und Exponentialfunktionen beruht auch auf der Betrachtung der Struktur der Funktionsterme (s. Tab. 6.1).

Gerade bei der Betrachtung von Zuordnungen von Größen wäre es in einigen Zusammenhängen sicherlich hilfreich, Funktionen nach Wachstumseigenschaften (z. B. monoton wachsend) oder Eigenschaften der Funktionalgleichung (z. B. additiv) einzuteilen.

▶ **Monoton wachsende und fallende Funktionen** Eine Funktion $f: D \to Z$ heißt monoton wachsend in D, wenn für je zwei Elemente x_1, x_2 der Definitionsmenge D mit $x_1 \leq x_2$ gilt: $f(x_1) \leq f(x_2)$.

Eine Funktion $f: D \to Z$ heißt monoton fallend in D, wenn für je zwei Elemente x_1, x_2 der Definitionsmenge D mit $x_1 \leq x_2$ gilt: $f(x_1) \geq f(x_2)$.

▶ **Additive und multiplikative Funktionen** Eine Funktion $f: D \to Z$ heißt additiv in D, wenn für je zwei Elemente x_1, x_2 der Definitionsmenge D gilt: $f(x_1 + x_2) = f(x_1) + f(x_2)$.

Eine Funktion $f: D \to Z$ heißt multiplikativ in D, wenn für je zwei Elemente x_1, x_2 der Definitionsmenge D gilt: $f(x_1 \cdot x_2) = f(x_1) \cdot f(x_2)$.

Die Funktionalgleichungen von additiven und multiplikativen Funktionen werden hier nur exemplarisch ausgewählt. Es gibt weitere Eigenschaften von Funktionen, die mithilfe von Funktionalgleichungen ausgedrückt werden können.

Ein Beispiel für eine monoton wachsende Funktion ist $f(x) = x^3$, da für beliebige $x_1 \leq x_2$ stets auch $x_1^3 \leq x_2^3$ gilt. Ein Beispiel für eine monoton fallende Funktion ist $f(x) = -7x$. Eine additive Funktion ist beispielsweise $f(x) = 3x$ und eine multiplikative Funktion $f(x) = x$ (Vollrath 2003, S. 123).

6.1.2 Grundvorstellungen von Zuordnungen und Funktionen

Insbesondere im anwendungsbezogenen Mathematikunterricht sollen Grundvorstellungen zu zentralen Begriffen wie Zuordnungen und Funktionen entwickelt werden (vgl. Vollrath 1989; Malle 2000). Hier ist die *Zuordnungsvorstellung* zentral, nach der jedem Wert einer Größe genau ein Wert einer zweiten Größe zugeordnet wird. Mit einem Blick auf die Funktionen kann dies so verstanden werden, dass jedem Element aus einer Definitionsmenge ein Element einer Zielmenge zugeordnet wird. Bei Zuordnungen von Größen ist interessant, wie sich Änderungen einer Größe auf eine zweite Größe auswirken. Achtet man also darauf, wie die zweite Größe durch die erste beeinflusst wird, so spricht man von der *Kovariationsvorstellung*. Diese Veränderung kann aus Sicht beider Größen interessant sein. So kann man sich einerseits dafür interessieren, wie sich die Temperatur in der Erdatmosphäre bei zunehmendem Abstand von der Erdoberfläche verändert, aber auch welche Höhenänderung einer bestimmten Veränderung der Temperatur zugeordnet ist. Dabei ist es möglich, dass die Zuordnung, wie im Beispiel in Abb. 6.2 zu sehen, nur in einer der beiden Richtungen auch einen funktionalen Zusammenhang beschreibt. Die Zuordnungsvorstellung beschreibt funktionale Zusammenhänge auf einzelne Punkte bezogen: Zu jedem Wert der ersten Größe gibt es einen Wert der zweiten Größe. Der zugehörige Punkt ist dann ein Punkt des zugehörigen Funktionsgraphen. Die Kovariationsvorstellung bezieht sich dagegen auf einen Bereich einer Größe und es werden Änderungen der entsprechenden Variablen betrachtet.

Neben der Zuordnungs- und der Kovariationsvorstellung ist insbesondere für die Analysis höherer Jahrgangsstufen die *Objektvorstellung* von Funktionen zentral: Eine Funktion wird als einziges Objekt verstanden, das einen Zusammenhang als Ganzes beschreibt. Betrachtet man Funktionen direkt als Objekte, so können diesen Objekten Eigenschaften wie Monotonie, Symmetrie und Existenz von Extrema zugeschrieben werden. Auf Basis der Objektvorstellung können funktionale Zusammenhänge direkt mit bestimmten typischen Situationen wie Schwingungen, gleichmäßigen Beschleunigungsvorgängen oder Abkühlungsvorgängen in Verbindung gebracht werden (Greefrath et al. 2016, S. 47 ff.).

6.1.3   Funktionen als mathematische Modelle

Der Funktionsbegriff stellt ein gleichermaßen spezielles wie flexibles mathematisches Modell dar. Es ist mit Blick auf allgemeine Zuordnungen speziell und bezogen auf die unterschiedlichen Funktionstypen flexibel. Der Funktionsbegriff als mathematisches Modell kann im Kontext von Anwendungen ausgehend von Zuordnungen von Größen entwickelt werden.

Der Schritt von der anwendungsorientierten Zuordnung von Größen zum fachwissenschaftlichen Funktionsbegriff sollte nicht zu schnell vollzogen werden. Anderenfalls besteht die Gefahr, dass Schülerinnen und Schüler den Funktionsbegriff nicht auf der Basis der Zuordnung von Größen und mit unterschiedlichen Darstellungsformen wie Graph, Tabelle, Beschreibung und Term aufbauen können, sondern nur einen eingeengten Blick auf dieses für die Schulmathematik zentrale mathematische Modell bekommen.

Der Funktionsbegriff spielt in den Bildungsstandards und Lehrplänen für die Sekundarstufe der einzelnen Bundesländer eine sehr zentrale Rolle. Der funktionale Zusammenhang ist beispielsweise als Leitidee in den „Bildungsstandards für den Mittleren Bildungsabschluss" der Kultusministerkonferenz zu finden (KMK 2004, S. 11). Die allgemeineren

Zuordnungen dagegen werden häufig nur am Rande erwähnt, in den Bildungsstandards beispielsweise als ein Unterpunkt im Zusammenhang mit möglichen mathematischen Modellen oder in den Kernlehrplänen Nordrhein-Westfalens an einigen Stellen im Sinne von Funktionen (Ministerium für Schule NRW 2004).

Der zu schnelle Übergang von allgemeinen Zuordnungen zum Funktionsbegriff, also zu den üblicherweise zuerst behandelten linearen Funktionen, kann den Blick auf Funktionen einengen und die Entwicklung adäquater Grundvorstellungen erschweren. So kann an allgemeinen Zuordnungen und nichtlinearen Funktionen häufig besser die Kovariations- und die Zuordnungsvorstellung gefördert werden als an linearen Funktionen. In der Realität spielen viele unterschiedliche Funktionenklassen eine Rolle, ebenso wie auch Zuordnungen und funktionale Zusammenhänge, die nicht durch eine einfach darzustellende Funktionsgleichung beschrieben werden können. Daher ist es hilfreich, zunächst eine breite Palette möglicher Zuordnungen kennenzulernen. Da dies in der Jahrgangstufe 7, in der üblicherweise in diesen Inhaltsbereich eingeführt wird, nicht mittels Termdarstellung möglich ist, sollten die Schülerinnen und Schüler in dieser Phase verstärkt mit Graphen, Beschreibungen und Tabellen arbeiten. Dann sind etwa auch stückweise definierte Funktionsgraphen problemlos darstellbar.

Sehr häufig werden im Mathematikunterricht funktionale Zusammenhänge als mathematische Modelle verwendet. Die Modellierung ist dabei natürlich abhängig von den vorhandenen „mathematischen Werkzeugen", also den Funktionenklassen, die den Schülerinnen und Schülern bekannt sind. Bis zur Klassenstufe 8 sind dies in der Regel nur lineare Funktionen. Daher verwendet man häufig Beispiele, für die nur lineare Funktionen als mathematische Modelle infrage kommen. Eine wirkliche Wahl eines mathematischen Modells kann auf diese Weise häufig nicht stattfinden. Es kann lediglich von der Bestimmung der Parameter der linearen Funktion gesprochen werden. Ein entsprechender Modellierungskreislauf mit vorgegebenem linearem Modell verdeutlicht dies (s. Abb. 6.4).

Der im Kreislauf dargestellte Vereinfachungsschritt zum realen Modell mit Eigenschaften linearer Funktionen liegt dabei allerdings meist auf der Hand. Wenn keine anderen Modelle zur Verfügung stehen, ist daher die Vereinfachung keine besondere Leistung. Bei der Bearbeitung von Problemen, denen ein derartiger enger Modellierungsprozess zugrunde liegt, besteht die Gefahr, dass die Vereinfachung sowie die Mathematisierung der Sache nicht gerecht werden und – aus Mangel an alternativen realen Modellen – von linearen funktionalen Zusammenhängen ausgegangen werden muss.

Bei Modellierungsprozessen sollte aber die Wahl des Modells möglichst offen sein und die Diskussion der Vereinfachung der Realsituation Alternativen bieten. Modellierungsaufgaben mit praktisch vorgegebenem Modell sind daher kritisch zu sehen. Um zu vermeiden, dass im Mathematikunterricht Modelle nur als Funktionsterme wahrgenommen werden, können unterschiedliche Darstellungsformen von Funktionen genutzt werden, um eine größere Vielfalt zu erreichen.

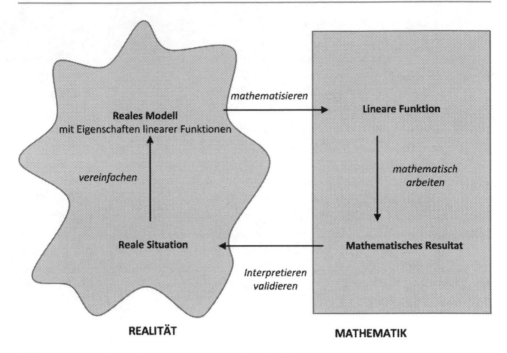

Abb. 6.4 Lineare Funktionen als mathematisches Modell

6.1.4   Darstellungsformen

Das Einführen funktionaler Abhängigkeiten mithilfe von Graphen erfüllt mehrere Zielsetzungen. Zum einen werden nichttriviale Zusammenhänge unterschiedlicher Größenarten untersucht und zum anderen die Methoden bereitgestellt, solche Zusammenhänge von Größen mathematisch zu beschreiben und zu untersuchen. Dazu können unterschiedliche Darstellungsformen verwendet werden.

Abb. 6.5 zeigt für die vier Darstellungsformen von Funktionen zwölf unterschiedliche Tätigkeiten des Darstellungswechsels. Im Mathematikunterricht findet man besonders häufig das Berechnen von Tabellenwerten aus Funktionstermen mit anschließendem Skizzieren von Funktionsgraphen. Seltener dagegen findet man das Arbeiten mit Tabellen und Graphen oder beispielsweise das Zeichnen von Graphen aus gegebenen Situationen wie etwa im abgebildeten Schulbuchbeispiel (s. Abb. 6.6).

Wir wollen diese allgemeineren Überlegungen zu Zuordnungen von Größen nun an speziellen Funktionenklassen konkretisieren.

von	Situation	Tabelle	Graph	Term
Situation		Ausmessen	Zeichnen	Mathematisieren
Tabelle	Ablesen		Einzeichnen	Anpassen
Graph	Interpretieren	Ablesen		Anpassen
Term	Realisieren	Berechnen	Skizzieren	

Abb. 6.5 Mögliche Wechsel von Darstellungsformen. (Nach Swan 1982)

Schaubildgeschichten

Schaubilder können Geschichten erzählen. Wann steigt das Wasser und wann sinkt es? Läuft Wasser aus dem Wasserhahn oder steigt jemand in die Badewanne?

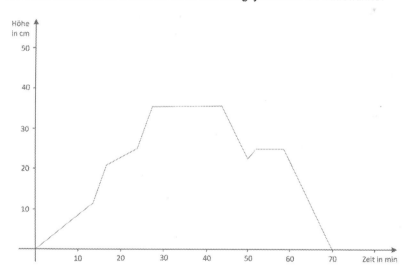

a) In dem Schaubild könnt ihr erkennen, wie sich die Wasserhöhe in einer Badewanne ändert. Schreibt dazu eine passende Geschichte.

b) Zeichnet zu der abgebildeten Geschichte ein passendes Schaubild.

Marion möchte ihren Hund baden. Sie steckt den Stöpsel in die Badewanne und dreht dann den Wasserhahn auf. Dann geht sie nach draußen, um den Hund zu suchen. Endlich hat sie ihn gefunden, aber die Wanne ist viel zu voll. Also lässt sie die Hälfte des Wassers wieder ablaufen. Dann badet sie ihren Hund und lässt das Wasser wieder ablaufen. Jetzt kommt ihre Freundin mit ihrem Hund vorbei.
...

Abb. 6.6 Zeichnen und Interpretieren. (Vgl. Kietzmann et al. 2004, S. 94)

6.2 Proportionalität

6.2.1 Definition und charakteristische Eigenschaften

Die Eigenschaft *Proportionalität* einer auf den positiven rationalen Zahlen $\mathbb{Q}^+$ definierten Funktion $f\colon \mathbb{Q}^+ \to \mathbb{Q}^+$ lässt sich mathematisch durch die Bedingung

$$f\,(c \cdot x) = c \cdot f(x) \quad \text{für alle } c \in \mathbb{Q}^+ \tag{6.1}$$

definieren. Diese Eigenschaft bezeichnet man auch als *Vervielfachungseigenschaft* (Fricke 1987, S. 111). Der dargestellte funktionale Zusammenhang lässt sich mathematisch auch im Bereich der reellen Zahlen definieren. Für konkrete Größen in der betrachteten Schulstufe sind jedoch in der Regel die positiven rationalen Zahlen relevant.

Proportionale Zusammenhänge können, zusätzlich zur in der Definition gewählten algebraischen Darstellung, auch sprachlich, tabellarisch und grafisch dargestellt werden. So kann beispielsweise bei einer Zugfahrt mit konstanter Geschwindigkeit der proportionale Zusammenhang der Größen Länge (d. h. der zurückgelegten Strecke) und Zeit auch sprachlich formuliert werden.

> ▶ **Proportionalität** Der Zug legt in gleichen Zeiten gleiche Strecken zurück. In 3 min legt er 10 km zurück. In doppelter Zeit wird auch die doppelte Strecke zurückgelegt, in dreifacher Zeit die dreifache Strecke und so weiter.

Ebenso ist eine Tab. 6.2 oder ein Graph zur Darstellung dieses Sachverhalts möglich. Die tabellarische Darstellung orientiert sich hier am Text. Sie beginnt mit dem im Text genannten Wert. Weitere Wertepaare werden wie im Text beschrieben erzeugt. Anschließend wird die Tabelle noch weiter fortgesetzt.

Die folgende grafische Darstellung (Abb. 6.7) beruht auf den Daten der Tab. 6.2. Die Art der Darstellung ermöglicht direkt ein Ablesen von Zwischenwerten und somit die Ergänzung bzw. Fortsetzung der Tabelle.

Auf der Basis der eingangs zitierten Definition gibt es unterschiedliche Eigenschaften, die im Zusammenhang mit der Proportionalität in den Vordergrund gestellt werden können. Die erste dieser Eigenschaften ist die *Verhältnisgleichheit*. Die Verhältnisgleichheit

Tab. 6.2 Zeit und zurückgelegte Strecke eines Zuges

Zeit (in min)	Zurückgelegte Strecke (in km)
3	10
6	20
9	30
12	40
…	…
60	200
…	…

Abb. 6.7 Zeit (x-Achse) und zurückgelegte Strecke (y-Achse) eines Zuges

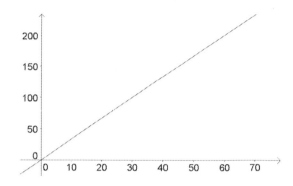

bringt zum Ausdruck, dass der Quotient zweier x-Werte dem Quotienten der zugeordneten Funktionswerte entspricht, d. h.

$$\frac{x_1}{x_2} = \frac{f(x_1)}{f(x_2)}. \qquad (6.2)$$

Die Eigenschaft (6.2) lässt sich für $x_2 = c \cdot x_1$ mithilfe der Definition (6.1) ableiten:

$$\frac{f(x_1)}{f(x_2)} = \frac{f(x_1)}{f(c \cdot x_1)} = \frac{f(x_1)}{c \cdot f(x_1)} = \frac{1}{c} = \frac{x_1}{c \cdot x_1} = \frac{x_1}{x_2}$$

Ebenso kann man auch die *Quotientengleichheit* (Fricke 1987, S. 112) aus der Verhältnisgleichheit ableiten. Sie besagt, dass der Quotient aus Funktionswert und entsprechendem x-Wert jeweils konstant ist, d. h.

$$\frac{f(x)}{x} = \text{const.}$$

für alle $x \in \mathbb{Q}^+$. Dies folgt aus der Verhältnisgleichheit für $x_1 = x$ und $x_2 = 1$:

$$\frac{x}{1} = \frac{f(x)}{f(1)} \iff \frac{f(x)}{x} = f(1)$$

Diese Rechnung zeigt auch, dass der konstante Faktor gleich dem Funktionswert an der Stelle 1 ist. Daraus lässt sich eine *Funktionsgleichung* ableiten. Wenn für den konstanten Faktor $f(1) = a$ gesetzt wird, erhalten wir

$$f(x) = a \cdot x. \qquad (6.3)$$

Alternativ sieht man mithilfe von (6.1) mit $c = x$, dass gilt:

$$f(x) = f(x \cdot 1) = xf(1) = a \cdot x$$

Der Proportionalitätsfaktor a ist gleich dem Funktionswert an der Stelle 1.

Eine weitere Eigenschaft ist die *Additivität* oder *Summeneigenschaft* (Fricke 1987, S. 111), die nun aus der Funktionsgleichung (6.3) gefolgert werden kann. Es gilt

$$f\,(x_1 + x_2) = f\,(x_1) + f(x_2),$$

denn es ist

$$f\,(x_1 + x_2) = a \cdot (x_1 + x_2) = a \cdot x_1 + a \cdot x_2 = f\,(x_1) + f(x_2).$$

Außerdem gilt für proportionale Zuordnungen die sogenannte *Mittelwerteigenschaft* (Fricke 1987, S. 112)

$$f\left(\frac{x_1 + x_2}{2}\right) = \frac{f\,(x_1) + f(x_2)}{2},$$

d. h., dem Mittelwert von zwei Größen oder Zahlen wird der Mittelwert der entsprechenden Funktionswerte zugeordnet. Dies folgt beispielsweise mithilfe der Definition (6.1) für $c = 1/2$ und der Additivität, denn

$$f\left(\frac{x_1 + x_2}{2}\right) = \frac{1}{2}f\,(x_1 + x_2) = \frac{1}{2}\left(f\,(x_1) + f(x_2)\right) = \frac{f\,(x_1) + f(x_2)}{2},$$

oder direkt mithilfe der Funktionsgleichung (6.3)

$$f\left(\frac{x_1 + x_2}{2}\right) = a\left(\frac{x_1 + x_2}{2}\right) = \frac{a \cdot x_1 + a \cdot x_2}{2} = \frac{f\,(x_1) + f(x_2)}{2}.$$

Diese Eigenschaft gilt allerdings nicht nur für proportionale Funktionen, sondern auch allgemein für lineare Funktionen $f : \mathbb{R} \to \mathbb{R}$ mit $f\,(x) = a \cdot x + b$, denn

$$f\left(\frac{x_1 + x_2}{2}\right) = a\left(\frac{x_1 + x_2}{2}\right) + b = \frac{a \cdot x_1 + b + a \cdot x_2 + b}{2} = \frac{f\,(x_1) + f(x_2)}{2}.$$

An proportionalen Funktionen können also auch Eigenschaften erkannt werden, die in allgemeineren Zusammenhängen gelten und nicht nur typisch für proportionale Funktionen sind (Vollrath 2003, S. 126 ff.).

Die oben beschriebenen Zusammenhänge können in Tabellenform zusammengefasst werden. Dabei benutzen wir die oben verwendeten Bezeichnungen (s. Tab. 6.3).

Bezogen auf das Beispiel des mit konstanter Geschwindigkeit bewegten Zuges kann man mithilfe der ersten drei Zeilen der entsprechenden Tab. 6.2 die oben dargestellten Eigenschaften konkret veranschaulichen (s. Tab. 6.4).

Tab. 6.3 Proportionalität von zwei Größen

Größe 1	Größe 2
x_1	$y_1 = f\,(x_1) = f(1) \cdot x_1$
$x_2 = c \cdot x_1$	$y_2 = f\,(x_2) = f\,(c \cdot x_1) = c \cdot f\,(x_1) = c \cdot f(1) \cdot x_1$

Tab. 6.4 Eigenschaften von proportionalen Zuordnungen am Beispiel Zug

Eigenschaft	Beispiel
Verhältnisgleichheit	$\frac{3\,\text{min}}{6\,\text{min}} = \frac{10\,\text{km}}{20\,\text{km}}$
Quotientengleichheit	$\frac{10\,\text{km}}{3\,\text{min}} = \frac{20\,\text{km}}{6\,\text{min}} = \ldots = \text{const.} = f\,(1)$
Funktionsgleichung	$f\,(x) = \frac{10\,\text{km}}{3\,\text{min}}x$
Additivität	$30\,\text{km} = f\,(3\,\text{min} + 6\,\text{min}) = f\,(3\,\text{min}) + f\,(6\,\text{min}) = 10\,\text{km} + 20\,\text{km}$
Mittelwerteigenschaft	$f\left(\frac{3\,\text{min}+9\,\text{min}}{2}\right) = f\,(6\,\text{min}) = 20\,\text{km} = \frac{10\,\text{km}+30\,\text{km}}{2} = \frac{f(3\,\text{min})+f(9\,\text{min})}{2}$

6.2.2 Grundvorstellungen zu proportionalen Zuordnungen

Diese mathematischen Eigenschaften (Vervielfachungseigenschaft, Verhältnisgleichheit, Quotientengleichheit, Funktionsgleichung, Additivität, Mittelwerteigenschaft) sind auch die Basis für unterschiedliche Grundvorstellungen zum Begriff der proportionalen Zuordnung. Die *Vervielfachungsvorstellung* bedeutet, dass bei einer Vervielfachung der Ausgangsgröße auch die zugeordnete Größe um den gleichen Faktor vervielfacht werden muss (vgl. die Definition von Proportionalität). Die *Verhältnisvorstellung* besagt, dass der Quotient zweier zugeordneter Größen und der der beiden Ausgangsgrößen jeweils gleich ist. Die *Quotientenvorstellung* dagegen beruht darauf, dass der Quotient von zugeordneter Größe und jeweiliger Ausgangsgröße immer konstant ist. Die *Proportionalitätsvorstellung* besagt, dass die Ausgangsgrößen immer mit demselben Faktor (Proportionalitätsfaktor) multipliziert werden, um die zugeordnete Größe zu erhalten. Die *Additionsvorstellung* besagt, dass die zugeordnete Größe der Summe zweier Ausgangsgrößen der Summe der beiden zugeordneten Größen entspricht. Die *Mittelwertvorstellung* bedeutet im Kontext proportionaler Zuordnungen, dass die zugeordnete Größe des arithmetischen Mittelwerts zweier Ausgangsgrößen dem arithmetischen Mittelwert der beiden zugeordneten Größen entspricht (vgl. Hafner 2012).

6.2.3 Proportionale Zuordnungen als mathematische Modelle

Häufig werden proportionale Zuordnungen als mathematische Modelle im Kontext *Einkaufen* verwendet, da viele Preise in bestimmten Bereichen proportional zur Anzahl oder Menge der Waren sind. Eventuelle Angebote oder Rabatte werden dabei zunächst vereinfachend ignoriert, was bei einer ernsthaften Betrachtung des Kontextes bei Schülerinnen und Schülern zu Schwierigkeiten führen kann.

In der Beispielaufgabe (s. Abb. 6.8) wird die Proportionalität von Menge und Preis vorausgesetzt, obwohl überhaupt nicht klar ist, ob es für die 6er-Packung gegebenenfalls einen Rabatt oder ein anderes Preismodell gibt und ob es überhaupt möglich ist, die Stifte in jeder Stückzahl zu kaufen. Hier wird also weniger der Kontext als das mathematische Modell der Proportionalität in den Vordergrund gestellt. Dies ist bei den vielen Aufga-

Abb. 6.8 Beispielaufgabe zur
Proportionalität. (Vgl. Herling
et al. 2008, S. 13)

Tintenroller
Zwei Tintenroller kosten im Schreibwaren-
geschäft 1,80 €. Sarah möchte drei Tintenroller kaufen, Julia einen und Andreas acht.
Lege eine Tabelle an und berechne die fehlenden Preise.

ben zu proportionalen Zuordnungen der Fall, da das Modell in den meisten Kontexten
außerhalb bestimmter Intervalle an Grenzen stößt. Dies ist auch beim eingangs ange-
führten Zusammenhang von zurückgelegter Strecke und Zeit eines Zuges der Fall. Aus
mathematischer Sicht handelt es sich also um ein normatives Modell, während im Kontext in der Regel das deskriptive Modell einschließlich seiner Grenzen im Vordergrund
steht.

Um den dadurch entstehenden gedanklichen Konflikt der Schülerinnen und Schüler zu
lösen, muss explizit die Vereinfachung des Einkaufsproblems durch den Verzicht auf Rabatte und die Abgabe beliebiger Mengen in bestimmten Bereichen deutlich gemacht und
diskutiert werden (s. Abb. 6.9). Dann kann die Modellierung als proportionale Zuordnung
sinnvoll sein. Es handelt sich aber um ein Modell, das die Realität nur in bestimmten
Grenzen abbildet.

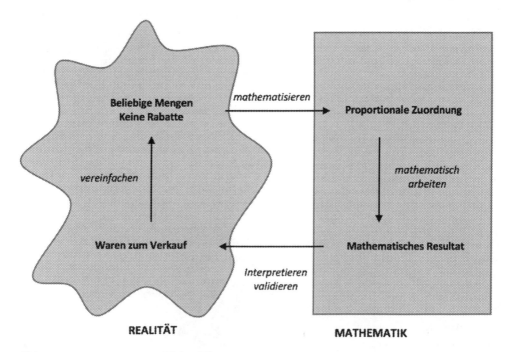

Abb. 6.9 Proportionalität im Einkaufskontext

Münzstapel

Wiegt verschieden hohe Münzstapel und vergleicht die Ergebnisse.
Wie viel Gramm würde ein 1 Meter hoher Münzstapel wiegen?

Abb. 6.10 Proportionalität von Anzahl und Höhe. (Vgl. Affolter et al. 2004, S. 10)

Ein anderer Ansatz, zu einer sinnvollen Modellierung zu kommen, ist, die Schülerinnen und Schüler auf der Basis eines Experiments das mathematische Modell der Proportionalität selbst entdecken zu lassen. Ein geeignetes Beispiel ist etwa die Untersuchung des Gewichts von Münzen (s. Abb. 6.10). Dazu wiegen die Schülerinnen und Schüler einige Münzstapel und können dann die Frage beantworten, wie schwer ein sehr hoher Münzstapel sein würde. Die Modellierung wird dann von den Schülerinnen und Schülern selbst entwickelt und verwendet. Die Authentizität dieses Problems kann allerdings kritisch diskutiert werden. Auch Wechselkurse lassen sich sinnvoll mit proportionalen Zuordnungen modellieren (Affolter et al. 2004, S. 10 f.).

Zur Bearbeitung proportionaler Zuordnungen im Unterricht sollte in jedem Fall die entsprechende Modellierung thematisiert werden. Des Weiteren sind bei der Proportionalität die Vielfalt der mathematischen Eigenschaften wie Verhältnisgleichheit, Quotientengleichheit, Funktionsgleichung, Additivität und Mittelwerteigenschaft sowie die unterschiedlichen Darstellungsformen als Text, Tabelle, Graph und Term zu beachten.

6.2.4 Dreisatz

Viele klassische Textaufgaben können mit dem sogenannten Dreisatz gelöst werden. Hierbei handelt es sich um ein Verfahren zur Lösung von Aufgaben zu proportionalen Zuordnungen. Der Dreisatz taucht bereits in den Rechenbüchern von Adam Ries auf. Dort spielt die Methode des Dreisatzes (regula detri oder regula de tribus), der beispielsweise im Rechenbuch mit dem Titel *Rechnung auf Linien und Federn* insgesamt 190 Aufgaben gewidmet sind, eine zentrale Rolle (Ries 1522). Der Dreisatz ist anwendbar auf Aufgaben, für die Proportionalität vorausgesetzt wird und ein Wertepaar gegeben ist. Von einem anderen Wertepaar ist ein Wert gesucht. Eine (nicht sehr authentische) Aufgabe zu diesem Themenbereich könnte dann etwa wie folgt formuliert sein.

Die klassische Dreisatzrechnung, die sich in der im Folgenden dargestellten Form etwa während der ersten Hälfte des 19. Jahrhunderts entwickelt hat (Vollrath 2003, S. 149), würde dann so aufgestellt, dass die gesuchte Größe – in diesem Fall die Zeit – auf der rechten Seite steht.

Ein mit konstanter Geschwindigkeit fahrender Zug benötigt für 40 km eine Zeit von 12 min. Wie viel Zeit benötigt er für 75 km?

In der ersten Zeile wird das bekannte Wertepaar (40 km; 12 min) verwendet. In der zweiten Zeile wird auf der Basis der vorausgesetzten Proportionalität das passende Wertepaar ermittelt, bei dem der erste Wert die Maßzahl 1 hat – in diesem Fall wird also die Zeit für 1 km berechnet. In der letzten Zeile steht dann das Wertepaar mit dem gesuchten Wert – hier wird also die gesuchte Zeit für 75 km bestimmt.

Für 40 km benötigt der Zug 12 min.

Für 1 km benötigt der Zug 12 : 40 min = 0,3 min.

Für 75 km benötigt der Zug 12 : 40 · 75 min = 22,5 min.

Vor der Verwendung des Dreisatzes in dieser Form wurde aus den drei gegebenen Daten (40 km in 12 Min; 75 km) direkt die Rechnung 12 : 40 · 75 = 22,5 durchgeführt. Diese Methode erscheint zwar einfacher, es besteht allerdings die Gefahr, dass sie unverstanden ausgeführt wird und von Schülerinnen und Schülern dann nicht geeignet auf andersartige Probleme wie antiproportionale oder nicht proportionale Zuordnungen angepasst werden kann oder es zu Verwechslungen beim Einsetzen der Werte kommt.

Ebenso bekannt wie die Berechnung mithilfe von drei Zeilen ist die Verwendung des Dreisatzes im Rahmen einer Tabelle (s. Tab. 6.5). Diese Darstellung der Berechnung kann ggf. noch durch Pfeile, die den Faktor angeben, mit dem die Zeilen jeweils multipliziert werden, unterstützt werden.

Der Vorteil der Dreisatzrechnung ist ihre Übersichtlichkeit. Der Nachteil besteht darin, dass eine relativ einfache Rechnung aufwändiger als nötig durchgeführt wird. Ebenso denkbar wäre es, eine der Eigenschaften der proportionalen Zuordnungen auszuwählen und damit den fehlenden Wert zu bestimmen. Beispielsweise könnte mithilfe der Quotientengleichheit und einer anschließenden Gleichungsumformung

$$\frac{x}{75} = \frac{12}{40} \Rightarrow x = \frac{12 \cdot 75}{40}$$

Tab. 6.5 Dreisatzrechnung

Strecke	Zeit
40 km	12 min
1 km	0,3 min
75 km	22,5 min

die Zeit berechnet oder auch mithilfe der Funktionsgleichung die Zeit direkt bestimmt werden (Fricke 1987, S. 122):

$$f(75) = \frac{12}{40} \cdot 75$$

Analoge Betrachtungen sind für antiproportionale Zuordnungen mit Dreisatz möglich (Vollrath 2003, S. 126 ff.).

Didaktisch bleibt anzumerken, dass dieses Verfahren leicht erlernbar ist, allerdings zu einem automatisierten Algorithmus werden kann, der dann unverstanden ausgeführt wird. Problematisch ist ebenfalls, dass die Proportionalität des Sachproblems in der Regel nicht infrage gestellt wird und somit keine Überlegungen zur Modellierung mehr stattfinden, sondern nur eine Anwendung eines Verfahrens für ein gegebenes Modell. Dazu ist es auch notwendig, zunächst zu diskutieren, ob die proportionale Zuordnung überhaupt das geeignete Modell ist. Es müssen entsprechend viele Beispiele im Unterricht vorkommen, bei denen das dann nicht der Fall ist. Ebenso muss der Fehlvorstellung entgegengewirkt werden, dass es nur entweder proportionale oder antiproportionale Zuordnungen gibt. Hier finden sich in einigen Schulbüchern bereits Beispiele, die dieser Vorstellung entgegenwirken. Solche Beispiele sind etwa (Herling et al. 2008, S. 32):

- Vier Musiker spielen ein Musikstück in 4 min und 40 s. Benötigen drei Musiker für das Musikstück mehr Zeit?
- Ein einjähriges Kind hat eine Körpergröße von 75 cm. Kannst Du berechnen, wie groß das Kind mit zwei Jahren sein wird?
- In Lauras Klasse sind im 7. Jahrgang insgesamt 14 Mädchen. Kannst Du berechnen, wie viele Mädchen die Klasse im 8. Jahrgang haben wird?

Anwendungsbezogene Aufgaben zu proportionalen Zuordnungen sollten sich nicht auf die bloße Übersetzung von Texten in Dreisatztabellen beschränken.

Die hier dargestellte Reihenfolge, ausgehend vom allgemeinen Zuordnungs- bzw. Funktionsbegriff über proportionale Zuordnungen zum Dreisatz zu gelangen, ist nach aktuellem Stand der übliche Weg in Klassenstufe 7. Auf dieser Basis soll der Unterricht des Dreisatzes deutlich über die korrekte Anwendung hinausgehen und in den Kontext der Funktionen eingebunden werden. Insbesondere soll jeweils das verwendete mathematische Modell kritisch hinterfragt werden (Führer 2007).

Humenberger (1995) schlägt vor, Aufgaben mit überflüssigen oder fehlenden Angaben zu verwenden. Eine Beispielaufgabe zum Dreisatz mit überflüssigen Aufgaben, die in diesem Zusammenhang verwendet werden kann, ist im Folgenden dargestellt. Im Aufgabenkontext können unterschiedliche Fragen gestellt werden, für die jeweils nicht alle im Text vorhandenen Angaben benötigt werden.

Beispielaufgabe zum Dreisatz mit überflüssigen Angaben

Ein Arbeitnehmer fährt mit dem Fahrrad zur Arbeit. Er fährt die 3 km lange Strecke normalerweise mit einer mittleren Geschwindigkeit von 15 km/h. Dieses Mal hatte er jedoch Pech, denn nach 1 km platzt der Schlauch eines Reifens und er braucht 20 min

länger, weil er ab dieser Stelle das Rad schieben muss. In der Arbeitsstätte kann er
glücklicherweise den Schaden beheben und abends ungehindert nach Hause fahren.
(Humenberger 1995, S. 3)

Beispielaufgabe zum Dreisatz mit fehlenden Angaben

    Nur der Kopf des Denkmals ist etwa 2 m hoch. Wie groß müsste wohl ein entspre-
chendes Denkmal sein, wenn es die Person „von Kopf bis Fuß" in demselben Maßstab
darstellen soll (vgl. Herget et al. 2001)?

Interessante Fragen zur Beispielaufgabe „Dreisatz mit überflüssigen Angaben" könnten
die folgenden sein:

Wie viele Kilometer ist er insgesamt mehr gefahren als gegangen?

Welche Daten sind für die erste Frage überflüssig?

Wie lange braucht er mit dem Fahrrad normalerweise für die Strecke?

Wie lange (zeitlich) musste er das Rad schieben?

Welche mittlere Geschwindigkeit hatte er beim Schieben?

Nicht alle diese Aufgabenteile benötigen eine Dreisatzrechnung, aber insgesamt können bei den aufgeführten Fragestellungen zwei Mal sinnvoll Dreisatzrechnungen durchgeführt werden. Dazu muss in jedem Fall genau überlegt werden, was gegeben und gesucht ist und ob der Dreisatz ein sinnvolles Verfahren zur Lösung des Problems darstellt. In diesem Beispiel ist durch die überflüssigen Angaben gewährleistet, dass Schülerinnen und Schüler ernsthaft die Wahl zwischen einem proportionalen oder antiproportionalen mathematischen Modell treffen müssen.

Ein weiteres Beispiel für eine Aufgabe, die den Dreisatz verwendet, bei der aber nicht alle notwendigen Informationen eindeutig gegeben sind, ist in der Beispielaufgabe zum Dreisatz mit fehlenden Angaben zu sehen. Hier handelt es sich um eine Fermi-Aufgabe im weiteren Sinne. Diese Aufgabe kann ebenfalls mit dem Dreisatz bearbeitet werden, allerdings müssen vorher weitere Daten ermittelt werden, die nicht eindeutig sind. Es ist also gleichzeig auch – wie bei Fermi-Aufgaben generell – eine offene Aufgabe mit unklarem Anfangszustand (Humenberger 2003).

6.3 Antiproportionalität

6.3.1 Definition, Darstellungsmöglichkeiten und charakteristische Eigenschaften

Die Antiproportionalität einer auf den positiven rationalen Zahlen $\mathbb{Q}^+$ definierten Funktion $f\colon \mathbb{Q}^+ \to \mathbb{Q}^+$ lässt sich analog zur Definition der Proportionalität durch die folgende Bedingung beschreiben:

$$f\left(c \cdot x\right) = \frac{1}{c} \cdot f(x) \quad \text{für alle } c \in \mathbb{Q}^+. \tag{6.4}$$

Hier sind ebenfalls sprachliche, tabellarische und grafische Darstellungen möglich. So kann beispielsweise für eine Zugfahrt auf einer bestimmten Strecke mit konstanter Geschwindigkeit der antiproportionale Zusammenhang der Größen Geschwindigkeit und Zeit auch sprachlich formuliert werden.

▶ **Antiproportionalität** Je schneller der Zug fährt, desto weniger Zeit wird (für eine konstante Strecke) benötigt. Bei einer Geschwindigkeit von 50 km/h benötigt der Zug (für eine Strecke von 100 km) zwei Stunden. Mit doppelter Geschwindigkeit wird die halbe Zeit benötigt, bei dreifacher Geschwindigkeit ein Drittel der Zeit und so weiter.

Tab. 6.6 Geschwindigkeit und benötigte Zeit eines Zuges

Geschwindigkeit (in km/h)	Zeit (in Minuten)
50	120
100	60
150	40
200	30
250	24
...	...

Abb. 6.11 Geschwindigkeit (x-Achse) und Zeit (y-Achse) für einen Zug

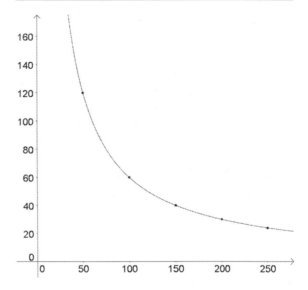

Auch dieser Sachverhalt kann mithilfe einer Tabelle (s. Tab. 6.6) oder eines Graphen (s. Abb. 6.11) dargestellt werden.

Für antiproportionale Zuordnungen lassen sich der proportionalen Zuordnung entsprechende Eigenschaften ableiten. Die erste dieser Eigenschaften ist die *umgekehrte Verhältnisgleichheit*, d. h.

$$\frac{x_1}{x_2} = \frac{f(x_2)}{f(x_1)}.$$

Diese Eigenschaft lässt sich für $x_2 = c \cdot x_1$ mithilfe der Definition (6.4) zeigen:

$$\frac{f(x_2)}{f(x_1)} = \frac{f(c \cdot x_1)}{f(x_1)} = \frac{f(x_1)}{c \cdot f(x_1)} = \frac{1}{c} = \frac{x_1}{c \cdot x_1} = \frac{x_1}{x_2}$$

Ebenso kann man auch die *Produktgleichheit* (Fricke 1987, S. 138) ableiten. Sie besagt, dass das Produkt

$$x \cdot f(x) = \text{const.}$$

für alle $x \in \mathbb{Q}^+$ gilt. Dies folgt aus der umgekehrten Verhältnisgleichheit für $x_1 = x$ und $x_2 = 1$:

$$\frac{x}{1} = \frac{f(1)}{f(x)} \Longleftrightarrow x \cdot f(x) = f(1)$$

Tab. 6.7 Antiproportionalität von zwei Größen

Größe 1	Größe 2
x_1	$y_1 = f(x_1) = f(1) \cdot \frac{1}{x_1}$
$x_2 = c \cdot x_1$	$y_2 = f(x_2) = f(c \cdot x_1) = \frac{1}{c} \cdot f(x_1) = \frac{1}{c} \cdot f(1) \cdot \frac{1}{x_1}$

Tab. 6.8 Eigenschaften von antiproportionalen Zuordnungen am Beispiel Zug

Eigenschaft	Beispiel
Umgekehrte Verhältnisgleichheit	$\dfrac{50\,\frac{km}{h}}{100\,\frac{km}{h}} = \dfrac{60\,\text{min}}{120\,\text{min}}$
Produktgleichheit	$50\,\frac{km}{h} \cdot 120\,\text{min} = \frac{100\,km}{h} \cdot 60\,\text{min} = \ldots = \text{const.} = f(1) = 6000\,\frac{km}{h}\,\text{min}$
Funktionsgleichung	$f(x) = 6000\frac{km}{h}\,\text{min} \cdot \frac{1}{x}$

Diese Rechnung zeigt auch, dass der konstante Faktor gleich dem Funktionswert an der Stelle 1 ist. Daraus lässt sich nun auch eine *Funktionsgleichung* ableiten. Wenn für den konstanten Faktor $f(1) = a$ gesetzt wird, erhalten wir

$$f(x) = a \cdot \frac{1}{x}.$$

Alternativ sieht man mithilfe von (6.4) mit $c = x$, dass gilt:

$$f(x) = f(x \cdot 1) = \frac{1}{x} f(1) = a \cdot \frac{1}{x}$$

Der Antiproportionalitätsfaktor a ist also gleich dem Funktionswert an der Stelle 1 (Vollrath 2003, S. 126 ff.).

Diese Zusammenhänge können in Tabellenform zusammengefasst werden. Dabei benutzen wir ebenfalls die oben verwendeten Bezeichnungen (s. Tab. 6.7). Bezogen auf das Beispiel des auf einer festen Strecke betrachteten Zuges kann man mithilfe der ersten zwei Zeilen der entsprechenden Tab. 6.6 die oben dargestellten Eigenschaften konkret veranschaulichen (s. Tab. 6.8). Additivität und Mittelwerteigenschaft gelten für antiproportionale Zuordnungen nicht.

6.3.2 Grundvorstellungen zu antiproportionalen Zuordnungen

Diese mathematischen Eigenschaften (Antiproportionalität, umgekehrte Verhältnisgleichheit, Produktgleichheit, Funktionsgleichung) sind auch die Basis für unterschiedliche Grundvorstellungen zum Begriff der antiproportionalen Zuordnung. Die *umgekehrte Vervielfachungsvorstellung* bedeutet, dass bei einer Vervielfachung der Ausgangsgröße die zugeordnete Größe durch den gleichen Faktor dividiert werden muss (vgl. die Definition von Antiproportionalität). Die *umgekehrte Verhältnisvorstellung* besagt, dass der Quotient zweiter zugeordneter Größen und der Kehrwert der beiden Ausgangsgrößen jeweils gleich ist. Die *Produktvorstellung* dagegen beruht darauf, dass das Produkt der zugeordneten Größe und der jeweiligen Ausgangsgröße immer konstant ist. Die *Antiproportionalitätsvorstellung* besagt, dass der Kehrwert der Ausgangsgrößen immer mit demselben Faktor (Antiproportionalitätsfaktor) multipliziert werden kann, um die zugeordnete Größe zu erhalten.

6.3.3   Modellierung und antiproportionale Zuordnungen

Häufig werden antiproportionale Zuordnungen im Zusammenhang mit Modellierungen des Kontextes *Zeit* verwendet, da beispielsweise Fahrzeit und Geschwindigkeit oder auch Arbeitszeit und Leistung in bestimmten Bereichen als antiproportional angenommen werden können. Bereiche, in denen die Antiproportionalität nicht gilt, werden häufig bei der Einführung antiproportionaler Zuordnungen ignoriert, was bei einer ernsthaften Betrachtung des Kontextes bei Schülerinnen und Schülern zu Schwierigkeiten führen kann. Häufig kommt man in Bereiche, in denen beispielsweise die Geschwindigkeit nicht über einen langen Zeitraum als konstant angenommen werden kann oder die Anzahl der Arbeiter so groß wird, dass sie sich gegenseitig behindern. Als Beispiel für eine antiproportionale Zuordnung betrachten wir eine Schulbuchaufgabe, in der der Zusammenhang von Zeit und Leistung von Baggern vorgegeben ist (s. Abb. 6.12).

In der erwarteten Lösung dieser Aufgabe geht man von den vereinfachenden Annahmen aus, dass ein Bagger einen Fahrer braucht und jeden Tag die gleiche Leistung erbracht wird. Außerdem muss die Baustelle so beschaffen sein, dass sich zwei Bagger nicht behindern. Die beiden Bagger und die entsprechenden Arbeiter werden also unabhängig voneinander und auch gleichmäßig in ihrer jeweiligen Leistung gesehen. Dann kann man von einer antiproportionalen Zuordnung ausgehen und beispielsweise mithilfe des Dreisatzes die Zeit berechnen, die bei einer Leistung von 1 1/2 großen Baggern benötigt würde (s. Tab. 6.9).

Die übliche Dreisatzrechnung ist hier kritisch zu hinterfragen, da die in der zweiten Zeile berechnete Anzahl der Arbeitstage für einen Bagger mit 1-prozentiger Leistung keine reale Entsprechung hat. Hier wäre es realistischer zu fragen, wie lange ein kleiner Bagger mit halber Tagesleistung benötigen würde. Auch dann könnte man im dritten Schritt auf 150 % schließen.

Es ist aber sehr gut möglich, dass Lernende die entsprechenden Annahmen zur antiproportionalen Zuordnung nicht teilen. Die Schülerin, deren Lösung in Abb. 6.13 gezeigt ist, nimmt für ihre Lösung andere Modellierungsschritte vor, als in einer Musterlösung zu erwarten sind. Sie macht Annahmen, die auch einen realen Hintergrund haben; beispielsweise geht sie davon aus, dass das Vorhandensein eines Chefs die Arbeit beschleunigen kann. Solche Punkte sieht das antiproportionale mathematische Modell nicht vor. Daher kommt die Schülerin zu der Aussage, dass bei Anwesenheit des Chefs das Ziel erreicht werden kann, auch wenn die mathematische Lösung ergibt, dass die Arbeiter es nicht

Abb. 6.12 Beispielaufgabe zur Antiproportionalität. (Vgl. Schröder et al. 2000, S. 7)

Tab. 6.9 Leistung und Zeit

Leistung	Zeit
100 %	12 Tage
1 %	12 Tage · 100 = 1200 Tage
150 %	12 Tage · 100 / 150 = 8 Tage

schaffen können. Die in der Aufgabe eigentlich erwartete Rechnung hat sie nicht durchgeführt. Für die Schülerin war aufgrund des gegebenen Kontextes nicht klar, welches mathematische Modell zur Anwendung kommen kann. Es ist daher wichtig, im Mathematikunterricht auch über die Vereinfachungen und Annahmen zu diskutieren, die zu einem bestimmten mathematischen Modell führen. Dann kann auch die Modellierung als antiproportionale Zuordnung besser in die Realität eingeordnet werden. Es muss immer deutlich werden, dass es sich um ein mathematisches Modell handelt, das die Realität nur in bestimmten Grenzen abbildet (s. Abb. 6.14).

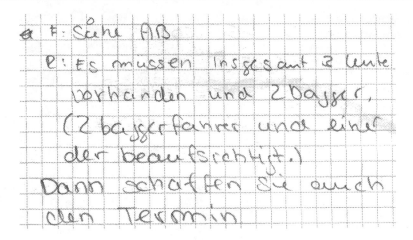

Abb. 6.13 Aufgabenlösung einer Schülerin

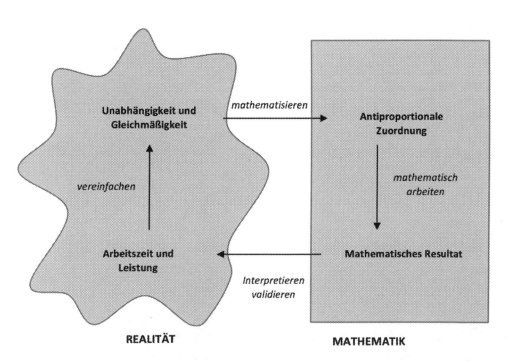

Abb. 6.14 Antiproportionalität im Arbeitszeitkontext

6.3.4 Kombination proportionaler und antiproportionaler Zuordnungen

Die mathematischen Überlegungen zur Proportionalität und Antiproportionalität lassen bereits die Vielfalt erahnen, die reale Sachkontexte im Zusammenhang mit proportionalen und antiproportionalen Zuordnungen bieten können. Mathematisch ist außerdem eine Verkettung beider Zuordnungsarten möglich. Allerdings sind authentische Anwendungskontexte hierzu schwierig zu finden. Eine typische Textaufgabe aus diesem Themenfeld ist im folgenden Kasten angeführt.

> ▶ Im Hiltruper Freibad benötigt man 5 h, um mit 3 Pumpen ein Becken von 1200 m³ Volumen halb zu füllen. Wie lange dauert es, wenn 4 Pumpen eingesetzt werden und das Becken ganz gefüllt werden soll?

In diesem Fall sind Zeit und Pumpenanzahl antiproportional, Zeit und Volumen dagegen (direkt) proportional. Insgesamt ist der Quotient aus Volumen V und Pumpenanzahl p proportional zur Zeit Z, also

$$Z\,(V, p) = a \cdot \frac{V}{P}.$$

Damit lässt sich die gesuchte Zeit berechnen, wenn die Proportionalitätskonstante bekannt ist. Also setzen wir

$$5 = a \cdot \frac{600}{3} \Rightarrow a = \frac{1}{40}$$

und berechnen damit

$$Z\,(1200{,}4) = \frac{1}{40} \cdot \frac{1200}{4} = 7{,}5,$$

also werden mit 4 Pumpen für 1200 m³ 7,5 h benötigt. Eine alternative Berechnungsmethode, die der des Dreisatzes ähnelt, verwendet die entsprechend formulierten Beziehungen. Dabei wird jeweils nur eine Größe verändert, während die andere konstant bleibt.

Für 600 m³ benötigen 3 Pumpen 5 h.

Für 1 m³ benötigen 3 Pumpen $\frac{5}{600}$ h $= \frac{1}{120}$ h.

Für 1200 m³ benötigen 3 Pumpen $\frac{5 \cdot 1200}{600}$ h $= 10$ h.

Für 1200 m³ benötigt 1 Pumpe $\frac{5 \cdot 1200}{600} \cdot 3$ h $= 30$ h.

Für 1200 m³ benötigen 4 Pumpen $\frac{5 \cdot 1200}{600} \cdot \frac{3}{4}$ h $= 7{,}5$ h.

Die mittlere Zeile ist hier gleichzeitig die letzte Zeile der ersten (proportionalen) Dreisatzrechnung und die erste Zeile der zweiten (antiproportionalen) Dreisatzrechnung.

Dieses Beispiel zeigt, dass es im Prinzip drei Fälle für solche Verkettungen von (Anti-)Proportionalitäten gibt. Entweder liegen zwei proportionale oder zwei antiproportionale Beziehungen vor oder es ist – wie im obigen Beispiel – eine proportionale und eine antiproportionale Zuordnung gegeben. In allen Fällen kann eine gemeinsame Proportionalitätskonstante – im Beispiel oben war es $a = \frac{1}{40}$ – ermittelt werden (Vollrath 2003, S. 126 ff.).

Beispielaufgabe zum elektrischen Widerstand

In einem Experiment wurde der elektrische Widerstand eines Drahtes untersucht. Dabei wurden die Querschnittsfläche und die Länge des Drahtes verändert.

Länge (in Meter m)	0,30 m	0,60 m	0,90 m	1,20 m	1,50 m
Widerstand (in Ohm Ω)	2,7 Ω	5,3 Ω	8,0 Ω	10,0 Ω	13,3 Ω

Querschnittsfläche (in Quadratmillimeter mm²)	0,2 mm²	0,4 mm²	0,6 mm²	0,8 mm²	1,0 mm²
Widerstand (in Ohm Ω)	2,2 Ω	1,1 Ω	0,74 Ω	0,59 Ω	0,45 Ω

Die erste Messung wurde für eine Querschnittsfläche von 0,2 mm², die zweite für eine Länge von 0,25 m durchgeführt.

Finde einen Zusammenhang zwischen Widerstand und Querschnittsfläche sowie zwischen Widerstand und Leiterlänge.

Wie kann der Widerstand aus Querschnittsfläche und Leiterlänge direkt berechnet werden?

Im Mathematikunterricht spielen solche Überlegungen allerdings weniger eine Rolle als im Physikunterricht, wo bei der experimentellen Bestätigung von Naturgesetzen – wie zum Beispiel des elektrischen Widerstands eines Leiters mit Querschnittsfläche A und Länge l – häufig mehrere Proportionalitäten gleichzeitig betrachtet werden müssen. Diese physikalischen Gesetze stellen auch einen sinnvollen Kontext für einen experimentellen Zugang zu Problemen dar, die mithilfe verketteter proportionaler und antiproportionaler Zuordnungen modelliert werden können.

Das Beispiel zeigt einen nahezu proportionalen Zusammenhang von Widerstand und Länge sowie einen annähernd antiproportionalen Zusammenhang von Widerstand und Querschnittsfläche. Insgesamt ist der Quotient aus Länge l und Querschnittsfläche A proportional zum elektrischen Widerstand R, also

$$R(l, A) = a \cdot \frac{l}{A}.$$

Als Proportionalitätskonstante erhalten wir

$$a \approx 1,8 \, \frac{mm^2}{m} \Omega.$$

Tab. 6.10 Leiterlänge und Widerstand

Länge (in Meter m)	0,30 m	0,60 m	0,90 m	1,20 m	1,50 m
Widerstand (in Ohm Ω)	2,7 Ω	5,3 Ω	8,0 Ω	10,0 Ω	13,3 Ω
Modellwert (in Ohm Ω)	2,7 Ω	5,4 Ω	8,1 Ω	10,8 Ω	13,5 Ω

Tab. 6.11 Querschnittsfläche und Widerstand

Querschnittsfläche (in Quadratmillimeter mm^2)	0,2 mm^2	0,4 mm^2	0,6 mm^2	0,8 mm^2	1,0 mm^2
Widerstand (in Ohm Ω)	2,2 Ω	1,1 Ω	0,74 Ω	0,59 Ω	0,45 Ω
Modellwert (in Ohm Ω)	2,3	1,1	0,8	0,6	0,5

Die Messwerte entsprechen nicht exakt dem jeweiligen mathematischen Modell. So können die entsprechenden Idealisierungen diskutiert und validiert werden. Dazu werden die im Modell gewonnenen Daten mit den realen Messwerten verglichen (s. Tab. 6.10 und 6.11).

Für das Verständnis des Modells von proportionalen und antiproportionalen Zusammenhängen können zu Beginn des Lernprozesses inhaltliche und numerische Überlegungen den Begriffsbildungsprozess positiv beeinflussen.

6.4 Prozent- und Zinsrechnung

Die Prozent- und die Zinsrechnung gehören in den Kontext proportionale Zuordnungen und sind darüber hinaus klassische Sachkontexte für einen anwendungsbezogenen Mathematikunterricht. Rechnungen mit Prozent- und Zinsangaben spielen im täglichen Leben eine wichtige Rolle.

6.4.1 Grundlagen der Prozentrechnung

Die Prozentrechnung kann mathematisch in zwei Zusammenhängen gesehen werden: Zum einen kann die Prozentrechnung als ein Teil der Bruchrechnung und zum anderen als ein Spezialfall der Dreisatzrechnung aufgefasst werden (Strehl 1979, S. 119 f.).

Die üblichen Bezeichnungen im Zusammenhang mit der Prozentrechnung sind *Grundwert G*, *Prozentwert W* und *Prozentsatz p*. Mit der *Prozentangabe p %* wird der Bruch $p/100$ bezeichnet. Der Prozentsatz p gibt an, wie viele Hundertstel des Grundwertes die Prozentangabe beträgt. Dabei sind Grundwert und Prozentwert jeweils von derselben Größenart. Der Prozentsatz dagegen ist eine reelle Zahl. Die Bezeichnung für den Prozentsatz ist nicht einheitlich. Man findet auch die Angabe $p \%$ mit der Bezeichnung *Prozentsatz* (Fricke 1987, S. 162).

Die Berechnung eines Prozentsatzes kann im Sinne der Bruchrechnung als das Finden einer Bruchzahl mit dem Nenner 100 aufgefasst werden. Der Zähler dieses Bruchs ist dann der gesuchte Prozentsatz. Sind beispielsweise drei von vier Gewichtsanteilen eines Lebensmittels Zucker, so sind dies

$$\frac{3}{4} = \frac{75}{100} = 75\,\%.$$

Prozentangaben drücken also Anteile oder Mengenverhältnisse aus, die ebenso durch Brüche dargestellt werden können. Die Angabe als Prozentsatz erleichtert durch den gleichen Nenner allerdings den Vergleich. Sind etwa bei einem anderen Lebensmittel nur

$$\frac{5}{7} \approx \frac{71}{100} = 71\,\%$$

des Gewichts Zucker, so kann dies durch die Darstellung als Prozentsatz sofort verglichen werden, während bei der Angabe der beiden Brüche

$$\frac{3}{4} \quad \text{bzw.} \quad \frac{5}{7}$$

in der Regel noch weiterführende Überlegungen notwendig sind. Noch deutlicher wird der Vorteil durch die Angabe von Prozentsätzen bei weiteren Vergleichen. Als Nachteil kann gesehen werden, dass Prozentangaben für Brüche, deren Nenner sich nicht auf Hundertstel erweitern lassen, sinnvoll gerundet werden müssen.

Im ersten Beispiel war der Gewichtsanteil 3 der Prozentwert, der Gewichtsanteil 4 der Grundwert und 75 der Prozentsatz. Es gilt also der Zusammenhang

$$p\,\% = \frac{p}{100} = \frac{W}{G}.$$

Diese Formel gibt den allgemeinen Zusammenhang von Prozentwert W, Grundwert G und Prozentsatz p an. Sie kann auch entsprechend nach W oder G aufgelöst werden. Dann erhält man die bekannten Zusammenhänge

$$G = \frac{W}{p} \cdot 100 \quad \text{und} \quad W = \frac{p}{100} \cdot G.$$

Diese drei Formeln für $p\,\%$, G und W stehen im Prinzip für die drei Standard-Aufgabentypen der Prozentrechnung. Die Schwierigkeit für die Schülerinnen und Schüler ist

Abb. 6.15 Proportionale Zuordnung der Prozentrechnung

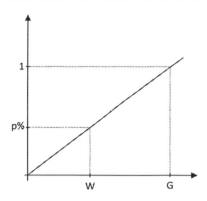

dabei in der Regel nicht die Verwendung derartiger Formeln, sondern die Zuordnung der Angaben in der Aufgabe zu den entsprechenden Bezeichnungen.

Der Prozentsatz kann auch als Resultat einer proportionalen Zuordnung aufgefasst werden. Dabei wird dem Grundwert die Prozentangabe $1 = 100\,\%$ zugeordnet. Die Prozentangabe $p\,\%$ entspricht dann dem Prozentwert W (s. Abb. 6.15).

Diese Zuordnung bildet von der entsprechenden Größe, in der Grundwert und Prozentwert angegeben sind, in die Menge der positiven reellen Zahlen, also die Prozentangabe, ab. Dem Grundwert wird die Zahl 1, d. h. $100\,\%$, zugeordnet. Dem Prozentwert entspricht dann die Prozentangabe $p\,\%$ (s. Tab. 6.12).

Betrachten wir als Beispiel den Grundwert $G = 360$ und den Prozentwert $W = 162$, dann wird dem Grundwert die Prozentangabe $100\,\%$ zugeordnet. Mithilfe des Dreisatzes wird zunächst die zugeordnete Prozentangabe für die Maßzahl 1 und schließlich die Prozentangabe für den Prozentwert 162 berechnet. Der zugehörige Prozentsatz ist in diesem Beispiel $p = 45$ (s. Tab. 6.13).

Hier ist noch zu bemerken, dass Grundwert und Prozentwert jeweils die gleiche Größenart haben und damit der Quotient die Einheit 1 hat.

Tab. 6.12 Prozentrechnung als Spezialfall des Dreisatzes

Größe	Zugeordnete Prozentangabe
Grundwert G	$1 = \frac{100}{100} = 100\,\%$
1	$\frac{1}{G} = \frac{100}{100G} = \frac{1}{G} \cdot 100\,\%$
Prozentwert W	$\frac{W}{G} = \frac{100 \cdot W}{100 \cdot G} = \frac{W}{G} \cdot 100\,\% = p\,\%$

Tab. 6.13 Beispiel für Prozentrechnung

Größe	Zugeordnete Prozentangabe
$G = 360$	$100\,\%$
1	$\frac{1}{360} = \frac{1}{360} \cdot 100\,\%$
$W = 162$	$\frac{162}{360} = \frac{162}{360} \cdot 100\,\% = 45\,\%$

6.4.2 Grundvorstellungen zum Prozentbegriff

Zum Prozentbegriff können unterschiedliche Grundvorstellungen entwickelt werden. Zu der Bedeutung von Prozent im Sinne eines Anteils von Hundert gehört die *Von-Hundert-Grundvorstellung*. Man stellt sich dazu die Grundmenge in verschiedene Teile zu je 100 Einheiten zerlegt vor. Dem Anteil $p\%$ entspricht dann jeweils p dieser 100 Einheiten zusammen. Eine ähnliche Vorstellung geht von einer gedanklichen Zerlegung der Grundmenge in 100 gleich große Teile aus. Der Grundwert entspricht dann 100% und der hundertste Teil der Grundmenge 1%. Diese *Bedarfseinheiten-Grundvorstellung* wird auch aktiviert, wenn die Sachsituation eine Zerlegung in 100 gleich große Teile nicht direkt hergibt. Man kann jedoch auch den Anteil $p\%$ als den Bruch $\frac{p}{100}$ interpretieren. Dann entsprechen $p\%$ vom Grundwert dem Produkt von $\frac{p}{100}$ mit diesem. Dies ist dann die *Operator-Grundvorstellung* des Prozentbegriffs (vom Hofe und Blum 2016, S. 249; Hafner 2012).

6.4.3 Prozentrechnung im Unterricht

Die konkrete Behandlung der Prozentrechnung im Unterricht kann sich an den beiden oben genannten Zusammenhängen orientieren; das heißt, sie kann zum einen an die Bruchrechnung und die zugehörigen Grundvorstellungen sowie zum anderen an die Dreisatzrechnung anknüpfen.

Zur Einführung der Prozentrechnung ist hier einerseits ein eher innermathematischer Zugang mithilfe unterschiedlicher Darstellungen von Bruchzahlen denkbar. So können die Darstellungen einer Zahl als Kreisdiagramm, als Bruch bzw. Dezimalbruch und als Prozentangabe miteinander in Beziehung gesetzt werden (s. Abb. 6.16). Dann wird der enge Zusammenhang zwischen Dezimalbruchdarstellung und Prozentangabe deutlich.

Prozentscheibe herstellen

Schneide zwei verschiedenfarbige Rondellen mit einem Radius von 5 cm aus. Schneide bei jeder Rondelle bis in die Mitte ein. Nun kannst du die beiden Rondellen ineinander stecken. Wenn du an den Rondellen drehst, erhältst du zwei verschieden gefärbte Kreisausschnitte. Mit dieser Prozentscheibe kannst du sowohl Bruchteile als auch Prozentanteile des Kreises darstellen. Stelle verschiedene Bruchteile ein und übertrage die Angaben in eine Tabelle.

Zeichnung	Bruch	Dezimalbruch	Prozent
	$\frac{1}{3}$	0.333 ...	33.33 ... %

Abb. 6.16 Einführung der Prozentrechnung mithilfe unterschiedlicher Bruchdarstellungen. (Affolter et al. 2004, S. 45)

Zucker

Auf verschiedenen Lebensmittelpackungen sind der Zuckeranteil in Prozent und der Packungsinhalt in Gramm angegeben.

Lebensmittel	Zuckeranteil	Packungsinhalt
Joghurt	10 %	60 g
Nuss-Nougat-Creme	50 %	400 g
Kaubonbons	75 %	200 g
Schokolade	55 %	100 g

Wie viel Gramm Zucker sind in jedem Lebensmittel enthalten?

Abb. 6.17 Einführung der Prozentrechnung zum Vergleich von Anteilen. (Vgl. Herling et al. 2008, S. 47)

Andererseits bietet sich zur Einführung der Prozentrechnung an, den besseren Vergleich von Anteilen durch Prozentangaben im Sachkontext herauszustellen. Dazu kann beispielsweise der Kontext *Ernährung* verwendet werden, in dem die Inhaltsstoffe von Nahrungsmitteln verglichen werden (s. Abb. 6.17).

Ein alternativer Zugang zur Prozentrechnung führt über die *Auswertung realer Daten*. So kann etwa innerhalb der Jahrgangsstufe eine Umfrage bei Schülerinnen und Schülern über das Alter, die Geschwister, den Wohnort (bzw. Stadtteil) etc. durchgeführt werden. In der Auswertung werden dann die Klassen (mit unterschiedlicher Anzahl von Lernenden) miteinander verglichen.

Bei der konkreten Berechnung dieser Anteile wird häufig die Dreisatzrechnung in Form von Tabellen verwendet. So wird zur Einführung also in der Regel auf die Bruchrechnung zurückgegriffen, während zur Arbeit mit Prozentangaben häufig die Dreisatzrechnung verwendet wird.

In beiden Zusammenhängen wird meist auf vielfältige Darstellungsformen gesetzt, um diese Vernetzungen mit den bereits bekannten mathematischen Gebieten zu verdeutlichen. Dies geschieht bei der Einführung wie in Abb. 6.16 durch die unterschiedlichen Möglichkeiten der Darstellung von Bruchzahlen.

Bei der Bearbeitung von Sachkontexten können außer dem Dreisatz und den oben genannten Formeln für die Prozentrechnung auch grafische Zugänge angeboten werden. So können beispielsweise die entsprechenden Skalen für die betrachtete Größe und die Prozentangabe nebeneinander dargestellt werden (s. Abb. 6.18). Das Beispiel zeigt den Fall, dass der Grundwert 360 beträgt und der Prozentwert berechnet werden soll.

Abb. 6.18 Zahlenstrahlen für die Prozentrechnung. (Vgl. Böer et al. 2007, S. 99)

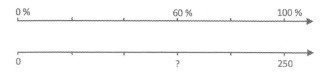

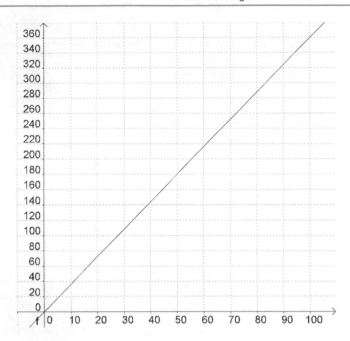

Abb. 6.19 Koordinatensystem für die Prozentrechnung

Alternativ zur Darstellung auf zwei untereinander gezeichneten Zahlenstrahlen, die so skaliert sind, dass der Grundwert dem Prozentwert 100 entspricht, können diese Skalen auch in einem Koordinatensystem dargestellt werden. Die Ursprungsgerade durch den Punkt (100|360) zu 100 % und dem Grundwert (im Beispiel $G = 360$) gibt dann die Prozentsätze zu den entsprechenden Prozentwerten W auf der y-Achse an (s. Abb. 6.19).

Im Koordinatensystem für die Prozentrechnung wurde die Prozentskala auf die x-Achse gelegt. Dies ist natürlich eine willkürliche Festlegung. Sie hat den Vorteil, dass der Graph der proportionalen Zuordnung aus dem Grundwert sehr einfach abzuleiten ist. Ein geeignetes Gitter im Hintergrund ermöglicht das Ablesen von Zwischenwerten.

Insgesamt bieten sich für die Bearbeitung von Aufgaben zur Prozentrechnung also drei unterschiedliche Lösungswege an: der grafische Zugang, der Dreisatz und die Formel (s. Abb. 6.20).

Zur Unterstützung lässt sich auch sehr gut ein Tabellenkalkulationsprogramm verwenden. Darin können die Schülerinnen und Schüler beispielsweise die drei Grundaufgaben der Prozentrechnung in einem Tabellenblatt programmieren, um das Verständnis der Formeln zu vertiefen.

Man interessiert sich allerdings nicht immer für die drei Grundaufgaben, beispielsweise also für die Berechnung des Prozentsatzes bei gegebenem Grundwert und Prozentwert. Es gibt auch Situationen, in denen etwa die Differenz von Grundwert und Prozentwert gesucht wird.

Sind der **Grundwert** und der **Prozentwert** bekannt, lässt sich der **Prozentsatz** berechnen.
Dazu können verschiedene Lösungswege verwendet werden.
Wie viel Prozent sind 150 von 250?

Zahlenstrahl	Dreisatz	Formel

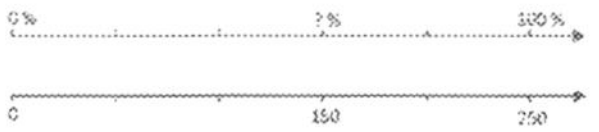

$$250 \quad - \quad 100\,\%$$

$$1 \quad - \quad \frac{100}{250}\,\%$$

$$150 \quad - \quad \frac{100\cdot150}{250}\,\% = 60\%$$

$$\text{Prozentsatz} = \frac{\text{Prozentwert}}{\text{Grundwert}}$$

$$p\% = \frac{p}{G}$$

$$p\% = \frac{150}{250} = 0{,}6 = 60\%$$

Abb. 6.20   Unterschiedliche Lösungswege bei der Prozentrechnung. (Vgl. Böer et al. 2007, S. 98)

6.4.4   Ein Kontext für die Prozentrechnung

Ein typisches Anwendungsgebiet der Prozentrechnung ist der Kontext *Preise*. Hier interessiert man sich etwa für Rabatte und Steuern. Die Schülerinnen und Schüler lernen so auch die im Alltag gebräuchlichen Begriffe *Rabatt*, *Skonto* und *Mehrwertsteuer* kennen. In einigen Schulbüchern werden diese Begriffe explizit erklärt (s. Abb. 6.21).

So kann beispielsweise die im Preis enthaltene Mehrwertsteuer berechnet oder der Endpreis unter Berücksichtigung von Rabatt oder Skonto ermittelt werden. Die Mehrwertsteuerangabe $p\,\%$ bezieht sich auf den Preis ohne Mehrwertsteuer. Ist also der Endpreis inklusive Mehrwertsteuer angegeben, so entspricht dieser $(100+p)\,\%$ bzw. der Summe aus Grundwert und Prozentwert $G + W$. Interessiert man sich für den Preis ohne Mehrwertsteuer, also den Grundwert G, so kann die folgende Rechnung durchgeführt werden:

$$G + W = G + \frac{p}{100} \cdot G = G\left(\frac{100+p}{100}\right) \Rightarrow G = \frac{G+W}{\left(\frac{100+p}{100}\right)}$$

Prozentrechnung im Alltag

Rabatt	Rabatt ist eine Preisermäßigung beim Kauf einer Ware, z. B. Mengenrabatt oder Rabatt für Mitarbeiter.
Skonto	Skonto ist ein Preisnachlass dafür, dass man eine Ware innerhalb eines bestimmten Zeitraums bezahlt, z. B. innerhalb einer Woche.
Mehrwertsteuer	Waren und Dienstleistungen werden in Deutschland zur Zeit mit 19 % besteuert. Ein ermäßigter Steuersatz von 7 % gilt etwa für Lebensmittel und Zeitungen.

Abb. 6.21   Begriffe im Zusammenhang mit Prozentrechnung. (Vgl. Böer et al. 2007, S. 104)

Prozentangabe	Größe
100 % + 19 %	$G + W$
1 %	$\frac{G+W}{119}$
100 %	$\frac{G+W}{119} \cdot 100$

Tab. 6.14 Dreisatzrechnung im Kontext Preise

Die hier notierte Formel ist zwar für den Unterricht nicht unbedingt hilfreich, macht aber deutlich, dass es häufig einfache Berechnungsmöglichkeiten für bestimmte Probleme gibt – nämlich dass der Preis inkl. Mehrwertsteuer durch 1,19 dividiert wird, um den Preis ohne Mehrwertsteuer zu erhalten – während dies mithilfe der typischen Dreisatzrechnung eine Tabelle und drei Bearbeitungsschritte erfordert. Dies wird in der folgenden Tab. 6.14 am Beispiel $p = 19$ durchgeführt.

Der Vorteil der Berechnung mithilfe einer Tabelle im Rahmen des Dreisatzes ist, dass die Zuordnung von Prozentwert und Prozentangabe deutlicher wird als bei der Verwendung entsprechender Formeln. Der Aufwand ist auch deshalb vergleichbar, da die Formeln ebenfalls umgeformt werden müssen. Dies würde nur entfallen, wenn die Schülerinnen und Schüler alle Formeln der Prozentrechnung auswendig lernen würden. Es ist jedoch kein sinnvolles Ziel des Mathematikunterrichts, äquivalente Formeln auswendig zu lernen. Hier sollten schon die entsprechenden Umformungen ausgeführt werden können. Auch die grafischen Lösungsmöglichkeiten mithilfe von Zahlenstrahlen oder Koordinatensystem können in Betracht gezogen werden.

Dagegen interessiert man sich im Fall einer Rechnung, die abzüglich p % Skonto bezahlt werden soll, für den Grundwert abzüglich des Prozentwertes:

$$G - W = G - \frac{p}{100} \cdot G = G \left(\frac{100 - p}{100} \right)$$

Eine Schwierigkeit von Schülerinnen und Schülern ist häufig die korrekte Zuordnung von Grundwert und Prozentwert aus den gegebenen Größen. Der Prozentsatz kann aufgrund der dimensionslosen Angaben normalerweise nicht verwechselt werden. Schwieriger ist die Identifizierung von Grundwert und Prozentwert. Speziell können – wie im Beispiel der Mehrwertsteuer – Summen oder Differenzen von Grundwert und Prozentwert auftreten. Hier können grafische Darstellungen des Sachverhalts und Tabellen zur Berechnung eine Hilfe für die Schülerinnen und Schüler darstellen (Strehl 1979, S. 119 ff.).

6.4.5   Zinsrechnung

Die Zinsrechnung kann als Spezialfall der Prozentrechnung behandelt werden. Dabei gibt es zwei Punkte zu beachten. Zum einen ist die betrachtete Größe in allen Fällen das Geld, zum anderen kommt ein Zeitfaktor dazu, da der Prozentsatz im Kontext der Zinsrechnung für eine bestimmte Zeit – in der Regel ein Jahr – gilt.

Aufgrund der Besonderheiten verwendet man auch spezielle Bezeichnungen. Der Grundwert wird nun mit *Kapital K* bezeichnet. Der Prozentwert heißt *Zinsen Z* und der Prozentsatz wird mit *Zinssatz p* bezeichnet. Der Zinssatz und die Zinsen werden üblicherweise auf ein Jahr bezogen.

Werden die Zinsen für kürzere Zeiträume als ein Jahr berechnet, so wird mit den entsprechenden Faktoren multipliziert. Beispielsweise gilt für die Zinsen nach T Tagen:

$$Z = K \cdot \frac{p}{100} \cdot \frac{T}{360}$$

Wird die Zeit in Monaten M angegeben, so verwendet man folgende Formel:

$$Z = K \cdot \frac{p}{100} \cdot \frac{M}{12}$$

Es ist in den Banken üblich, bei einem Jahr mit 12 Monaten und 30 Tagen pro Monat zu rechnen.

Hier ist es ebenso wie bei der Prozentrechnung möglich, die entsprechenden Formeln umzustellen oder mit dem Dreisatz zu arbeiten.

Für die Zinsrechnung kommt noch ein weiterer interessanter Aspekt hinzu. Werden die Zinsen am Ende des Jahres dem Konto gutgeschrieben, so werden sie im folgenden Jahr zum Kapital gezählt und auch verzinst. Man spricht dann von Zinseszins. Dieser Effekt kann sehr gut mithilfe eines Tabellenkalkulationsprogramms veranschaulicht werden. Vergleicht man eine einfache Verzinsung mit Zinseszinsen, so stellen sich nach einiger Zeit deutliche Unterschiede heraus. Bei der einfachen Verzinsung werden die Zinsen zwar addiert, allerdings wird nur das ursprüngliche Kapital zur Berechnung der Zinsen zugrunde gelegt (s. Abb. 6.22).

Während sich in dieser Modellrechnung das Startkapital bei der einfachen Verzinsung nach 34 Jahren verdoppelt, geschieht dies bei der Zinseszinsrechnung bereits nach 24 Jahren.

Diese numerischen Überlegungen können dann zu den algebraischen Formeln überleiten, da bei der Implementierung der Formeln in der Tabellenkalkulation bereits vorbereitende Überlegungen nötig sind (s. Abb. 6.23).

Für die Berechnung des Kapitals K_n nach n Jahren bei einfacher Verzinsung mit dem Zinssatz p und dem Startkapital K_0 erhalten wir eine lineare Funktion in Abhängigkeit von der Zeit n in Jahren:

$$K_n = K_0 + K_0 \cdot \frac{p}{100} \cdot n$$

Für die Berechnung des Kapitals K_n nach n Jahren unter Berücksichtigung des Zinseszinses mit dem Zinssatz p und dem Startkapital K_0 erhalten wir eine exponentielle Funktion in Abhängigkeit von der Zeit n in Jahren:

$$K_n = K_0 \left(1 + \frac{p}{100}\right)^n,$$

Abb. 6.22 Vergleich unterschiedlicher Verzinsungen

	A	B	C
1	Jahre	einfache Verzinsung	Zinseszins
2	0	1.000,00 €	1.000,00 €
3	1	1.030,00 €	1.030,00 €
4	2	1.060,00 €	1.060,90 €
5	3	1.090,00 €	1.092,73 €
6	4	1.120,00 €	1.125,51 €
7	5	1.150,00 €	1.159,27 €
8	6	1.180,00 €	1.194,05 €
9	7	1.210,00 €	1.229,87 €
10	8	1.240,00 €	1.266,77 €
11	9	1.270,00 €	1.304,77 €
12	10	1.300,00 €	1.343,92 €
13	11	1.330,00 €	1.384,23 €
14	12	1.360,00 €	1.425,76 €
15	13	1.390,00 €	1.468,53 €
16	14	1.420,00 €	1.512,59 €
17	15	1.450,00 €	1.557,97 €
18	16	1.480,00 €	1.604,71 €
19	17	1.510,00 €	1.652,85 €
20	18	1.540,00 €	1.702,43 €
21	19	1.570,00 €	1.753,51 €

Abb. 6.23 Formeln in der
Tabellenkalkulation

	A	B	C
1	Jahre	einfache Verzinsung	Zinseszins
2	0	1000	1000
3	1	=$B$2+(A3*30)	=C2*1,03
4	2	=$B$2+(A4*30)	=C3*1,03
5	3	=$B$2+(A5*30)	=C4*1,03
6	4	=$B$2+(A6*30)	=C5*1,03
7	5	=$B$2+(A7*30)	=C6*1,03

denn nach einem Jahr erhöht sich das Kapital auf

$$K_1 = K_0 + K_0 \frac{p}{100} = K_0 \left(1 + \frac{p}{100}\right),$$

nach zwei Jahren auf

$$K_2 = K_1 + K_1 \frac{p}{100} = K_1 \left(1 + \frac{p}{100}\right) = K_0 \left(1 + \frac{p}{100}\right)\left(1 + \frac{p}{100}\right),$$

usw. So erhält man sukzessiv die Formel für das Kapital nach n Jahren.

Tab. 6.15 Beispieltabelle Ratensparen

Monate	Einzahlung	Kontostand	Zinsen
1	100,00 €	100,00 €	0,25 €
2	100,00 €	200,00 €	0,50 €
3	100,00 €	300,00 €	0,75 €
4	100,00 €	400,00 €	1,00 €
5	100,00 €	500,00 €	1,25 €
6	100,00 €	600,00 €	1,50 €
7	100,00 €	700,00 €	1,75 €
8	100,00 €	800,00 €	2,00 €
9	100,00 €	900,00 €	2,25 €
10	100,00 €	1000,00 €	2,50 €
11	100,00 €	1100,00 €	2,75 €
12	100,00 €	1200,00 €	3,00 €
1	100,00 €	1319,50 €	3,30 €
2	100,00 €	1419,50 €	3,55 €
3	100,00 €	1519,50 €	3,80 €
4	100,00 €	1619,50 €	4,05 €
5	100,00 €	1719,50 €	4,30 €
6	100,00 €	1819,50 €	4,55 €
7	100,00 €	1919,50 €	4,80 €
8	100,00 €	2019,50 €	5,05 €
9	100,00 €	2119,50 €	5,30 €
10	100,00 €	2219,50 €	5,55 €
11	100,00 €	2319,50 €	5,80 €
12	100,00 €	2419,50 €	6,05 €
		2475,59 €	

Schwieriger wird der nun realistischere Fall, dass nicht nur der Zinseszins für ein einmal angelegtes Kapital berechnet werden soll, sondern regelmäßig, beispielsweise monatlich, ein bestimmter Betrag angelegt wird, der mit einem bestimmten Zinssatz p jährlich zu verzinsen ist. Die folgende Tab. 6.15 zeigt ein Beispiel für das erste Jahr mit einer monatlichen Rate von 100 € und einer jährlichen Verzinsung mit $p = 3$.

Die Daten dieser Tabelle könnten mithilfe von Formeln berechnet werden. Hier erscheint allerdings die numerische Lösung sinnvoller, da eine entsprechende Tabelle in einem Tabellenkalkulationsprogramm ähnlich flexibel wie eine Formel verwendet werden kann und deutlich übersichtlicher ist. An ähnlichen Beispielen können auch die Auswirkungen von vierteljährlichen oder jährlichen Zinsen oder die Auswirkungen der Veränderung des Zinssatzes sowie der monatlichen Rate untersucht werden.

Die Schülerinnen und Schüler bekommen auf diese Weise ein Werkzeug, mit dem vergleichbare Probleme im Alltag, die später auf sie zukommen, bearbeitet werden können.

Die Motivation der Zinsrechnung ist häufig problematisch, da die Schülerinnen und Schüler in der Mitte der Sekundarstufe I, wenn die Zinsrechnung thematisiert wird, deren

Relevanz für ihr späteres Leben häufig noch nicht erkennen. Bei Ratenkaufangeboten mit angegebener Rate und angegebenem Barpreis, die für Schülerinnen und Schüler evtl. relevant sind, benötigt man im Alltag in der Regel keine Zinsrechnung, um die Ratenzahlung mit dem Barkauf zu vergleichen, da der effektive Jahreszins als Vergleichswert angegeben wird. Die Kontrolle des angegebenen effektiven Jahreszinses ist allerdings schulmathematisch kaum zu leisten. Die Zinsrechnung greift außerdem auf die Prozentrechnung zurück, deren Bearbeitung dann meist einige Zeit zurückliegt. Dies kann zu weiteren Schwierigkeiten führen (Strehl 1979, S. 138 ff.).

6.5 Lineare funktionale Modelle

Verallgemeinert man nun die proportionalen Zuordnungen so, dass ihre Schaubilder nicht mehr durch den Ursprung gehen, so kommt man zu linearen Funktionen.

6.5.1 Einführung

Lineare Funktionen sind in der Regel die erste Funktionenklasse, die Schülerinnen und Schüler in der Sekundarstufe I kennenlernen.

▶ **Lineare Funktion** Eine lineare Funktion ist eine Funktion der Form $f: \mathbb{R} \to \mathbb{R}$ mit $x \mapsto mx + n$ bzw. $f(x) = mx + n$ $(m, n \in \mathbb{R})$.

Um Verwechslungen mit *homogenen linearen Funktionen* (Proportionalitäten), d. h. Funktionen $f: \mathbb{R} \to \mathbb{R}$ mit

$$f(x) = mx \, (m \in \mathbb{R})$$

vorzubeugen, nennt man lineare Funktionen auch *allgemeine lineare Funktionen*. Bei linearen Funktionen handelt es sich also um reelle Polynome erster Ordnung. Allgemein ist ein reelles Polynom bzw. eine Polynomfunktion eine Funktion $p: \mathbb{R} \to \mathbb{R}$ der Form

$$p(x) = a_n x^n + a_{n-1} x^{n-1} + \cdots + a_1 x + a_0.$$

Der Graph einer allgemeinen linearen Funktion ist eine Gerade, die nicht notwendig durch den Ursprung des Koordinatensystems führt.

Geraden spielen im Mathematikunterricht als wichtige mathematische Modelle eine zentrale Rolle. Als Modelle können sie der Beschreibung der Umwelt dienen. Das ist beispielsweise der Fall, wenn wir eine brennende Kerze betrachten, die in gleichen Zeitabschnitten um gleiche Stücke kürzer wird. Das Abbrennen der Kerze kann also in Abhängigkeit von der Zeit mithilfe eines linearen Modells beschrieben werden. Dieses Modell wird beispielsweise mithilfe einer Gleichung der Form $y = mx$ notiert. Dabei stehen üblicherweise y für die abgebrannte Länge der Kerze, m für die Abbrenngeschwindigkeit und x für die Zeit. Natürlich ließen sich auch die Rollen von Länge und Zeit vertauschen, da man auch an der Zeit als abhängige Größe interessiert sein könnte. Hier bietet sich aber die gewählte Konstellation auch deshalb an, weil die Steigung der Geraden dann die Bedeutung der Geschwindigkeit hat. Derartige Modelle, die Situationen aus der Umwelt beschreiben, sind deskriptiv. Darüber hinaus kann man etwa – unter der Modellannahme, dass eine Kerze gleichmäßig (ab-)brennt – Voraussagen über den Zeitpunkt des Erlöschens der Kerze machen.

Denkbar sind aber andererseits auch Situationen, in denen die Modellbildung einen Idealfall beschreibt, also den Fall des normativen Modells. Ein solches ist zum Beispiel dann gegeben, wenn wir vorhandene Daten, die nur annähernd linear voneinander abhängen, mithilfe einer Geradengleichung beschreiben.

Somit kann die Linearität häufig als ein deskriptives Modell der Umwelt erkannt werden, während man hingegen im Rahmen der Linearisierung ein normatives Modell der Umwelt entwickelt. Diese beiden Prozesse können auch als ständiges Wechselspiel zwischen Idealisieren und Realisieren parallel ablaufen (Greefrath und Siller 2012).

6.5.2   Spezielle Modelle

Lineare Funktionen sind – wie nahezu alle in der Schule behandelten Funktionen – stetig. Viele reale Probleme sind allerdings nicht stetig, wenn beispielsweise die Preise für Briefe in Abhängigkeit von der Masse betrachtet werden. Diese Funktion macht Preissprünge für bestimmte Werte, es kann daher keine stetige Funktion zur Beschreibung dieses Problems angegeben werden.

Man kann aber wie Vollrath einige spezielle, stückweise definierte mathematische Modelle angeben, die in vielen Situationen eine geeignete Beschreibung darstellen (Vollrath 2003, S. 154 f.). Dazu fassen wir im Folgenden die typischen Preismodelle, welche lineare Funktionen beinhalten, zusammen. Es handelt sich dabei um das klassische Einkaufsmodell, das Flatrate-Modell, das Strommodell, das Parkhausmodell und das Heizölmodell.

Das klassische Einkaufsmodell (s. Abb. 6.24) geht davon aus, dass beliebige Mengen möglich sind und Rabatte nicht vorkommen. Wir erhalten dann eine proportionale lineare Funktion.

Das Flatrate-Modell (s. Abb. 6.25), das durch Preisangebote für Mobil- und Festnetztelefonie bekannt geworden ist, geht davon aus, dass (in einer bestimmten Zeit) eine beliebige Datenmenge übertragen werden kann. Wir erhalten eine lineare Funktion, deren Graph zur x-Achse parallel ist.

Bei der Berechnung von Kosten für den Stromverbrauch ist es üblich, dass es einen Grundpreis und einen verbrauchsabhängigen Preis gibt. Der Preisverlauf im Strommodell (s. Abb. 6.26) kann beschrieben werden durch eine allgemeine lineare Funktion, deren Graph nicht durch den Ursprung des Koordinatensystems geht.

Das Parkhausmodell (s. Abb. 6.27) geht davon aus, dass sich der Preis nach gewissen Zeitabständen erhöht und dann für immer gleiche Zeitdauern konstant bleibt. Gegebenen-

Abb. 6.24 Einkaufsmodell

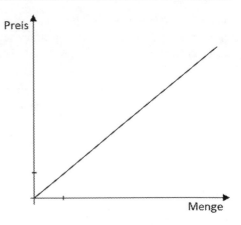

Abb. 6.25 Flatrate-Modell

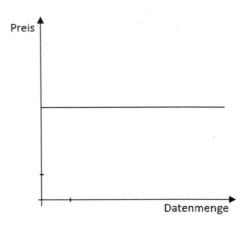

Abb. 6.26 Strommodell

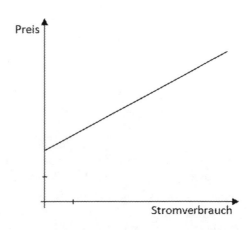

Abb. 6.27 Parkhausmodell

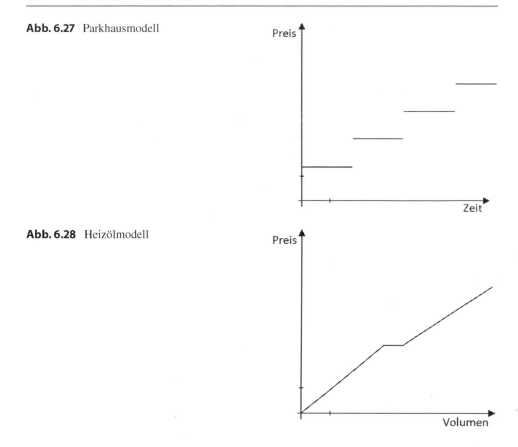

Abb. 6.28 Heizölmodell

falls ist der Preis für die erste Stunde anders als für weitere Stunden. Nach sehr vielen Stunden gibt es möglicherweise Rabatte, die hier vernachlässigt werden. Dies ergibt eine Treppenfunktion, deren erste Stufe ggf. eine andere Höhe hat. Hier könnte im Prinzip auch das eingangs erwähnte Beispiel für den Preis von Briefen in Abhängigkeit von der Masse eingeordnet werden.

Das Heizölmodell (s. Abb. 6.28) geht auch von einer proportionalen Zuordnung von Menge und Preis aus, berücksichtigt aber Rabatte. An einigen Stellen setzt also eine neue proportionale Zuordnung an. Für eine sinnvolle Fortsetzung an den Übergangsstellen setzen wir voraus, dass man für eine geringere Menge nicht mehr bezahlen muss als für eine größere Menge.

6.5.3 Linearisierung – ein Beispiel

Auch in Anwendungskontexten oder im Fach Physik verwendet man häufig eine „Linearisierung" der Daten, um mithilfe einer Regressionsgeraden grafisch einen Parameter

Tab. 6.16 Messwerte

Zeit [min]	Stromstärke [A]
0	3,0
0,25	2,5
0,5	2,0
0,75	1,7
1	1,4
1,5	0,9
2	0,6
2,5	0,4
3	0,3

bestimmen zu können. Dies ist bei nicht linearisierten Daten im Prinzip nur mit Computerunterstützung möglich.

So erhält man beispielsweise bei einem bestimmten physikalischen Versuch zur Bestimmung der Halbwertszeit eines kurzlebigen Isotops die folgenden Messwerte (s. Tab. 6.16). Bei diesem Versuch wird ein Radon-Luft-Gemisch in eine Ionisationskammer gepumpt und der einsetzende Stromfluss in Abhängigkeit von der Zeit gemessen.

Die grafische Darstellung der Messwerte (s. Abb. 6.29) lässt einen exponentiellen Zusammenhang der Form $I(t) = I_0 e^{-at}$ vermuten. Zur Bestimmung des interessierenden Parameters a, der mit der gesuchten Halbwertszeit über die Beziehung $T_{1/2} = \frac{\ln 2}{a}$ zusammenhängt, können die Daten linearisiert werden. Eine Ausgleichsgerade kann dann grafisch ermittelt werden. Wenn man mit Computerunterstützung arbeitet, kann dieser Arbeitsschritt auch experimentell mithilfe eines Schiebereglers und der entsprechenden Kontrolle über den Residuenplot erfolgen. Mithilfe der Linearisierung – hier durch Logarithmieren der Werte der zweiten Spalte der Tab. 6.16 – erhält man die Geradengleichung

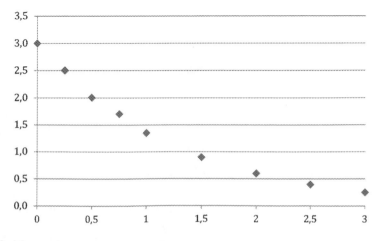

Abb. 6.29 Messwerte

$y(t) = \log I(t) = -at + \log(I_0)$. Dann wird am entsprechenden Graphen, bei dem die y-Werte durch die logarithmierten Werte ersetzt werden, die Steigung der Ausgleichsgeraden und damit die zu bestimmende Konstante a direkt ermittelt. Die ursprünglich gesuchte Halbwertszeit $T_{1/2}$ kann schließlich mit der Beziehung $T_{1/2} = \frac{\ln 2}{a}$ bestimmt werden.

Die Linearisierung kann natürlich auch durch entsprechende Skalierung der Achsen des Koordinatensystems erreicht werden. In diesem Fall müsste auf der y-Achse eine logarithmische Skala aufgetragen werden. Die passende exponentielle Regression wird dann als Gerade dargestellt (Greefrath und Siller 2012).

6.5.4   Das Problem der Übergeneralisierung

Lineare Funktionen eignen sich aber nicht immer zur Modellierung, auch wenn sie sehr häufig verwendet werden. Diese Problematik taucht häufig in Situationen auf, in denen man sich die funktionalen Abhängigkeiten nicht bewusst genug macht – beispielsweise bei der Berechnung des Volumens eines Kegels im Kontext des Füllens eines Sektglases. So hat etwa ein halbhoch gefülltes (kegelförmiges) Sektglas nur 1/8 des Volumens des vollen Glases.

Um das halbe Volumen zu haben, müsste das Sektglas ca. zu 80 % gefüllt sein. Ähnliche Effekte treten auch bei der fehlerhaften Linearisierung im Zusammenhang mit Flächen auf. Wir denken aber auch in unterschiedlichen realen Kontexten allzu gerne linear bzw. proportional, auch wenn dies nicht angebracht ist. So sehr also die Linearität und die Linearisierung nützen können, um Probleme schnell und effektiv zu lösen, so groß ist auch die Gefahr, dass wir uns auf die Linearität in Situationen einlassen, in denen wir gerade so nicht denken sollten (Greefrath und Siller 2012).

6.6   Wachstums- und Abnahmemodelle

Bereits die Überlegungen zur einfachen Verzinsung und zum Zinseszins haben gezeigt, dass es unterschiedliche Wachstumsarten gibt. Ebenso werden Wachstumsprozesse in der Natur wie Bakterien- oder Pflanzenwachstum häufig mathematisch modelliert. Analog dazu gibt es Abnahmeprozesse wie Abkühlung und radioaktiver Zerfall, die häufig ebenfalls mithilfe von Funktionen modelliert werden. Dazu finden sich unterschiedliche Modelle, die im Folgenden an Beispielen vorgestellt werden sollen.

6.6.1   Beispiel Bakterienwachstum

Bakterien wachsen in einer Bakterienkultur in unterschiedlichen Phasen. In einer dieser Phasen vermehren sich die Bakterien sehr schnell, bis schließlich die Nährstoffe erschöpft sind und sich Stoffwechselprodukte im Nährmedium angesammelt haben.

Tab. 6.17 Bakterienwachstum. (Nach Freudigmann et al. 2000)

Zeit in Stunden	0	1	2	3	4	5
Bakterienzahl in Mio.	80,0	145,9	266,4	482,4	875,7	1597,8

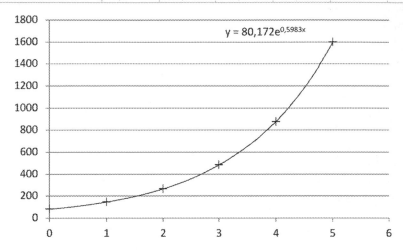

Abb. 6.30 Diagramm zum Bakterienwachstum

In dieser Phase der schnellen Vermehrung können beispielsweise folgende Daten ermittelt werden (s. Tab. 6.17). Stellt man diese Daten in einem Diagramm dar, so wird erkennbar, dass sich das Bakterienwachstum gut durch eine Exponentialfunktion beschreiben lässt (s. Abb. 6.30).

Schaut man auf die Daten des Bakterienwachstums, so stellt man fest, dass der Quotient benachbarter Werte konstant ist (s. Tab. 6.18).

Wenn das Wachstum der Bakterien im Laufe der Zeit durch eine Wachstumsfunktion mit dem Term $f(t)$ beschrieben wird, dann gilt in diesem Beispiel der Zusammenhang

$$\frac{f(t+1)}{f(t)} = \text{const.}$$

Betrachten wir diese Situation allgemeiner, so gehen wir im Fall des dargestellten Bakterienwachstums davon aus, dass das Wachstum rascher erfolgt, wenn mehr Bakterien vorhanden sind. Da es sich um eine Bakterienkultur handelt, können weitere Wechselwirkungen – z. B. mit der Außenwelt – im Modell vernachlässigt werden. Die Zunahme $f(t+h) - f(t)$ wird also proportional zum vorhandenen Bestand $f(t)$ und zur verstrichenen Zeit h angenommen. Wir erhalten damit für kleine h die Modellannahme:

$$f(t+h) - f(t) = c \cdot f(t) \cdot h$$

Diese Gleichung kann diskret oder kontinuierlich bearbeitet werden. Wir beschäftigen uns hier zunächst mit der diskreten Bearbeitung (Hinrichs 2008, S. 268 ff.). Dazu ist die

Tab. 6.18 Bakterienwachstum. (Nach Freudigmann et al. 2000)

Zeit in Stunden	0	1	2	3	4	5
Bakterienzahl in Mio.	80,0	145,9	266,4	482,4	875,7	1597,8
Quotient benachbarter Werte		$\frac{145,9}{80,0} = 1,82$	$\frac{266,4}{145,9} = 1,83$	$\frac{482,4}{266,4} = 1,81$	$\frac{875,7}{482,4} = 1,82$	$\frac{1597,8}{875,7} = 1,82$

	A	B	C	D	E
1	Diskretes Wachstumsmodell				
2	Startwert	80			
3	Parameter	0,82	◄	▯	▶
4	Zeit	Modellwert		Wert	Quadratische Abweichung
5	0	80,0		80	0,0
6	1	145,6		145,9	0,1
7	2	265,0		266,4	2,0
8	3	482,3		482,4	0,0
9	4	877,8		875,7	4,2
10	5	1597,5		1597,8	0,1
11					6,4
12					

Abb. 6.31 Diskretes Wachstumsmodell für das Bakterienwachstum

Darstellung

$$f(t+h) = f(t) + c \cdot f(t) \cdot h$$

hilfreich. Hier wird deutlich, dass bei festem Zeitschritt h der jeweils folgende Funktionswert nach Kenntnis des Parameters c ermittelt werden kann. Ebenso ist noch ein Startwert, z. B. zur Zeit $t = 0$, vorauszusetzen.

Der Modellwert wird in der abgebildeten Excel-Tabelle (s. Abb. 6.31) jeweils mithilfe der Formel

$$f(t+1) = f(t) + c \cdot f(t)$$

berechnet. Der Parameter c wird dabei mithilfe des Schiebereglers so modifiziert, dass die Summe der quadratischen Abweichungen vom gegebenen Wert minimal wird. Dies ist in dem Beispiel für $c = 0,82$ der Fall. Auf diese Weise erhält man ein diskretes numerisches Modell für das Bakterienwachstum mit der Modellannahme, dass die Bakterien in jedem Zeitschritt um ein c-Faches des aktuellen Bestandes zunehmen. Dieses Modell ermöglicht sowohl die Berechnung von Zwischenwerten als auch eine Prognose des Bakterienwachstums unter der Voraussetzung, dass die Modellannahmen weiter gelten. Der jeweils nächste Wert wird unter Verwendung des Parameters c rekursiv berechnet. Die verwendete Modellannahme ist also nicht nur im Kontext des Bakterienwachstums plausibel, sondern liefert auch für die gegebenen Daten passende Werte.

Möchte man die Gleichung

$$f(t + h) - f(t) = c \cdot f(t) \cdot h$$

kontinuierlich bearbeiten, so dividiert man sie durch h und erhält eine Form, die für differenzierbare Funktionen f mithilfe der Differenzialrechnung weiterbearbeitet werden kann:

$$\frac{f(t + h) - f(t)}{h} = c \cdot f(t)$$

Auf der linken Seite der Gleichung steht dann ein Differenzenquotient der Funktion f an der Stelle t. Ein Grenzprozess für $h \to 0$ führt zu der Gleichung

$$f'(t) = c \cdot f(t).$$

Bei dieser Gleichung handelt es sich um eine Differenzialgleichung erster Ordnung, da außer der Funktion f auch die erste Ableitung der Funktion f in der Gleichung auftritt. Die Funktion des Typs

$$f(t) = a \cdot e^{c \cdot t}$$

löst diese Differenzialgleichung, da für die Ableitung

$$f'(t) = ac \cdot e^{c \cdot t} = c \cdot f(t)$$

gilt. Alternativ kann diese Differenzialgleichung auch mithilfe des Verfahrens der Trennung der Variablen gelöst werden. Stellt man sich die Frage, ob die Funktionen des Typs

$$f(t) = a \cdot e^{c \cdot t}$$

die einzigen Funktionen sind, die diese Differenzialgleichung lösen, dann kann man eine weitere Lösung $g(t)$ annehmen, die ebenfalls die Differenzialgleichung erfüllt:

$$g'(t) = c \cdot g(t)$$

Mit der Quotientenregel erhält man dann

$$\left(\frac{f(t)}{g(t)}\right)' = \frac{f'(t) \cdot g(t) - g'(t) \cdot f(t)}{(g(t))^2}$$
$$= \frac{c \cdot f(t) \cdot g(t) - c \cdot g(t) \cdot f(t)}{(g(t))^2} = 0.$$

Die beiden Lösungen $f(t)$ und $g(t)$ können sich also nur um eine multiplikative Konstante unterscheiden. Der ursprünglich aus den gegebenen Daten berechnete Quotient kann nach Kenntnis der Lösungsfunktion genauer betrachtet werden.

$$\frac{f(t + 1)}{f(t)} = \frac{a \cdot e^{c \cdot (t+1)}}{a \cdot e^{c \cdot t}} = \frac{a \cdot e^{c \cdot t} \cdot e^c}{a \cdot e^{c \cdot t}} = e^c = \text{const.}$$

	A	B	C	D	E
1	**Kontinuierliches Wachstumsmodell**				
2	**Startwert**	80			
3	**Parameter**	0,60	◄		►
4	**Zeit**	**Modellwert**		**Wert**	**Quadratische Abweichung**
5	0	80,0		80	0,0
6	1	145,8		145,9	0,0
7	2	265,6		266,4	0,6
8	3	484,0		482,4	2,5
9	4	881,9		875,7	37,9
10	5	1606,8		1597,8	81,8
11					122,8
12					

Abb. 6.32 Kontinuierliches Wachstumsmodell für das Bakterienwachstum

Es zeigt sich also, dass der Logarithmus des entsprechenden Quotienten

$$\ln\left(\frac{f(t+1)}{f(t)}\right)$$

der Wachstumskonstanten c der Bakterienkultur entspricht.

Der Modellwert wird in der abgebildeten Excel-Tabelle (s. Abb. 6.32) im kontinuierlichen Wachstumsmodell jeweils mithilfe der Formel

$$f(t) = 80 \cdot e^{c \cdot t}$$

berechnet. Der Parameter c wird dabei mithilfe des Schiebereglers so modifiziert, dass die Summe der quadratischen Abweichungen vom gegebenen Wert minimal wird. Dies ist in dem Beispiel für $c = 0{,}60$ der Fall. Auf diese Weise erhält man ein kontinuierliches Modell für das Bakterienwachstum mit der Modellannahme, dass die Bakterien in jedem Zeitpunkt um ein c-Faches des aktuellen Bestandes zunehmen. Dieses Modell ermöglicht sowohl die Berechnung von Zwischenwerten als auch eine Prognose des Bakterienwachstums unter der Voraussetzung, dass die Modellannahmen weiter gelten. Bei der Berechnung einzelner Werte werden die jeweilige Zeit, der Startwert und der Parameter c verwendet.

Exponentielles Wachstum wird durch den Funktionstyp

$$f(t) = a \cdot e^{c \cdot t}$$

beschrieben. Dabei ist a der Anfangsbestand zur Zeit $t = 0$ und die positive Konstante c die Wachstumskonstante. Charakteristisch für das exponentielle Wachstum ist die Verdopplungszeit, also die Zeit T, für die gilt:

$$f(t + T) = 2f(t)$$

Für die Funktion des exponentiellen Wachstums

$$f(t) = a \cdot e^{c \cdot t}$$

folgt damit die Bedingung:

$$a \cdot e^{c \cdot (t+T)} = 2a \cdot e^{c \cdot t} \quad \text{bzw.} \quad e^{c \cdot T} = 2$$

Nach entsprechender Vereinfachung

$$\ln\left(e^{c \cdot T}\right) = \ln(2)$$

erhalten wir für die Verdoppelungszeit T die Gleichung:

$$T = \frac{\ln(2)}{c}$$

Die Verdoppelungszeit ist unabhängig vom Zeitpunkt t und daher konstant. Sie kann somit als charakteristisch für den Wachstumsprozess angesehen werden.

Für Abnahmeprozesse kann ebenfalls dieser Funktionstyp gewählt werden. Die Kontante c ist dann negativ und heißt *Zerfallskonstante*. Bei Abnahmefunktionen spricht man von der – im Zusammenhang mit Radioaktivität bekannten – Halbwertszeit, also von der Zeit, für die gilt:

$$f(t+T) = \frac{1}{2}f(t)$$

Wie bei der Verdoppelungszeit erhält man für die Halbwertszeit den Zusammenhang

$$T = -\frac{\ln(2)}{c}.$$

Wir können also für das exponentielle Wachstum Folgendes festhalten:

≫   **Exponentielles Wachstum** Wir gehen von einem geschlossenen System aus, bei dem das Wachstum proportional zum Bestand ist. Charakteristisch ist die Wachstumskonstante c. Alternativ kann auch die Verdoppelungszeit T angegeben werden. Exponentielles Wachstum wird mithilfe von Wachstumsfunktionen des Typs $f(t) = a \cdot e^{c \cdot t}$ beschrieben.

Mit einem geschlossenen System sind hier zwei Aspekte gemeint. Zum einen wird davon ausgegangen, dass weder Lebewesen hinzukommen noch abwandern, und zum anderen, dass es keine Wechselwirkung mit anderen Populationen gibt, d. h. insbesondere keine Feinde innerhalb des Systems existieren.

6.6.2 Beispiel Abkühlen von Kaffee

Beim Abkühlen von Kaffee handelt es sich nicht um einen Wachstumsprozess, sondern um einen Abnahmeprozess. Wir haben im Fall des exponentiellen Wachstums der Bakterien gesehen, dass Abnahmeprozesse mit den gleichen mathematischen Modellen beschrieben werden können wie Wachstumsprozesse – mit dem Unterschied, dass der entsprechende Parameter ein anderes Vorzeichen hat. Wir wählen daher als zweites Bespiel einen Temperaturabnahmeprozess mit einem charakteristischen Verhalten. Typische Messwerte eines solchen Abkühlungsvorgangs sind in der Tab. 6.19 dargestellt.

Wir können also vereinfacht von folgendem Zusammenhang ausgehen:

$$f(t+h) = f(t) + c \cdot (S - f(t)) \cdot h$$

Dabei ist c die Konstante, die den Abkühlvorgang beschreibt, und S die Temperatur der Außenluft. Auch hier sind wieder eine diskrete und eine kontinuierliche Bearbeitung des Problems möglich. Wir betrachten zunächst eine diskrete Modellierung des Problems.

In der Tabelle wurden die gegebenen Daten mit den durch die Formel

$$f(t+h) = f(t) + c \cdot (5°\,C - f(t)) \cdot h$$

berechneten Modellwerten verglichen (s. Abb. 6.33). Als Startwert wurde 70 °C verwendet. Als Maß für die mathematische Passung der Modellwerte wurde die Summe der quadratischen Abweichungen berechnet. Die Konstante $c \approx 0,163$ wurde experimentell mithilfe des Schiebereglers gefunden. Die verwendete Modellannahme ist also nicht nur im Kontext des abkühlenden Kaffees plausibel, sondern liefert auch für die gegebenen Daten passende Werte.

Es ist aber ebenso eine kontinuierliche Modellierung möglich. Dazu wird die Gleichung

$$f(t+h) = f(t) + c \cdot (S - f(t)) \cdot h$$

Tab. 6.19 Abkühlen von Kaffee

Zeit in Minuten	Temperatur in Grad
0	70,0
2	57,5
4	49,5
6	42,7
8	36,9
10	32,0
12	27,9
14	24,4

	A	B	C	D
1	Diskretes Modell der beschränkten Abnahme			
2		Konstante c	0,163	
3		Schranke S	5	
4		Startwert	70	
5	Zeit in Minuten	Temperatur in °C	Modellwerte in °C	Quadr. Abw.
6	0	70,0	70,0	0,00
7	2	57,5	59,4	3,54
8	4	49,5	50,5	0,99
9	6	42,7	43,1	0,13
10	8	36,9	36,8	0,00
11	10	32,0	31,6	0,13
12	12	27,9	27,3	0,37
13	14	24,4	23,6	0,57
14				5,73

Abb. 6.33 Diskretes Modell der beschränkten Abnahme

entsprechend umgeformt und man erhält eine Form, die für differenzierbare Funktionen f mithilfe der Differenzialrechnung weiterbearbeitet werden kann:

$$\frac{f(t+h) - f(t)}{h} = c \cdot (S - f(t))$$

Auf der linken Seite der Gleichung steht dann ein Differenzenquotient der Funktion f an der Stelle t. Ein Grenzprozess für $h \to 0$ führt zu der Gleichung

$$f'(t) = c \cdot (S - f(t)).$$

Diese Differenzialgleichung der beschränkten Abnahme wird von Funktionen des Typs

$$f(t) = S - (S - f(0)) \cdot e^{-ct}$$

gelöst, denn für die Ableitung der Funktion f gilt:

$$\begin{aligned} f'(t) &= c \cdot (S - f(0)) \cdot e^{-ct} \\ &= c \cdot \left(S - S + (S - f(0)) \cdot e^{-ct} \right) \\ &= c \cdot \left(S - (S - (S - f(0)) \cdot e^{-ct}) \right) \\ &= c \cdot (S - f(t)) \end{aligned}$$

Wir können also für die beschränkte exponentielle Abnahme Folgendes festhalten:

▶ **Beschränkte exponentielle Abnahme** Wir gehen von einem geschlossenen System aus, bei dem die Abnahme proportional zur Differenz von Grenzwert S und Bestand ist. Charakteristisch ist die sogenannte Zerfallskonstante c.

Beschränkte exponentielle Abnahme wird mithilfe von Funktionen des Typs $f(t) = S - (S - f(0)) \cdot e^{-ct}$ beschrieben.

Mit einem geschlossenen System ist in diesem Beispiel gemeint, dass keine weiteren Temperatureinflüsse als die Außentemperatur auftreten.

6.6.3 Beispiel Hefewachstum

Das Wachstum einer Hefekultur wurde bereits 1913 genauer untersucht und dokumentiert (Carlson 1913). Die entsprechenden Daten sind in der folgenden Tab. 6.20 dargestellt.

Stellt man die ersten Daten der Tabelle in einem Koordinatensystem dar, so kann man ein nahezu exponentielles Wachstum vermuten (s. Abb. 6.34).

Notiert man allerdings alle vorhandenen Daten im Koordinatensystem, so wird deutlich, dass das Hefewachstum im Laufe der Zeit abnimmt und nicht der Annahme eines zum Bestand proportionalen Wachstums genügt. Das Hefewachstum kann also nicht durch eine exponentielle Wachstumsfunktion beschrieben werden (s. Abb. 6.35).

Bei genauerer Analyse stellt man fest, dass das Hefewachstum von Anfang an nicht proportional zum Bestand ist, sondern zunehmend verlangsamt wird. Der für das exponentielle Wachstum charakteristische Quotient

$$\frac{f(t+1)}{f(t)}$$

ist auch in den ersten sieben Stunden nicht konstant.

Wir stellen daher nun weitergehende Modellannahmen auf als beim exponentiellen Wachstum. Dabei gehen wir immer noch von einem geschlossenen System mit einer Wachstumskonstanten c aus. Allerdings unterstellen wir gleichzeitig eine Verlangsamung des Wachstums, da der im Laufe des Prozesses entstehende Alkohol das Hefewachstum

Tab. 6.20 Hefewachstum

Zeit (in Stunden)	Hefemenge (in mg)	Zeit (in Stunden)	Hefemenge (in mg)
0	9,6	10	513,3
1	18,3	11	559,7
2	29,0	12	594,8
3	47,2	13	629,4
4	71,1	14	640,8
5	119,1	15	651,1
6	174,6	16	655,9
7	257,3	17	659,6
8	350,7	18	661,8
9	441,0		

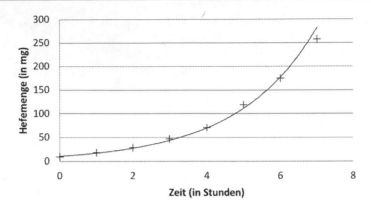

Abb. 6.34 Hefewachstum in den ersten sieben Stunden

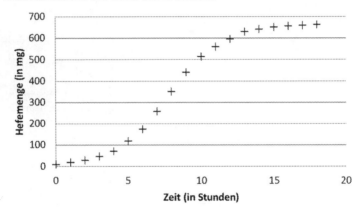

Abb. 6.35 Hefewachstum in den ersten 18 h

bremst. Die Situation kann zunächst durch die folgende Gleichung beschrieben werden:

$$f(t+h) - f(t) = c \cdot f(t) \cdot h - s \cdot f(t) \cdot h$$

Dabei beschreibt der zusätzliche Term $s \cdot f(t) \cdot h$ die Verlangsamung des Wachstums. Der Faktor s wird auch als *Sterberate* bezeichnet. Dieses Modell wäre aber, verglichen mit dem exponentiellen Wachstum, kein neues, wenn c und s beide konstant sind. In diesem Fall könnten c und s zu einer neuen Wachstumskonstanten $c - s$ zusammengefasst werden. Geht man davon aus, dass die Sterberate s auch vom Bestand $f(t)$ abhängt, was im Fall des vermuteten Zusammenhangs von Alkoholproduktion und Hefewachstum durchaus plausibel ist, dann handelt es sich um ein neues Modell. Wir wollen hier die Annahme, dass die Sterberate s proportional zum Bestand ist, voraussetzen. So erhalten wir das sogenannte *logistische Modell*

$$f(t+h) = f(t) + c \cdot f(t) \cdot h - d \cdot f(t)^2 \cdot h$$

Tab. 6.21 Berechnete Modellwerte und Daten im Vergleich
(Auswahl)

Zeit	Modellwerte	Daten
0	15	10
1	23	18
5	123	119
10	512	513
15	649	651
18	652	662

mit der Wachstumskonstanten c und dem *Behinderungsfaktor d*. Auch in diesem Beispiel kann man diskret und kontinuierlich weiterarbeiten. Zunächst wollen wir die diskrete
Form bearbeiten.

Berechnen wir nun optimale Konstanten c und d, so können wir die gegebenen Daten
recht gut approximieren. Für einen Startwert $f(0) \approx 15$ und die Parameterwerte $c \approx 0,56$
und $d \approx 0,00086$ erhalten wir die Modellwerte (Auswahl) in Tab. 6.21 und Abb. 6.36.

Die passenden Parameterwerte können durch Experimentieren mit den Schiebereglern
in Excel gefunden werden; allerdings ist dies nun erheblich schwieriger als beim exponentiellen Wachstum, da wir nicht nur einen Wert, sondern zwei Parameter und den Startwert
variiert haben. Lässt man den Startwert fest, was in gewisser Weise sinnvoll ist, fällt die
Anpassung an die Daten schlechter aus.

Die Grafik zeigt die Anpassung der Modellwerte an die gegebenen Daten. Es ist aber
ebenso eine kontinuierliche Modellierung möglich. Dazu wird die Gleichung

$$f(t+h) = f(t) + c \cdot f(t) \cdot h - d \cdot f(t)^2 \cdot h$$

entsprechend umgeformt, und man erhält eine Form, die für differenzierbare Funktionen f
mithilfe der Differenzialrechnung weiterbearbeitet werden kann:

$$\frac{f(t+h) - f(t)}{h} = c \cdot f(t) - d \cdot f(t)^2$$

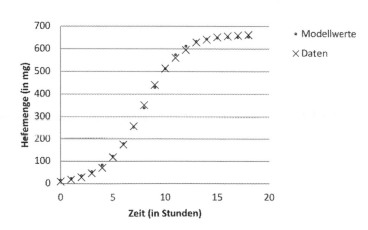

Abb. 6.36 Diskretes logistisches Wachstumsmodell von Hefe

Auf der linken Seite der Gleichung steht dann ein Differenzquotient der Funktion f an der Stelle t. Ein Grenzprozess für $h \to 0$ führt zu der Gleichung

$$f'(t) = c \cdot f(t) - d \cdot f(t)^2 .$$

Diese Differenzialgleichung des logistischen Wachstums wird von Funktionen des Typs

$$f(t) = \frac{c}{d + e^{-c \cdot t} \cdot \left(\frac{c}{f(0)} - d \right)}$$

gelöst. Im folgenden Exkurs wird eine mögliche Bestimmung der Lösungsfunktion dargestellt (Bronstein et al. 2016, Kap. 9).

Exkurs

Die Lösung der Differenzialgleichung

$$f'(t) = c \cdot f(t) - d \cdot f(t)^2$$

kann mithilfe des Verfahrens der *Trennung der Variablen* gefunden werden. Der Ansatz

$$\int \frac{1}{c \cdot f(t) - d \cdot f(t)^2} df = \int dt$$

liefert mithilfe der Partialbruchzerlegung

$$\int \left(\frac{1}{d \cdot f(t)} + \frac{1}{c - d \cdot f(t)} \right) df = \int \frac{c}{d} dt.$$

Die Integrale auf beiden Seiten können gelöst werden. Nach Multiplikation mit d erhalten wir

$$\ln|f(t)| - \ln|c - d \cdot f(t)| = c \cdot t + C.$$

Die linke Seite kann zusammengefasst werden und nach Anwendung der Exponentialfunktion erhalten wir

$$\frac{f(t)}{c - d \cdot f(t)} = e^{c \cdot t} \cdot C'.$$

Wir bilden nun den Kehrwert auf beiden Seiten

$$\frac{c}{f(t)} = d + e^{-c \cdot t} \cdot C'',$$

bestimmen die Konstante C'' mit

$$\frac{c}{f(t)} = d + e^{-c \cdot t} \cdot \left(\frac{c}{f(0)} - d \right)$$

und lösen die Gleichung nach $f(t)$ auf. Dann erhalten wir für die Wachstumsfunktion

$$f(t) = \frac{c}{d + e^{-c \cdot t} \cdot \left(\frac{c}{f(0)} - d \right)}.$$

Mit Excel können auch für dieses kontinuierliche Modell des logistischen Wachstums die Parameter angepasst werden. Verwendet man als Startwert den gegebenen Wert für $t = 0$, so erhält man für die Parameter $c \approx 0{,}54$ und $d \approx 0{,}00081$. Diese Anpassung kann mithilfe der Schieberegler für die entsprechenden Parameter durchgeführt werden (s. Abb. 6.37).

Es zeigt sich hier, dass das kontinuierliche Modell besser an die Daten angepasst werden kann als das diskrete Modell. In jedem Fall können wir für das logistische Wachstum Folgendes festhalten:

▶ **Logistisches Wachstum** Wir gehen von einem geschlossenen System aus, bei dem das Wachstum und gleichzeitig die Sterberate proportional zum Bestand sind.

Charakteristisch sind die Wachstumskonstante c und der Behinderungsfaktor d. Logistisches Wachstum wird mithilfe von Wachstumsfunktionen des Typs

$$f(t) = \frac{c}{d + e^{-c \cdot t} \cdot \left(\frac{c}{f(0)} - d \right)}$$

beschrieben.

Betrachtet man die Modellierung des Beispiels Hefekultur (s. Abb. 6.38), so werden zwei wesentliche Annahmen zur Bildung des mathematischen Modells der logistischen

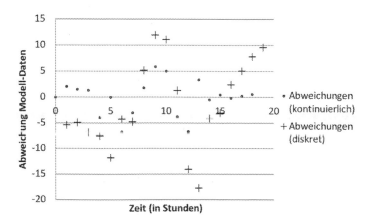

Abb. 6.37 Abweichungen der Modellwerte von den Daten

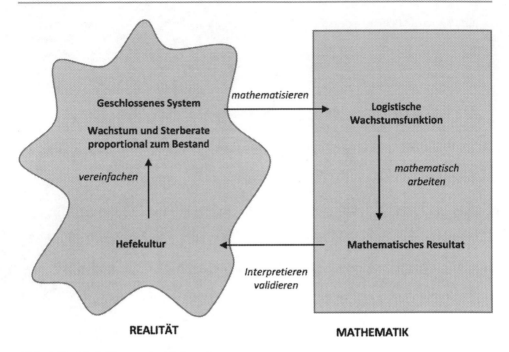

Abb. 6.38 Modellierung des Hefewachstums

Wachstumsfunktion gemacht. Dies ist zum einen die Annahme, dass es keine Wechselwirkungen zwischen Hefekultur und Außenwelt gibt. Die andere Annahme lautet, dass
das Wachstum und die Sterberate proportional zum Bestand sind (Kohorst und Portscheller 1999; Hinrichs 2008).

6.6.4   Weitere Modelle

Wachstums- und Abnahmeprozesse können auch mithilfe weiterer Funktionstypen wie
z. B. linearen Funktionen und Potenzfunktionen modelliert werden. Auch Arcustangens-
Funktionen findet man in der Literatur zur Beschreibung von Wachstumsprozessen (Winter 1994b, S. 336). Wir wollen hier kurz auf lineare Funktionen und Potenzfunktionen
eingehen.

Lineare Funktionen des Typs

$$f(t) = at + b$$

genügen der Differenzialgleichung

$$f'(t) = a.$$

Die Wachstumsgeschwindigkeit ist also konstant. Betrachtet man in diesem Fall die Verdoppelungszeit, also die Zeit T, für die gilt:

$$f(t + T) = 2f(t),$$

dann folgt für das lineare Wachstum die Bedingung

$$a(t + T) + b = 2(at + b).$$

Nach entsprechender Vereinfachung erhalten wir für die Verdoppelungszeit T die Gleichung

$$T = t + \frac{b}{a}.$$

Die Verdoppelungszeit ist also anders als bei Exponentialfunktionen abhängig von der Zeit t. Je mehr Zeit seit Beginn des Prozesses vergangen ist, umso länger dauert es, bis sich der gegenwärtige Bestand verdoppelt hat.

Potenzfunktionen des Typs

$$f(t) = at^b$$

genügen der Gleichung

$$f'(t) = \frac{b}{t} f(t).$$

In diesem Fall ist die Wachstumsgeschwindigkeit proportional zum Bestand und antiproportional zur Zeit. Auch hier ist – wie zu erwarten – die Verdoppelungszeit nicht konstant, sondern zeitabhängig (Winter 1994b).

6.7 Optimierungsprobleme

Eine interessante Klasse von anwendungsbezogenen Aufgaben stellen Optimierungen dar. Optimierungsprobleme sind sehr vielschichtig und können mit den unterschiedlichsten mathematischen Methoden bearbeitet werden. In vielen Fällen wird zur Lösung eines Optimierungsproblems zunächst eine Realsituation in ein mathematisches Modell übersetzt. Dieses – in der Regel deskriptive – Modell wird anschließend mit mathematischen Methoden, z. B. mit der Differenzialrechnung, bearbeitet. Dann findet die Optimierung mithilfe des bereits erstellten mathematischen Modells statt. Es gibt aber auch Fälle, bei denen der Modellierungsprozess mit dem Optimierungsprozess zusammenfällt. Dann ist die Optimierung im Prinzip mit dem erstellten mathematischen Modell abgeschlossen. Die dann folgende Arbeit im optimierten Modell dient der Berechnung konkreter Ergebnisse (s. Abb. 6.39).

Im Folgenden werden typische Bereiche für Optimierungen im anwendungsbezogenen Mathematikunterricht vorgestellt, bei denen reale Probleme und mathematische Modelle eine wichtige Rolle spielen.

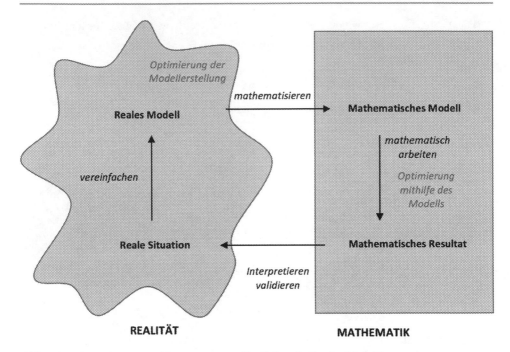

Abb. 6.39 Optimierungsprobleme an unterschiedlichen Stellen im Modellierungsprozess

6.7.1 Optimierung mit Funktionen

Im Mathematikunterricht werden Optimierungsprobleme häufig mithilfe von funktionalen mathematischen Modellen bearbeitet. Ein Beispiel ist das bekannte Problem, die Maße einer materialminimierten Konservendose zu bestimmen. So haben beispielsweise die abgebildeten Dosen (s. Abb. 6.40) bei annähernd gleichem Volumen einen unterschiedlichen Materialverbrauch.

In diesem Beispiel kann man für eine als Zylinder modellierte Dose eine Funktion aufstellen, die den Materialbedarf $M(r)$ für ein Volumen von 330 ml in Abhängigkeit vom Dosenradius näherungsweise beschreibt:

$$M\left(r\right) = 2\pi r^2 + 2\pi r \frac{330}{\pi r^2} = 2\pi r^2 + \frac{660}{r}$$

Als Vereinfachung für dieses Modell wird angenommen, dass Schweißnähte und kleinere Kanten vernachlässigt werden können. Ebenso wird vorausgesetzt, dass die Dose ein Volumen von $V = \pi \cdot r^2 \cdot h = 330$, d. h. eine Höhe von

$$h = \frac{330}{\pi r^2}$$

Abb. 6.40 Dosen mit gleichem Volumen und unterschiedlichem Materialverbrauch

hat. Mithilfe der Differenzialrechnung können dann Werte für Radius und Höhe der Dose
bestimmt werden, die einem Zylinder mit minimaler Oberfläche bei gegebenem Volumen
entspricht, also einen minimalen Materialverbrauch aufweist. In diesem Beispiel sind das
für den Radius etwa 3,7 cm und für die Höhe der Dose etwa 7,5 cm. Die Erdnussdose ist
daher in Bezug auf den Materialverbrauch nahezu optimal. Viele Optimicrungsprobleme,
die mit funktionalen Modellen bearbeitet werden können, werden im Prinzip auf diese
Weise gelöst.

Zuerst werden Vereinfachungen in der Realität gemacht, beispielsweise die Dose als
Zylinder aufgefasst. Anschließend wird die gesuchte Größe, hier das Volumen, als Funktionsgleichung ausgedrückt. Dazu müssen in der Regel noch sogenannte Nebenbedingungen – wie im Beispiel der Zusammenhang von Radius und Höhe durch das gegebene
Volumen – verwendet werden, damit die Funktion mit nur einer Variablen geschrieben
werden kann. Dann wird dieses funktionale Modell mithilfe der Differenzialrechnung untersucht. Für die vollständige Untersuchung ist auch noch die Betrachtung von Randstellen
und des Definitionsbereichs nötig.

Es gibt auch Optimierungsprobleme mit Funktionen, die auf quadratische Funktionen
führen und damit ohne Differenzialrechnung mit den Mitteln der Sekundarstufe I gelöst
oder die mithilfe von numerischen Verfahren aus der Sekundarstufe I bearbeitet werden
können (s. Abb. 6.41).

Grundsätzlich ist aber diese Art von Optimierungsproblemen stark funktional geprägt
und insbesondere im Mathematikunterricht der Oberstufe weit verbreitet. So könnte der
Eindruck entstehen, dass fast alle mathematischen Optimierungsprobleme von dieser Art
sind und mithilfe von Funktionen gelöst werden können. Es gibt aber auch Optimierungsprobleme, bei denen die Funktion selbst das optimierte Objekt ist.

Schachteln

a) Stellt aus DIN-A4-Blättern verschiedene oben offene Schachteln her.
Berechnet jeweils das Volumen
der Schachteln und versucht eine
Schachtel mit möglichst großem
Volumen zu finden.

b) Welche Maße hat eine oben
offene Schachtel mit möglichst
großem Volumen aus einem DIN-
A3-Blatt bzw. aus einem quadratischen Blatt mit demselben Flächeninhalt wie ein DIN-A3-Blatt?

Abb. 6.41 Optimierungsproblem für die Sekundarstufe I. (Vgl. Böer et al. 2003, S. 79)

6.7.2   Optimierung von Funktionen

Wenn man bestimmte Daten zur Verfügung hat, die weiterbearbeitet werden sollen, dann sind häufig Funktionen selbst die zu optimierenden Objekte. Die Frage lautet dann, welcher Funktionstyp und welche spezielle Funktionsgleichung die gegebenen Daten am besten beschreiben. Mit einem solchen funktionalen Modell lassen sich dann beispielsweise Voraussagen über den weiteren Verlauf des beobachteten Prozesses oder Aussagen über den potenziellen Verlauf zwischen zwei Messpunkten machen.

Ein typisches Problem zur Optimierung von Funktionen soll im Folgenden vorgestellt werden. Gegeben ist ein Datensatz zu einem in den Boden eingelassenen Öltank, bei dem die Peilstabhöhe für ein bestimmtes Tankvolumen bekannt ist.

Aufgabenbeispiel Öltank

Von einem in den Boden eingelassenen Öltank sind folgende Daten bekannt:

Tankvolumen	Peilstabhöhe
1000 l	411 mm
2000 l	672 mm
3000 l	915 mm
4000 l	1176 mm
5000 l	1587 mm

Zur Bestimmung genauer Zwischenwerte des Tankvolumens soll eine Funktionsgleichung ermittelt werden, die den Zusammenhang von Tankvolumen und Peilstabhöhe optimal beschreibt.

Diese Tabelle ist aber für den praktischen Gebrauch nicht genau genug. Zur Verbesserung der Situation soll eine Funktionsgleichung ermittelt werden, die die Daten optimal beschreibt. Hier ist die Funktion einerseits das Ziel des Optimierens und andererseits gleichzeitig das mathematische Modell. Bei einem solchen Optimierungsproblem muss zunächst entschieden werden, welcher Funktionstyp die größten Erfolgsaussichten für eine optimale Anpassung bietet.

Diese Entscheidung kann sowohl deskriptiv als auch explikativ getroffen werden. Bei der Wahl eines rein deskriptiven Modells würde auf Basis der bekannten Funktionstypen entschieden, welcher am besten zu dem Problem passt. In der Schulmathematik können beispielsweise die folgenden Funktionstypen als mathematische Modelle verwendet werden:

- lineare Funktionen
- quadratische Funktionen
- ganzrationale Funktionen
- Potenzfunktionen
- Exponentialfunktionen
- Logarithmusfunktionen

In diesem Fall würde etwa eine ganzrationale Funktion dritten Grades die Daten recht gut beschreiben (s. Abb. 6.42).

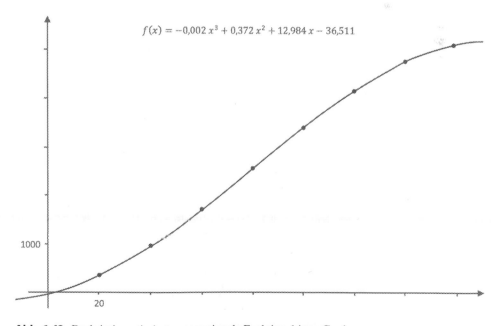

$$f(x) = -0{,}002\,x^3 + 0{,}372\,x^2 + 12{,}984\,x - 36{,}511$$

Abb. 6.42 Deskriptiv optimierte ganzrationale Funktion dritten Grades

Abb. 6.43 Seitenansicht eines
zylinderförmigen Tanks

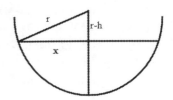

Die Berechnung der entsprechenden Funktionsparameter geschieht am besten mit einem Computeralgebra-System. Dort sind Funktionsanpassungen für die in der Schule
üblicherweise verwendeten Funktionstypen implementiert. Für die optimale Anpassung
von Funktionen an Messwerte können unterschiedliche Modelle diskutiert werden. Üblicherweise verwendet man die Summe der quadratischen Abweichungen in y-Richtung
(Greefrath 2009a).

Zusätzlich zum Finden eines geeigneten optimierten deskriptiven Modells kann der
Wunsch aufkommen, den Zusammenhang von Peilstabhöhe und Tankvolumen wirklich
zu verstehen. Wenn das Modell auch dieses leistet, spricht man von einer explikativen
Modellierung. Um diesen Zusammenhang anzugeben, muss die Form des Tanks bekannt
sein. Da dieser im gegebenen Beispiel im Boden versenkt ist, können Modellannahmen
weiterhelfen. Eine mögliche Modellannahme ist, dass der Tank ein liegender Zylinder (mit
Radius r und Länge l) ist. Dann könnte die Abhängigkeit von Peilstabhöhe und Volumen
mithilfe der folgenden Überlegung bestimmt werden (s. Abb. 6.43).

Im unteren Teil des Tanks gilt nach dem Satz des Pythagoras für die Länge x:

$$x = \sqrt{r^2 - (r - h)^2} = \sqrt{2rh - h^2}$$

Daher kann die Querschnittsfläche in der Füllhöhe h mit der Formel

$$A(h) = 2l\sqrt{2rh - h^2}$$

beschrieben werden. Aus Symmetriegründen gilt diese Formel auch für den oberen Teil
des Tanks. Integrieren wir (z. B. mithilfe eines Computeralgebra-Systems) diese Fläche
nun nach der Höhe h, so erhalten wir das Volumen des bis zur jeweiligen Höhe H gefüllten
Tanks.

$$V(H) = \frac{\pi l r |r|}{2} + l r^2 \arcsin\left(\frac{H - r}{|r|}\right) + l(H - r)\sqrt{2Hr - H^2}$$

Dieses funktionale Modell ist zunächst erheblich unübersichtlicher als das rein deskriptive Modell. In dieses Modell sind bereits Informationen über den Tank eingeflossen.
Überprüft man die Ergebnisse dieses Modells nun numerisch, stellt sich heraus, dass
es weiter verbessert werden muss. Einerseits müsste das Gesamtvolumen des vollgefüllten Tanks bei einer Peilstabhöhe von 1587 mm dem Gesamtvolumen 5000 l entsprechen.
Andererseits müsste der Radius der halben maximalen Peilstabhöhe, also etwa 794 mm

Tab. 6.22 Werte für das explikative Zylindermodell	Tankvolumen	Peilstabhöhe
	1028 l	411 mm
	2016 l	672 mm
	2987 l	915 mm
	3976 l	1176 mm
	5007 l	1587 mm

Tab. 6.23 Werte für das explikative Zylindermodell mit gewölbten Seiten	Tankvolumen	Peilstabhöhe
	999 l	411 mm
	2002 l	672 mm
	2998 l	915 mm
	4001 l	1176 mm
	5000 l	1587 mm

entsprechen. Die Länge des Tanks ergibt sich dann aus der Formel für das Volumen als 2528 mm. Rechnet man nun mit diesen Daten, so erhält man die Werte in Tab. 6.22.

Diese Werte sind zwar relativ genau, verglichen mit dem nur deskriptiven Modell allerdings schlechter. Die entsprechende Modellannahme war also offenbar nicht optimal. Viele Tanks entsprechen nämlich nicht genau einem Zylinder, sondern haben gewölbte Seiten. Berücksichtigt man auch noch die gewölbten Seiten, so erhält man mit einer entsprechenden Rechnung folgende Werte (s. Tab. 6.23).

Bezüglich der Frage der Genauigkeit des Modells ist zu beachten, dass bei einer angenommenen Ablesegenauigkeit des Peilstabs von 1 cm die Genauigkeit der Volumenangabe im mittleren Bereich des Tanks in der Größenordnung von 40 l liegt.

Dieses Beispiel hat gezeigt, dass auch die Funktion selbst das Ziel der Optimierung sein kann. Dazu können entweder die Daten mithilfe einer Regression (deskriptiv) angepasst oder es kann durch zusätzliche Modellannahmen ein – den Sachverhalt erklärendes – optimales Modell gefunden werden (Greefrath 2008b).

6.7.3   Weitere Optimierungsprobleme

Es gibt jedoch auch andersartige Optimierungsprobleme, die nicht mithilfe von Funktionen und Differenzialrechnung bearbeitet werden. Dazu gehört die Klasse der Wegoptimierungsprobleme. So ist beispielsweise die Suche nach dem schnellsten Weg einem U-Bahn-Netz oder nach dem besten Weg für einen Briefzusteller in einem Stadtteil ein derartiges Problem. Es handelt sich um sogenannte kombinatorische Optimierungsprobleme (Hußmann und Lutz-Westphal 2015), bei denen die Menge der zulässigen Lösungen nicht kontinuierlich (wie z. B. der Radius der Konservendose), sondern diskret ist. Bei solchen Problemen verwendet man als mathematisches Modell häufig einen Graphen, also ein Gebilde aus Ecken und Kanten, bei dem jede Kante zwei Ecken verbindet.

Beispiel Briefzusteller

Wir betrachten als Beispiel ein Wohngebiet, in dem der optimale Weg für einen Briefzusteller gesucht wird, d. h., alle Straßen sollen genau einmal abgelaufen werden. Die
Straßen in diesem Wohngebiet können in diesem Beispiel durch den folgenden Graphen
veranschaulicht werden (s. Abb. 6.44).

Man kann aber einen gegebenen Graphen nur dann ohne abzusetzen zeichnen und dabei jede Kante genau einmal durchlaufen, wenn alle Ecken eine gerade Ordnung besitzen
oder genau zwei Ecken von ungerader Ordnung sind. Die Ordnung einer Ecke ist dabei die
Zahl der Kantenenden, die die Ecke treffen. Falls genau zwei Ecken eine ungerade Ordnung besitzen, ist die eine Anfangspunkt und die andere Endpunkt eines solchen Weges
(Nitzsche 2005, S. 25).

Es kann also in diesem Beispiel keinen Weg geben, bei dem der Briefzusteller jeden
Weg genau einmal durchläuft, da in diesem Zustellgebiet nicht an jeder Kreuzung vier,
sechs oder acht Straßen zusammentreffen. Daher stellt sich für den Briefzusteller die Frage, welche Straßen er doppelt gehen soll. Man sucht nun im zugehörigen Graphen – also
im zugehörigen deskriptiven Modell des Stadtteils – an Ecken mit ungerader Ordnung
nach Möglichkeiten, durch Einfügen von möglichst wenigen Kanten alle Eckenordnun-
gen so zu verändern, dass sie gerade sind. Ein Beispiel für eine mögliche Briefzusteller-
Tour in diesem Wohngebiet zeigt die folgende Abbildung (s. Abb. 6.45).

Abb. 6.44 Graph eines Wohn-
gebiets

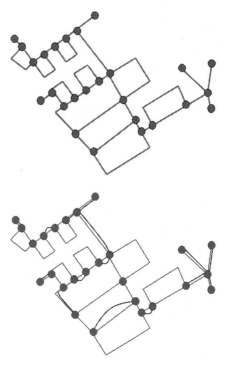

Abb. 6.45 Eine mögliche
Briefzusteller-Tour in diesem
Wohngebiet

Beispiel Stromnetz

Ein zweites Beispiel für ein Optimierungsproblem ist der Bau eines Stromnetzes. Auch dieses Problem kann als Graph modelliert werden. Dabei entsprechen die Ecken den Verzweigungen oder den Abnehmern des Netzes und die Kanten den Leitungen. Hier ist nicht ein erstellter Graph, sondern bereits die Struktur des Graphen bei der Erstellung zu optimieren. Zwar liegt bei derartigen Problemen die Lage einiger Ecken in der Regel fest, allerdings können zusätzliche Ecken, also Stellen, an denen Verzweigungen des Netzes gebaut werden, frei gewählt werden. Betrachten wir als einfachstes Beispiel ein geplantes Netz, bestehend aus einer Quelle und zwei Verbrauchern, also drei zu verbindenden Punkten, so kann unter bestimmten Bedingungen durch Einfügen eines weiteren Punktes die Gesamtlänge des Netzes reduziert werden.

Die beiden Beispiele zeigen, wie kombinatorische Optimierung und Modellierung zusammenhängen können. Im ersten Beispiel mit dem Weg des Briefzustellers wird durch Reduktion auf wesentliche Informationen ein deskriptives Modell des Stadtteils entwickelt. An diesem Modell wird dann das Optimierungsproblem gelöst. Dazu werden weitere Kanten – entsprechend den Wegen des Briefträgers – so eingefügt, dass der Gesamtweg optimal ist. Im Beispiel des optimalen Stromnetzes findet die Optimierung noch während der Modellentwicklung statt. Dazu werden zusätzliche Ecken in den Graphen an optimalen Stellen eingefügt. Hier wird also ein deskriptives Modell, das die Verbraucher eines Stromnetzes beschreibt, entsprechend weiterentwickelt, indem weitere Ecken eingefügt wurden. Dieses neue Modell lässt sich dann für den Bau des Stromnetzes als Vorlage verwenden. Dieser Optimierungsprozess zeigt daher deskriptive und normative Anteile der Modellierung.

Optimierung mit Tabellen

Optimierungsprobleme können auch mit anderen mathematischen Werkzeugen als Funktionen und Graphen bearbeitet werden. Ein bekanntes Beispiel ist die Suche nach der optimalen Tankstelle in einem Grenzgebiet mit unterschiedlichen Kraftstoffpreisen (Blum und Leiß 2005).

Im konkreten Beispiel wird für zwei Autofahrer und eine Autofahrerin, die in Deutschland grenznah zu Tschechien und Österreich wohnen, untersucht, an welchem Ort das Tanken am günstigsten ist. Für die Modellierung muss zunächst nach geeigneten Faktoren zur Vereinfachung des Problems gesucht werden. Eine mögliche Liste solcher Faktoren könnte sein:

- Benzinpreise in Deutschland und im Ausland
- Entfernung zu den jeweiligen Tankstellen
- Tankvolumen
- Verbrauch pro 100 km

	A	B	C	D	E	F	G
1		Preis	Entfernung in km	Preis für 55 Liter	Preis für die Fahrt	Gesamtkosten	Differenz
2	Waldkirchen	1,25 €	0	68,75 €	0,00 €	68,75 €	0,00 €
3	Stozec	0,99 €	22	54,45 €	3,44 €	57,89 €	10,86 €
4	Strázny	0,96 €	33	52,80 €	5,01 €	57,81 €	10,94 €
5	Ulrichsberg	1,03 €	28	56,65 €	4,56 €	61,21 €	7,54 €
6	Schwarzenberg	1,06 €	18	58,30 €	3,01 €	61,31 €	7,44 €
7							

Abb. 6.46 Tabelle zur Optimierung

	A	B	C	D	E	F	G	H	I
1		Preis	Entfernung in km	Preis für 55 Liter	Preis für die Fahrt	Gesamtkosten	Verschleißkosten	Gesamtkosten	Differenz
2	Waldkirchen	1,25 €	0	68,75 €	0,00 €	68,75 €	0,00 €	68,75 €	0,00 €
3	Stozec	0,99 €	22	54,45 €	3,44 €	57,89 €	4,40 €	62,29 €	6,46 €
4	Strázny	0,96 €	33	52,80 €	5,01 €	57,81 €	6,60 €	64,41 €	4,34 €
5	Ulrichsberg	1,03 €	28	56,65 €	4,56 €	61,21 €	5,60 €	66,81 €	1,94 €
6	Schwarzenberg	1,06 €	18	58,30 €	3,01 €	61,31 €	3,60 €	64,91 €	3,84 €
7									

Abb. 6.47 Tabelle zur Optimierung mit Berücksichtigung der Verschleißkosten

Diese Liste kann im Prinzip weiter fortgesetzt werden. Dies hängt davon ab, wie detailliert und komplex das Modell werden soll. Ebenso ist es beispielsweise denkbar, die Höchstgrenze für Reservekanister, die Verschleißkosten oder die benötigte Zeit für die Tankfahrt in das Modell aufzunehmen. Weitere Punkte wie Umweltbelastung und Unfallrisiko können ebenfalls in das Modell einbezogen werden. Bei der Bildung des mathematischen Modells ist nun zu entscheiden, welche Faktoren tatsächlich berücksichtigt werden sollen.

Ein mögliches Modell (s. Abb. 6.46) berücksichtigt die vier oben genannten Punkte. Konkret gehen wir von einem Durchschnittsverbrauch von 7,9 l pro 100 km aus. Damit werden dann die Tankkosten und die Benzinkosten für die Tankfahrt berechnet. Als optimal wird der Ort der Tankstelle angesehen, an dem die Summe der Tank- und der Benzinkosten für die Tankfahrt am niedrigsten ist. Die vorstehende Tabelle zeigt eine solche Berechnung. Die so bestimmten Gesamtkosten können nun verglichen und die in diesem Modell optimale Tankstelle kann anschließend ausgewählt werden.

Für unterschiedliche Durchschnittsverbrauchswerte muss die Tabelle entsprechend angepasst werden. Die Verwendung der Tabellenkalkulation ist hier sehr hilfreich, da die entsprechenden Rechnungen alle gleichartig sind und für unterschiedliche Durchschnittsverbräuche wiederholt werden müssen. Die Optimierung besteht hier in der Auswertung der entsprechenden Spalte der Tabelle für unterschiedliche Annahmen.

Die Ergebnisse verändern sich schließlich, wenn die Zeit, die durch eine längere Fahrt zur günstigsten Tankstelle verloren geht, mit in die Rechnung einbezogen wird. Einen ähnlichen Einfluss hätte die Berücksichtigung der Verschleißkosten. Dies ist in der Abb. 6.47 dargestellt.

Aber auch diese Modellierung umfasst noch längst nicht alle relevanten Faktoren. So führt die Einbeziehung von Abschreibungskosten, aber auch die Möglichkeit, einen Reservekanister zu füllen, zu neuen Modellierungen und verändert dann auch den Ort der optimalen Tankstelle.

Dieses Beispiel zeigt einen starken normativen Charakter des Optimierens mithilfe mathematischer Modelle. Der Ort der optimalen Tankstelle hängt davon ab, welche Faktoren das gewählte Modell berücksichtigt und wie diese gewichtet werden (Greefrath und Laakmann 2007).

6.7.4 Optimieren und Modellieren

Man kann viele Optimierungsprobleme auch mit dem Computer bearbeiten. Dann vergrößert sich meist die Anzahl alternativer Lösungsmöglichkeiten noch weiter. Dabei kommen häufig Simulationen zum Einsatz. Beim Simulieren geht es darum, einen Vorgang, einen Prozess oder ein Experiment mithilfe mathematischer Modelle zu untersuchen. Simulationen kann man auffassen als Experimente mit mathematischen Modellen, die Erkenntnisse über das im Modell dargestellte reale System oder das Modell selbst liefern sollen (Greefrath und Weigand 2012). Insbesondere die Frage nach einem unter bestimmten Aspekten optimalen Zustand des realen Systems kann häufig sinnvoll mithilfe einer Simulation beantwortet werden.

Aus Sicht der Angewandten Mathematik kann man Simulationen mit digitalen Werkzeugen als Teil eines Modellierungskreislaufs verstehen, in dem ein aus dem mathematischen Modell entwickeltes numerisches Modell getestet wird, um durch Vergleich mit Messergebnissen das Modell zu validieren (Sonar 2001). Durch Simulationen werden Daten gesammelt, die zu unterschiedlichen Zwecken verwendet werden können. Eine Möglichkeit ist, Informationen über das simulierte System zu gewinnen. Eine andere Möglichkeit ist es die Daten zur Optimierung des verwendeten Modells zu nutzen. Dies kann geschehen indem die bei der Simulation ermittelten Daten mit den realen Daten verglichen werden. In einem solchen Fall ist die Simulation ein Teil des Modellbildungskreislaufs zur Entwicklung eines geeigneten Modells der realen Situation (Sonar 2001). Dies wird in Abb. 6.48 dargestellt.

Mit dem Computer können viele Probleme, die sonst mit Funktionen bearbeitet werden, auch numerisch mithilfe eines Tabellenkalkulationsprogramms oder geometrisch mithilfe einer dynamischen Geometriesoftware bearbeitet werden. So ist es möglich, dass sich auch die Art des verwendeten Modells verändert und beispielsweise ein kontinuierliches Problem nicht mithilfe von Funktionen, sondern numerisch oder grafisch gelöst wird.

Die oben genannten Beispiele zeigen die Vielfalt von Optimierungsproblemen mit realem Hintergrund. Optimierungsprobleme im Unterricht sollten daher nicht auf die Behandlung deskriptiver funktionaler Modelle wie im Beispiel der Konservendose beschränkt werden, die mithilfe der Differenzialrechnung optimiert werden. Optimierungsprobleme sind einerseits häufig für Schülerinnen und Schüler sehr motivierend und andererseits vor dem Hintergrund eines allgemeinbildenden Mathematikunterrichts unter dem Aspekt der Umwelterschließung sehr interessant. Sie reichen von funktionalen über grafische bis zu diskreten numerischen Modellen. Die Optimierung kann nach oder während der Modellerstellung stattfinden und es gibt deskriptive und normative Modellierungen (s. Abb. 6.49).

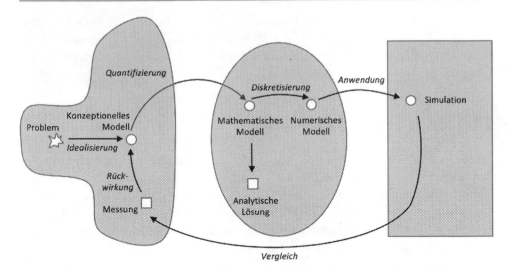

Abb. 6.48 Simulation als Teil des erweiterten Modellierungskreislaufs. (Vgl. Sonar 2001)

Abb. 6.49 Vielfalt von Optimierungsproblemen

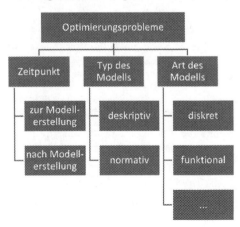

6.8   Aufgaben zur Wiederholung und Vertiefung

6.8.1   Eigenschaften von Funktionen

Zeigen Sie mithilfe der Definitionen, dass Folgendes gilt:

1. $f(x) = x^3$ ist eine wachsende Funktion.
2. $f(x) = -7x$ ist eine fallende Funktion.
3. $f(x) = 3x$ ist eine additive Funktion.
4. $f(x) = x$ ist eine multiplikative Funktion.

6.8.2   Proportionale und antiproportionale Zuordnungen

Gegeben ist der Graph einer proportionalen Zuordnung.

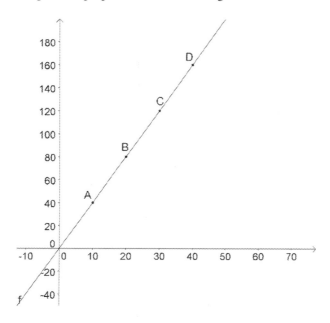

1. Erläutern Sie anschaulich mithilfe des Graphen die Eigenschaften Verhältnisgleichheit, Quotientengleichheit, Additivität und die Mittelwerteigenschaft.
2. Zeigen Sie mithilfe eines selbst gewählten Beispiels, dass die Additivität und die Mittelwerteigenschaft für antiproportionale Zuordnungen nicht gelten.

6.8.3   Wachstumsfunktionen

Das Hefewachstum kann alternativ durch eine Gleichung der Form

$$f(t + h) = f(t) + k \cdot (S - f(t)) \cdot f(t) \cdot h$$

beschrieben werden.

1. Stellen Sie Gemeinsamkeiten und Unterschiede zur Gleichung des exponentiellen Wachstums dar.
2. Stellen Sie Gemeinsamkeiten und Unterschiede zur Gleichung des beschränkten Wachstums dar.
3. Interpretieren Sie die Konstanten k und S im Sachzusammenhang des Hefewachstums.

4. Notieren Sie eine passende Differenzialgleichung zur kontinuierlichen Modellierung des Hefewachstums.
5. Finden Sie mithilfe der bekannten Lösungsfunktion der Differenzialgleichung

$$f'(t) = c \cdot f(t) - d \cdot f(t)^2$$

eine Lösungsfunktion für die Gleichung aus 4. in Abhängigkeit von den Parametern k und S.

6.8.4   Allometrisches Wachstum

1. Recherchieren Sie den Begriff „allometrisches Wachstum".
2. Finden Sie ein Beispiel für einen Wachstumsprozess, der durch eine Potenzfunktion beschrieben werden kann, und stellen Sie die Annahmen für dieses Wachstumsmodell dar.
3. Berechnen Sie die „Verdoppelungszeit" im Fall des Wachstumsansatzes mit Potenzfunktionen.

7.1 Schwierigkeiten im Kontext von Anwendungen

Anwendungsbezogene Aufgaben werden aus vielfältigen Gründen nicht so intensiv im Unterricht eingesetzt, wie es wünschenswert ist. Beispielsweise treten organisatorische, persönliche und materialbezogene Hindernisse auf.

Häufig benötigen Aufgaben zu Anwendungen und Modellierungsaufgaben eine längere Bearbeitungszeit, als dies in einer Schulstunde möglich ist. Für derartige Aufgaben müssen unter Umständen umfangreiche Recherchen oder Experimente durchgeführt werden. Hier ist projektartiges Arbeiten vorteilhaft, wenn es organisatorisch möglich erscheint. Ebenfalls ist es schwierig, entsprechend umfangreiche Aufgaben in Prüfungen zu verwenden. Dies hat wiederum Rückwirkungen auf den tatsächlichen Einsatz im Unterricht und die Motivation der Schülerinnen und Schüler.

Die Verwendung von Aufgaben mit außermathematischen Kontexten stellt Schülerinnen und Schüler sowie Lehrerinnen und Lehrer vor neue Herausforderungen. Möglicherweise sind hier persönliche Vorbehalte gegen anspruchsvolle und zusätzliche Tätigkeiten (wie beispielsweise die Vereinfachung und Übersetzung in das mathematische Modell) im Mathematikunterricht vorhanden. Auch für die Lehrenden bedeutet anwendungsbezogener Mathematikunterricht mehr Vorbereitungsaufwand.

Für den Unterricht gibt es heutzutage vielfältige Materialien, um Realitätsbezüge einzubeziehen. Exemplarisch sei hier die Schriftenreihe der ISTRON-Gruppe genannt. Dennoch sind Sach- und Modellierungsaufgaben in viele Schulbücher noch nicht so integriert, dass auf weitere Materialien, die erst aufwändig gesucht werden müssen, verzichtet werden könnte (Blum 1996, S. 31 f.).

Eine Möglichkeit besteht darin, passende Anwendungs- oder Modellierungsaufgaben und Projekte selbst zu erstellen. Hierzu gibt es vielfältige Ansätze wie beispielsweise das Öffnen (Dockhorn 2000) oder Variieren (Schupp 2000) von Schulbuchaufgaben und das Erstellen von eigenem Material (Greefrath 2009b).

© Springer-Verlag GmbH Deutschland, ein Teil von Springer Nature 2018
G. Greefrath, *Anwendungen und Modellieren im Mathematikunterricht*,
Mathematik Primarstufe und Sekundarstufe I + II,
https://doi.org/10.1007/978-3-662-57680-9_7

Tab. 7.1 Bewertung von Modellierungsaufgaben. (Maaß 2007, S. 40)

Bereich	Aspekte	Anteil
Bildung des Realmodells	Sinnvolle Annahmen Angemessene Vereinfachung	20 %
Mathematische Bearbeitung	Mathematisierung der Größen und Beziehungen Mathematische Notation Heuristische Strategien Korrektheit der Lösung	25 %
Interpretation der Lösung	Realitätsbezug der Interpretation Korrektheit der Interpretation	10 %
Kritische Reflexion	Berücksichtigung aller Aspekte Inhaltliche Tiefe Hinzunahme von Vergleichswerten	20 %
Dokumentation und Vorgehen	Schrittweise Dokumentation Globale Planung Zielgerichtetes Vorgehen	25 %

Eine Schwierigkeit bei Aufgaben mit Sachkontext bzw. Modellierungsaufgaben ist die Frage der Beurteilung von Schülerarbeiten. Katja Maaß (2007) regt an, nicht nur die mathematische Bearbeitung, sondern auch den Modellierungsprozess in die Beurteilung mit einzubeziehen. Sie schlägt vor, die Bildung des Realmodells, die Interpretation der Lösung, die kritische Reflexion, die Dokumentation und die Art des Vorgehens zusätzlich zur mathematischen Bearbeitung in die Beurteilung einzubeziehen. Ein Beurteilungsschema könnte etwa wie in Tab. 7.1 aussehen.

Auch die Schülerinnen und Schüler können im anwendungsorientieren Unterricht in vielen Fällen auf Schwierigkeiten stoßen. Insbesondere bei der Bearbeitung von Modellierungsaufgaben können an vielen Stellen Probleme auftreten, die hier am Modellierungskreislauf verdeutlicht werden sollen (s. Abb. 7.1).

In den beiden ersten Schritten des idealisierten Modellierungskreislaufs werden das Realmodell und das mathematische Modell aufgestellt. Hier kann es vorkommen, dass falsche Annahmen in das Modell eingehen oder die Realsituation unangemessen vereinfacht wird. Schülerinnen und Schülern fehlt häufig Stützpunktwissen, z. B. bezüglich Längen und Anzahlen. Außerdem werden Werte oft nicht kritisch hinterfragt, sondern einfach übernommen. Bei diesen Schwierigkeiten kommt dem Aufgabentext bzw. der Darstellung des Problems eine besondere Rolle zu. Durch eine klare Darstellung kann häufig das Verständnis des Problems positiv beeinflusst werden.

Beim Übertragen des Realmodells in das mathematische Modell können ebenfalls Probleme auftreten. Sie hängen unter anderem von den zur Verfügung stehenden mathematischen Modellen ab. Hier können beispielsweise falsche Symbole und Algorithmen ausgewählt oder Fehler in Formeln gemacht werden.

Auch bei der Arbeit im mathematischen Modell können Probleme auftreten. Gerade bei Modellierungsaufgaben finden Schülerinnen und Schüler aber häufig die Rechenfehler selbstständig, wenn dazu entsprechend Gelegenheit geboten wird.

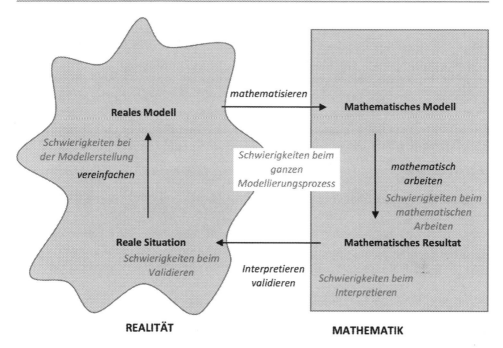

Abb. 7.1 Mögliche Schwierigkeiten bei Modellierungsaufgaben. (Vgl. Maaß 2004, S. 160 f.)

Das Interpretieren und Validieren von Ergebnissen des mathematischen Modells wird häufig nicht ernst genug genommen. Schülerinnen und Schülern fehlen zum Teil Kontrollkompetenzen, speziell im Bereich von Plausibilitätsbetrachtungen. Insbesondere die Validierung muss genauer in den Blick genommen werden.

Maull und Berry haben am Beispiel der Abkühlung von Tee das Modellierungsverhalten von vier Schülergruppen untersucht. Dabei zeigten drei Gruppen einen experimentellen Zugang zu diesem Problem. Sie verwendeten allerdings wenig Zeit für die Betrachtung der Komplexität des Sachkontextes. Außerdem wurde der Modellierungskreislauf nicht vollständig durchlaufen, da keine Reflexion des Modells stattfand. Eine Gruppe verwendete unreflektiert ein mathematisches Modell für dieses Problem. In allen Fällen war auffällig, dass keine Validierung stattfand (Maull und Berry 2001).

Während die genannten Schwierigkeiten konkret einzelnen Punkten im Modellierungskreislauf zugeordnet werden können, gibt es auch Schwierigkeiten, die den ganzen Modellierungsprozess betreffen. So kann es vorkommen, dass Schülerinnen und Schüler den Überblick verlieren und ihren Lösungsplan nicht weiterverfolgen oder keinen Bezug zur Mathematik herstellen, um das Problem weiterzubearbeiten. Ebenfalls problematisch ist, wenn Schülerinnen und Schüler ihre Bearbeitung nicht darstellen können. Dann ist eine Beurteilung ihrer Leistungen kaum möglich (Maaß 2004, S. 160 f.).

Es gibt unterschiedliche Möglichkeiten, diesen Schwierigkeiten von Schülerinnen und Schülern mit Modellierungsaufgaben zu begegnen. Einerseits gibt es Lösungspläne speziell für Modellierungsaufgaben (s. Abschn. 7.2), andererseits ermöglichen Aufgaben zu

Teilkompetenzen des Modellierens (s. Abschn. 4.2.1) gezielt den Umgang mit Schwierigkeiten an bestimmten Stellen im Modellierungskreislauf wie beispielsweise dem Validieren. Des Weiteren kann das Bewusstmachen des Modellierungsprozesses durch entsprechende Kreislaufdarstellungen Fehlern, die den ganzen Modellierungskreislauf betreffen,
vorbeugen.

7.2 Umgang mit Ungenauigkeit

Felix Klein hat zwei Bereiche der Mathematik charakterisiert und diese *Präzisionsma-
thematik* und *Approximationsmathematik* genannt. Dabei legt er Wert darauf, dass diese
beiden Gebiete als gleichberechtigte Gesichter der Mathematik gesehen werden (Blankenagel 1985, S. 11). Speziell im Zusammenhang mit anwendungsbezogenen Aufgaben
spielt die Frage des Umgangs mit der Ungenauigkeit, also die Approximationsmathematik, eine große Rolle.

In Schulbüchern findet man zum Umgang mit der Ungenauigkeit häufig zu Beginn der
Sekundarstufe I Aufgabenbeispiele zum Runden, Überschlagen und Schätzen, die allerdings später oft nicht mehr aufgegriffen werden (s. Abb. 7.2).

Es gibt außer innermathematischen Aspekten des Umgangs mit Daten wie beispielsweise Runden auch kontextbezogene Aspekte wie das Schätzen. Betrachtet man den Umgang mit Daten im Modellierungskreislauf, so kommt der Umgang mit der Ungenauigkeit
in allen Schritten des Modellierungskreislaufs vor. Zum einen werden Daten im Bereich
der Modellerstellung beschafft und zum anderen im Bereich der Arbeit im mathematischen Modell verarbeitet. Anschließend werden die Ergebnisse interpretiert und kontrolliert. In allen Bereichen gibt es unterschiedliche typische Tätigkeiten beim Umgang mit
der Ungenauigkeit.

Die Beschaffung von Daten aus der Realität kann unterschiedlich realisiert werden. Sie
kann beispielsweise durch *Schätzen* erfolgen (s. Abb. 7.3). Beim Schätzen findet – anders
als beim Raten – ein gedanklicher Vergleich mit bekannten Größen statt. Diese bekann-

Überschlagen
Häufig kann man nicht gut mit genauen Zahlen
rechnen. Dann kann man überschlagen – also
mit gerundeten Zahlen rechnen.

Die Klasse 5 hat als Klassenfahrt eine Radtour
gemacht. Geplant waren 160 km. Lisa hat die
täglichen Strecken notiert.
Stimmt die Planung?

Tag	Montag	Dienstag	Mittwoch	Donnerstag	Freitag
Kilometer	21,9	29,1	35,8	41,2	32,7

Abb. 7.2 Schulbuchbeispiel zum Überschlagen. (Vgl. Kliemann et al. 2006, S. 58)

Schätzen

Wie viele Fische sind wohl in diesem Schwarm?

Manchmal können wir nicht die genau Anzahl, Länge oder Masse bestimmen.

Eine ungefähre Anzahl oder eine ungefähre Maßzahl erhält man durch **Schätzen**. Dazu braucht man **Vergleichsgrößen** und **Erfahrung**.

Abb. 7.3 Schulbuchbeispiel zum Schätzen. (Vgl. Emde et al. 1998, S. 88)

ten Größen können – abhängig von sogenanntem Stützpunktwissen – beispielsweise der Inhalt einer Milchpackung oder die Breite einer Tür sein. Beim *Raten* dagegen werden die Werte ohne Anhaltspunkte gefunden. Legt man beim Schätzen zusätzlich ein mögliches Maximum und Minimum des Schätzwertes fest, so wird dies auch mit dem Begriff *Abschätzen* bezeichnet.

Auch durch *Messen* ist die Beschaffung von Daten möglich. Während beim Schätzen und Abschätzen ein gedanklicher Vergleich vorliegt, wird beim Messen mithilfe von Messinstrumenten ein direkter Vergleich mit einer festgelegten Einheit durchgeführt. Messungen sind in der Regel durch den Messprozess einer Ungenauigkeit unterworfen. Wenn beispielsweise ein Messbecher eine Einteilung in der Einheit Milliliter besitzt, so wird der Wert beim Ablesen praktisch in dieser Größenordnung gerundet (s. Abb. 7.4).

Handelt es sich um eine Anzahl von Objekten, kann mithilfe von *Abzählen* ein Wert bestimmt werden. Dies kann ggf. unter Verwendung einer geschickten Systematik geschehen.

Ebenso muss man bei der Datenverarbeitung mit der Ungenauigkeit umgehen. Beim *Runden* wird mithilfe bestimmter Regeln ein Ergebnis ermittelt. Diese Regeln können einerseits vorher festgelegt sein (z. B. Aufrunden für die Ziffern 5, 6, 7, 8, 9; Abrunden für die Ziffern 1, 2, 3, 4) oder andererseits aus der realen Situation abgeleitet werden. So würde bei einer Aufgabe, in der die Anzahl der Taxis berechnet werden soll, die für 13 Personen benötigt werden, das Ergebnis in jedem Fall aufgerundet, da alle Personen befördert werden sollen. Allerdings ist die Rundung im Sachkontext nicht in allen Fällen eindeutig. Wird beispielsweise die Höhe eines Berges gerundet, muss man sich fragen, ob Messgenauigkeit und Schneehöhe eine Rundung auf Meter überhaupt sinnvoll erscheinen lassen. Hier kann man abhängig vom jeweiligen Kontext zu unterschiedlichen Einschätzungen kommen (s. Beispiel).

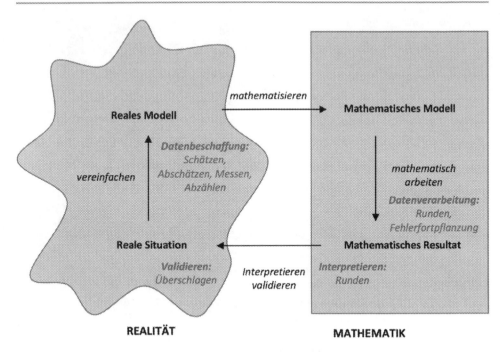

Abb. 7.4 Umgang mit der Ungenauigkeit im Modellierungskreislauf

Beispiel zur Messgenauigkeit von Zeiten (vgl. Affolter et al. 2006, S. 32)

Olympische Spiele 1972

Bei den Olympischen Spielen in München 1972 wurden die Zeiten bei den Schwimmwettbewerben auf 0,001 Sekunde genau gemessen. Im 400-m-Lagen-Finale wurden folgende Zeiten gemessen:

Gold: G. Larson   4:31,981
Silber: A. Mc Kee   4:32,983

a) Wie viele Millimeter Vorsprung hatte G. Larson auf A. Mc Kee?
b) Wie genau müsste das 50-m-Becken gebaut sein?
c) Nach den Olympischen Spielen 1972 wurden die Zeiten in den Schwimmwettbewerben auf Hundertstelsekunde gemessen. Begründe!

Beim Rechnen mit ungenauen Daten spielt die *Fehlerfortpflanzung*, also die Frage, wie sich die Ungenauigkeit durch die Rechenoperationen verändert, eine wichtige Rolle. In einfachen Fällen kann man die Fehlerfortpflanzung algebraisch, grafisch und numerisch veranschaulichen. Wir wollen im Folgenden die Addition und die Multiplikation von zwei fehlerbehafteten Größen betrachten.

Algebraisch kann die Fehlerfortpflanzung für die Addition wie folgt gesehen werden: Werden zwei ungenau bekannte Größen, beispielsweise die Länge x und die Länge y, addiert, und gehen wir davon aus, dass die Länge x um höchstens Δl vom tatsächlichen Wert l abweicht sowie die Länge y um höchstens Δb von b, dann bewegt sich der Wert x der ersten Länge zwischen $l - \Delta l$ und $l + \Delta l$ und der Wert y der zweiten Länge zwischen $b - \Delta b$ und $b + \Delta b$. Es gelten also für die beiden Größen die Ungleichungen

$$l - \Delta l \leq x \leq l + \Delta l$$

und

$$b - \Delta b \leq y \leq b + \Delta b.$$

Δl ist der absolute Fehler der Länge l und Δb der absolute Fehler der Länge b. Für die Summe $x + y$ der beiden Größen gilt dann die Ungleichung

$$(l - \Delta l) + (b - \Delta b) \leq x + y \leq (l + \Delta l) + (b + \Delta b)$$

bzw.

$$(l + b) - (\Delta l + \Delta b) \leq x + y \leq (l + b) + (\Delta l + \Delta b).$$

Die Summe weicht also höchstens um $\Delta l + \Delta b$ vom tatsächlichen Wert $l + b$ ab. Insgesamt kann festgehalten werden, dass sich im Fall der Addition die absoluten Fehler addieren. Für die Praxis kann man daraus die folgende Regel ableiten:

▶ Bei der **Summe** von Dezimalzahlen werden nur so viele Stellen nach dem Komma angegeben, wie der ungenaueste Summand aufweist (Blankenagel 1994, S. 136).
Beispiel: 13,1 m + 0,032 m $\approx$ 13,1 m

Bei Werten ohne Nachkommastellen kann die Regel sinngemäß für die Stellen vor dem Komma angewendet werden. Ein analoges Beispiel wäre etwa:

$$13.100 \, \text{m} + 32 \, \text{m} \approx 13.100 \, \text{m}$$

Dies gilt unter der Voraussetzung, dass der erste Summand tatsächlich nur bis zur Hunderterstelle genau angegeben werden kann.

Betrachtet man die Multiplikation von zwei Größen, dann kann der Fehler des Produkts wie folgt eingegrenzt werden:

$$(l - \Delta l) \cdot (b - \Delta b) \leq x \cdot y \leq (l + \Delta l) \cdot (b + \Delta b)$$

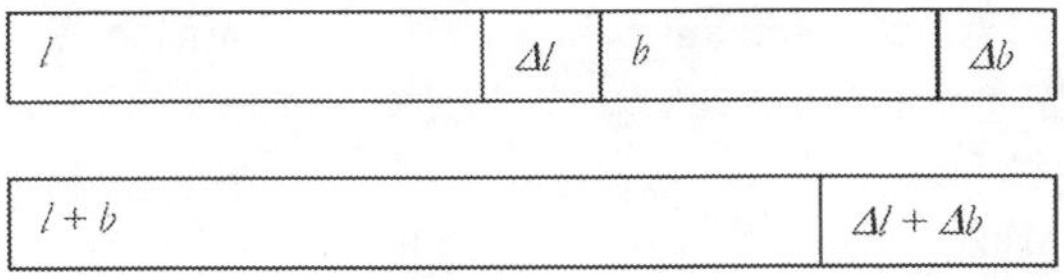

Abb. 7.5 Fehlerfortpflanzung
bei der Addition

l	Δl	b	Δb

$l + b$	$\Delta l + \Delta b$

bzw.

$$l \cdot b - (l \cdot \Delta b + b \cdot \Delta l) + \Delta l \cdot \Delta b \leq x \cdot y \text{ und}$$

$$x \cdot y \leq l \cdot b + (l \cdot \Delta b + b \cdot \Delta l) + \Delta l \cdot \Delta b.$$

Wir gehen bei dieser Betrachtung davon aus, dass die absoluten Fehler klein gegenüber den Näherungswerten sind und damit auch das Produkt der beiden Fehler $\Delta l \cdot \Delta b$ vernachlässigt werden kann.

In diesem Fall ist es sinnvoll, die relativen Fehler zu betrachten. Der relative Fehler der Größe l ist $\Delta l / l$ und der relative Fehler der Größe b ist $\Delta b / b$. Der maximale relative Fehler des Produkts beträgt dann ungefähr

$$\frac{l \cdot \Delta b + b \cdot \Delta l}{l \cdot b} = \frac{\Delta b}{b} + \frac{\Delta l}{l}.$$

Der relative Fehler des Produkts entspricht somit ungefähr der Summe der beiden relativen Fehler. Bei Dezimalzahlen sind die relativen Fehler durch die Anzahl der zuverlässigen Ziffern bestimmt. Daraus kann man auch für die Multiplikation von Dezimalzahlen eine Regel ableiten:

➤   In **Produkten** von Näherungswerten werden nur so viele Dezimalziffern angegeben, wie der ungenaueste Wert aufweist (Blankenagel 1994, S. 137).
     Beispiel: $13{,}1\,\mathrm{m} \cdot 0{,}032\,\mathrm{m} \approx 0{,}42\,\mathrm{m}^2$

In dem Beispiel hat der erste Faktor drei und der zweite Faktor zwei zuverlässige Ziffern. Das Produkt wird dementsprechend auf zwei zuverlässige Ziffern gerundet. Entsprechende Aussagen über Fehler sind auch für die Subtraktion und die Division möglich (Blankenagel 1994, S. 136 f.).

Für den Fall, dass es sich bei den Größen um Längen handelt, kann man die Fehlerfortpflanzung bei der Addition und der Multiplikation auch grafisch darstellen. Wir verwenden hier aus Gründen der Übersichtlichkeit nur die maximale Abweichung nach oben. Bei der Addition wird in der Abb. 7.5 deutlich, dass sich die absoluten Fehler addieren.

Bei der Multiplikation von Längen erhalten wir eine Fläche. Daher kann dieser Fall mithilfe eines Rechtecks veranschaulicht werden. Die Grafik – für den Fall der Abweichung nach oben – zeigt außer den Fehler-Rechtecken mit den Flächen $b \cdot \Delta l$ und $l \cdot \Delta b$, dass das Produkt $\Delta l \cdot \Delta b$ hier tatsächlich vernachlässigt werden kann (s. Abb. 7.6).

Abb. 7.6 Fehlerfortpflanzung
bei der Multiplikation

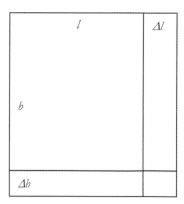

Abb. 7.7 Fragezeichenrechnung

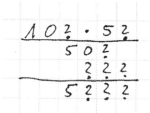

Die Summe der Flächen der beiden äußeren Rechtecke entspricht ungefähr dem maximalen Fehler im Fall der Multiplikation. Numerisch kann man Fehler mithilfe der *Doppelrechnung* bearbeiten (Blankenagel 1985, S. 56 ff.). Wir betrachten dazu als Beispiel die Längen $l = 100$ cm mit $\Delta l = 5$ cm und $b = 50$ cm mit $\Delta b = 3$ cm. Dann gilt für die Addition:

$$142\,\text{cm} \leq x + y \leq 158\,\text{cm}$$

Im Fall der Multiplikation gilt:

$$4465\,\text{cm}^2 \leq x \cdot y \leq 5565\,\text{cm}^2$$

Etwas einfacher für Schülerinnen und Schüler ist die sogenannte *Fragezeichenrechnung*. Dabei werden die mit Fehlern behafteten Ziffern durch Fragezeichen ersetzt. Dann wird die Rechnung schriftlich durchgeführt. Die Fragezeichen im Ergebnis signalisieren, an welcher Stelle etwa das Ergebnis ungenau ist (s. Abb. 7.7).

Nach diesem Ausblick auf die Fehlerfortpflanzung kommen wir noch einmal auf die Tätigkeiten mit ungenauen Werten im Modellierungskreislauf zurück.

Hat man nun ein Ergebnis erhalten, so muss dies noch interpretiert und kontrolliert werden. Hierzu muss das Ergebnis sinnvoll gerundet werden. Dies betrifft wiederum das Runden im Sachkontext. Außerdem ist durch *Überschlagen*, also vereinfachtes Rechnen mit gerundeten Daten, eine Kontrolle des Ergebnisses möglich.

Tab. 7.2 Umgang mit der Ungenauigkeit im Unterricht der Sekundarstufen. (Greefrath und Leuders 2009, S. 4)

Inhalt	Voraussetzung
Zweckabhängiges und sinnvolles Runden in Sachzusammenhängen	Größen mit Dezimalkomma
Genauigkeit der Addition im Stellenwertsystem, Genauigkeit der Multiplikation mit grafischer Darstellung	Dezimalzahlen, Flächeninhalt
Schriftliche Division mit sachbezogenem Runden, reflektierter Umgang mit Taschenrechnerzahlen, Doppelrechnung mit Zahlen	Periodische Dezimalzahlen
Doppelrechnung mit Variablen, Fehlerfortpflanzung bei der Multiplikation und in anderen funktionalen Zusammenhängen	Reelle Zahlen, Approximation, Intervallschachtelung, Variablen
Approximation von Funktionen	Ableitung, Potenzreihen

Alle diese Tätigkeiten im Umgang mit ungenauen Werten können in den Sekundarstufen an vielen Stellen erarbeitet werden. Die folgende Tab. 7.2 zeigt einen Vorschlag für eine Reihenfolge der entsprechenden Inhalte und eine Verteilung auf die Sekundarstufen.

Die Approximation von Funktionen ist erst in der Sekundarstufe II vorgesehen. Die anderen Inhalte können bereits in der Sekundarstufe I bearbeitet werden (Greefrath und Leuders 2009).

7.3 Lösungshilfen im Anwendungskontext

Der Einsatz anwendungsbezogener Aufgaben kann nicht nur mit Schwierigkeiten verbunden sein, sondern ermöglicht auch, Lösungshilfen – wie oben schon angedeutet – speziell für anwendungsbezogene Aufgaben zu formulieren.

Man unterscheidet unterschiedliche Arten von Hilfen. So können Hilfen beispielsweise dazu dienen, Schülerinnen und Schüler zur Weiterarbeit zu motivieren oder diesen mitzuteilen, ob ihre Lösungen oder ihre Strategien erfolgreich sind. Ebenso können inhaltliche Hinweise zur Lösung der Aufgabe gegeben werden.

Es sind also folgende Kategorien von Hilfen zu unterscheiden:

- Motivationshilfen
- Rückmeldungshilfen
- allgemeine strategische Hilfen
- inhaltsorientierte strategische Hilfen
- inhaltliche Hilfen

Innerhalb jeder Kategorie kann man noch zwischen *direkten* und *indirekten* Hilfen unterscheiden. Bei direkten Hilfen wird speziell eine Schülerin oder ein Schüler, eine konkrete Stelle in der Aufgabenbearbeitung oder ein konkreter mathematischer Inhalt angesprochen.

Bei indirekten Hilfen dagegen wird die ganze Klasse, die Aufgabenbearbeitung als Ganzes oder ein weniger konkreter mathematischer Inhalt angesprochen (Zech 1998, S. 315 ff.).

Viele Lösungspläne in der Literatur sind sehr umfangreich. Beispielsweise füllt eine Handlungsorientierung zum Lösen von Sachrechenaufgaben für die Sekundarstufe I eine ganze Buchseite (Zech 1998, S. 339). Sie besteht aus 15 Punkten, die teilweise noch durch mehrere Fragen konkretisiert werden. Die Schwierigkeit bei derartigen umfangreichen Lösungsplänen ist, dass sie einerseits ein eher starres Schema für die Bearbeitung festlegen und andererseits kaum ohne Notizen von Schülerinnen und Schülern beherrscht werden können. In der Praxis scheinen sich eher kürzere Lösungspläne durchzusetzen, die aus etwa vier Schritten mit wenigen Unterpunkten bestehen und flexibel eingesetzt werden können.

Die im Folgenden aufgeführten Lösungspläne gehören in der Mehrzahl zu den indirekten allgemeinen strategischen Hilfen, da sie zwar auf allgemeine fachliche Problemlöse- und Modellierungsmethoden hinweisen, aber keine konkreten und auf den Inhalt der Aufgabe bezogenen Hilfestellungen geben.

Außerdem gibt es viele spezielle, also inhaltliche und inhaltsorientierte strategische Hilfen für bestimmte Gebiete des mathematischen Unterrichts. So findet man auch spezielle Hinweise zum Ermitteln des mathematischen Ansatzes, d. h. zum Entwickeln des mathematischen Modells. Hier spielen Heuristiken wie Vorwärts- und Rückwärtsarbeiten und inhaltliche Hinweise zum Aufstellen von Gleichungen eine zentrale Rolle (Zech 1998, S. 341).

Ein sehr bekannter Lösungsplan für Problemlöseaufgaben stammt von Polya (s. Tab. 7.3). Er hat sich Mitte des 20. Jahrhunderts mit Problemlöseprozessen in der Mathematik beschäftigt.

Einen kürzeren Lösungsplan verwenden Zöttl und Reiss (2008) im Inhaltsbereich Geometrie. Dieser ist auf drei Phasen reduziert, nämlich

- Aufgabe verstehen,
- Rechnen,
- Ergebnis erklären.

Im Rahmen des Projekts KOMMA (KOMpendium MAthematik) wurden zusätzlich zum obigen Lösungsplan von Zöttl und Reiss (2008) fertige Lösungsbeispiele verwendet, die aus einer Problemstellung und der Angabe von Lösungsschritten bestehen. Im Bereich des mathematischen Begründens und Beweisens konnten bereits positive Effekte beim Einsatz solcher Lösungsbeispiele nachgewiesen werden (Reiss und Renkl 2002).

Einen alternativen Lösungsplan findet man bei Greefrath und Leuders (2013). Bei dessen Erstellung wurden Problemlöseschritte von Polya stärker berücksichtigt. Schoenfeld (1985) knüpft daran an und beschreibt einige Schritte etwas detaillierter. Er unterscheidet am Ende des Problemlöseprozesses zwischen Verifikation und Übergang. Der vorgeschlagene Lösungsplan für Lernende zu Beginn der Sekundarstufe beinhaltet daher fünf

Tab. 7.3 Lösungsplan für Problemlöseaufgaben. (Polya 1949)

1	Verstehen der Aufgabe	Du musst die Aufgabe verstehen.	Was ist unbekannt? Was ist gegeben? Wie lautet die Bedingung? (...)
2	Ausdenken eines Plans	Suche den Zusammenhang zwischen den Daten und der Unbekannten. Du musst vielleicht Hilfsaufgaben betrachten (...) Du musst schließlich einen Plan der Lösung erhalten.	Hast Du dieselbe Aufgabe in einer wenig verschiedenen Form gesehen? Versuche zuerst eine verwandte Aufgabe zu lösen. Hast Du alle Daten benutzt? (...)
3	Ausführen des Plans	Führe Deinen Plan aus.	Wenn Du Deinen Plan der Lösung durchführst, so kontrolliere jeden Schritt. Kannst Du deutlich sehen, dass der Schritt richtig ist?
4	Rückschau	Prüfe die erhaltene Lösung.	Kannst Du das Resultat kontrollieren? Kannst Du das Resultat auf verschiedene Weise ableiten? Kannst Du die Methode für irgendeine andere Aufgabe gebrauchen?

Schritte und kann sowohl für Modellierungs- als auch für Problemlöseaufgaben verwendet werden:

- Problem verstehen: in eigenen Worten formulieren
- Ansatz wählen: Annahmen beschreiben und Rechenweg planen
- Durchführen: Rechnung durchführen
- Ergebnis erklären
- Kontrollieren: von Ergebnis, Rechnung und Ansatz

Es gibt auch spezielle Lösungshilfen zu bestimmten Problemlösestrategien. Der Vorteil ist, dass diese Hilfen konkreter ausfallen können, da sie auf eine bestimmte Strategie fokussieren. Der Nachteil ist allerdings, dass sie nicht mehr in allen Fällen eingesetzt werden können, sondern nur dann, wenn die spezielle Strategie auch weiterhilft.

Zum Üben bestimmter Strategien kann dieses Vorgehen durchaus sinnvoll sein. Beispielsweise findet man für die Problemlösestrategie *Tabelle anlegen* folgende Lösungshilfen, die mithilfe eines Beispielproblems erklärt werden.

Speziell für die Bearbeitung von Modellierungsaufgaben wurden verschiedene Lösungspläne entwickelt (s. Abschn. 2.4).

Beispielaufgabe zur Problemlösestrategie „Tabelle anlegen"

Problem: Jedes Jahr zum Geburtstag bekommt Peter 50 € von seinen Großeltern. Er hat das Geld immer in seinem Zimmer aufbewahrt und bisher nichts davon ausgegeben. Heute ist sein 12. Geburtstag. Er möchte sein gesamtes Geld zur Bank bringen und ein Konto eröffnen, das jährlich 2,1 % Zinsen einbringt. Wenn Peter sein Geburtstagsgeld weiterhin jedes Jahr einzahlt, wie viel Geld ist dann nach 3 Jahren auf seinem Konto?

Verstehen

1. Welche Informationen sind gegeben?

Planen

2. Kannst Du eine Tabelle anlegen, die Dir hilft, das Problem zu lösen?

3. Wenn ja, wie würde sie aussehen?

Lösen

4. Welche Rechenschritte führst Du beim Ausfüllen der Tabelle durch?

5. Wie viel Geld ist nach 3 Jahren auf Peters Konto?

Überdenken

6. Scheint Deine Antwort sinnvoll zu sein? (Bolzen 2007)

Auch für die in Kap. 5 diskutierten Optimierungsprobleme mit Funktionen kann man inhaltsorientierte strategische Hilfen angeben. Diese könnten etwa die folgenden Punkte beinhalten:

1. Notiere Ausgangsgrößen und gesuchte Größen und verwende geeignete Bezeichnungen.
2. Erstelle eine Skizze der gegebenen Situation.
3. Stelle mithilfe der Größen aus 1. eine Zielfunktion auf.
4. Formuliere geeignete Nebenbedingungen.
5. Verwende die Nebenbedingungen, sodass eine Zielfunktion in Abhängigkeit von nur einer Ausgangsgröße entsteht.
6. Bestimme mithilfe der Differenzialrechnung die Maxima bzw. Minima der Zielfunktion.
7. Überprüfe den Definitionsbereich und die Ränder des Definitionsbereichs.
8. Formuliere eine Antwort für das gegebene Problem.

Ähnliche Vorschläge findet man häufig auch in Schulbüchern für die Sekundarstufe II (s. Abb. 7.8). Hier ist die Inhaltsorientierung deutlich stärker als beim Lösungsplan aus Tab. 7.3, da eine Verwendung für Probleme aus einem anderen Gebiet praktisch ausgeschlossen ist, während dies durch leichte Veränderungen am Lösungsplan für Modellierungsaufgaben möglich wäre.

Strategie für das Lösen von Extremwertproblemen

1. Beschreiben der Größe, die extremal werden soll, durch einen Term.
2. Ggf. Suche von Nebenbedingungen
3. Bestimmen der Zielfunktion
4. Untersuchen der Zielfunktion auf Extrema
5. Untersuchung der Randwerte
6. Formulierung des Ergebnisses

Abb. 7.8 Strategie für das Lösen von Extremwertproblemen im Schulbuch. (Vgl. etwa Brandt und Reinelt 2007, S. 93)

Die Schrittfolge zeigt, dass häufig sehr gleichartige Probleme in der Schule bearbeitet werden. So besteht die Gefahr, dass nicht mehr die Probleme selbst, sondern das Schema zur Lösung der Probleme in den Mittelpunkt gestellt wird.

Auch für Aufgaben zum Dreisatz kann man inhaltsbezogene strategische Hilfen angeben. Dies könnte etwa wie folgt aussehen (Herling et al. 2008, S. 28):

1. Überlege, ob für die Größen der Zusammenhang „je mehr – desto mehr" oder „je mehr – desto weniger" vorliegt.
2. Überlege im ersten Fall, ob auch dem Doppelten das Doppelte, dem Dreifachen das Dreifache ... oder im anderen Fall dem Doppelten die Hälfte, dem Dreifachen ein Drittel ... zugeordnet wird.
3. Ist die Zuordnung proportional bzw. antiproportional, dann verwende eine Tabelle zur Berechnung der gesuchten Größe.
4. Notiere einen Antwortsatz.

Dieses Schema setzt nicht nur proportionale und antiproportionale Zuordnungen voraus, sondern prüft im ersten und zweiten Schritt, ob es sich tatsächlich um Zuordnungen handelt, die mit der Dreisatztabelle bearbeitet werden können. Allerdings fehlen Alternativen für den Fall, dass sich andere Zusammenhänge herausstellen.

Eine wichtige Aufgabenklasse im Unterricht zu Anwendungen und Modellieren sind offene Aufgaben bzw. speziell Fermi-Aufgaben. Für diese haben Büchter und Leuders strategische Hilfen entwickelt, die auch auf andere Aufgabentypen übertragbar sind.

Für Schülerinnen und Schüler, die bei der Bearbeitung von Fermi-Aufgaben Schwierigkeiten haben, können die nachfolgend aufgeführten heuristischen Strategien (Büchter und Leuders 2005, S. 161) eine Unterstützung sein.

1. Suche zuerst alle Daten zusammen, die mit dem Problem zu tun haben.
2. Welche Zahlen und Größen sind gesucht?
3. Überlege, was Du aus den bekannten Daten berechnen kannst. (Vorwärtsrechnen)
4. Überlege, was Du kennen musst, um eine gesuchte Größe berechnen zu können. (Rückwärtsrechnen)

5. Schätze die Zahlen und Werte, die nicht bekannt sind.
6. Frage beim Schätzen nach dem größten und dem kleinsten vernünftigen Wert.
7. Überprüfe das Ergebnis dahingehend, ob es sinnvoll und logisch ist. Ist es vielleicht zu groß oder zu klein?
8. Kontrolliere durch Verwenden größerer und kleinerer Werte.
9. Überlege vor dem Rechnen, welche Auswirkung größere oder kleinere Werte auf das Ergebnis haben: Wird es dann größer oder kleiner?

Diese Hilfen sind zunächst für Fermi-Aufgaben konzipiert, können aber auch für verwandte Aufgaben mit Schätz- oder Modellierungsanteilen verwendet werden. Im Prinzip handelt es sich um allgemeine strategische Hilfen, die allerdings sehr konkret gefasst sind.

7.4   Üben im Anwendungskontext

Die Festigung von Kompetenzen ist nur durch entsprechendes Üben möglich. Dabei sind außer der Festigung von Routinen auch beispielsweise das Anwenden des Gelernten auf ähnliche Situationen und das Vernetzen Ziele des Übens (Wynands 2006). Ebenso können durch Übungsphasen Selbstregulationskompetenzen, Selbstbewusstsein und Kreativität gefördert werden (Büchter und Leuders 2005, S. 143).

Die Anwendung der in Sachsituationen gelernten mathematischen Inhalte kann zum einen im Sinne eines vollständigen Modellierungsprozesses gesehen werden, bei dem reale Situationen in mathematische Modelle übersetzt, nach der mathematischen Lösung wieder im Kontext interpretiert und validiert werden. Anwendungen können aber zum anderen auch eher im Sinne eines Kontextwechsels verstanden werden, in dessen Rahmen lediglich Teilprozesse des Modellierens wie beispielsweise Mathematisieren oder Interpretieren vorkommen. Ein entscheidender Punkt ist aber das flexible Anwenden des gelernten mathematischen Inhalts in neuen realen Kontexten. Dazu können auch Aufgaben gehören, in denen thematisiert wird, zu welchen Sachsituationen etwa das verwendete mathematische Modell passt oder gerade nicht angewendet werden kann. Üben in Sachsituationen kann auch dazu dienen, *Grundvorstellungen* zu mathematischen Begriffen aufzubauen. Unter Grundvorstellungen zu einem mathematischen Begriff verstehen wir eine inhaltliche Deutung, die diesem Begriff Sinn gibt. Grundvorstellungen verbinden einen mathematischen Begriff mit Handlungserfahrungen an konkreten, realen Gegenständen oder mit bestehenden Vorstellungen anderer mathematischer Begriffe (vgl. Greefrath et al. 2016). So kann beispielsweise die Arbeit mit Bruchzahlen im Kontext von Pizza Aufgaben geübt und es können dabei die beiden Grundvorstellungen „Bruch als Teil eines Ganzen" (z. B. 3/4 von einer Pizza) und „Bruch als Teil mehrerer Ganzer" (z. B. 3/4 als 3 Stücke von je 1/4 von drei Pizzen) aufgebaut werden (s. Greefrath und Hammer 2016).

Das Üben in Sachsituationen oder *anwendungsorientiertes Üben* ist aber nur eine Form oder ein Prinzip des Übens. Dabei wird durch Bezug und Anwendung auf Sachsituationen beim Üben das Wissen über die Umwelt und die Bedeutung der Mathematik zu ihrer

Erschließung erweitert. Umgekehrt gewinnen mathematische Begriffe und Verfahren eine inhaltliche Bedeutung, die nicht zuletzt der Motivation der Schülerinnen und Schüler zugutekommt. Andere Übungsformen sind das automatisierte Üben, das operative Üben und das produktive Üben. Beim *automatisierten Üben* sollen Schülerinnen und Schüler in die Lage versetzt werden, Routinetätigkeiten mechanisch auszuführen. Dies kann sie zwar entlasten und Kapazitäten für das Nachdenken über schwierige Probleme freisetzen, aber im Extremfall auch nur als bloßer Mechanismus ohne Bezug zum jeweiligen Inhalt funktionieren. So besteht ein erheblicher Unterschied zwischen dem Erlernen eines flexibel anwendbaren Verfahrens und der Nutzung eines mechanisch eingesetzten Schemas, das dann auch fehleranfälliger ist, wenn es unverstanden angewendet wird (Wittmann 1981). Das *operative Üben* geht auf Jean Piaget und Hans Aebli (1997, S. 203 ff.) zurück. Hier steht die Verinnerlichung des eigenen Handelns im Mittelpunkt. Dies bedeutet, dass Lernende ausgehend von konkreten Handlungen mit geeigneten Materialien, Modellen oder Zeichnungen zu Denkhandlungen auf der symbolisch-abstrakten Ebene kommen sollen (vgl. Reiss und Hammer 2013). Eine weitere Form des Übens ist das *produktive Üben*. Im ursprünglichen Sinne sind produktive Aufgaben solche, bei denen etwas hergestellt wird. Im Mathematikunterricht können das z. B. Figuren in der Geometrie, Zahlen in der Arithmetik oder Terme in der Algebra sein. Fruchtbar sind auch Aufgaben, die von Schülerinnen und Schülern selbst produziert („Stelle deinem Nachbarn eine selbst entworfene Aufgabe …") oder variiert werden. Besonders geeignet sind Aufgaben, wenn bei der Bearbeitung weiterführende Fragen auftauchen (z. B.: „Ist das Zufall oder gilt das immer?", „Wie geht das Muster weiter?") (Greefrath und Hammer 2016).

Zum Üben eignen sich im Prinzip alle vorgestellten Aufgabentypen, allerdings sollte auf eine gewisse Vielfalt Wert gelegt werden. Besonders interessant für Schülerinnen und Schüler sind Aufgabentypen, die auch in Diagnose- oder Leistungstests eine Rolle spielen. Wichtig ist, dass sich durch wiederholte Übungsaufgaben gleichen Typs nicht ein automatisiertes Üben ohne Nachdenken entwickelt, bei dem Kontexte und Rechenverfahren nicht mehr hinterfragt werden. Diese Entwicklung wird besonders durch eingekleidete und einfache Textaufgaben begünstigt.

Die Aufgabe aus Abb. 7.9 dient dazu, die Berechnung der Mantelfläche eines Zylinders am Beispiel einer Konservendose zu üben. Dabei wird berücksichtigt, dass das Etikett verklebt werden muss. Allerdings werden die Schülerinnen und Schüler ab der zweiten Teilaufgabe nicht mehr über den Kontext Dose nachdenken, sondern nur noch mechanisch den gleichen Algorithmus ausführen wie im ersten Aufgabenteil. Ein solches mechanisches Ausführen von Fertigkeiten kann zum einen die Schülerinnen und Schüler von Routinetätigkeiten entlasten und das Nachdenken über schwierige Probleme ermöglichen, zum anderen aber auch beim Fehlen anderer Fragen das Gegenteil bewirken (Leuders 2006b). Übungsaufgaben zu Anwendungen sollten daher auch Reflexionen und Entdeckungen ermöglichen. Eine Möglichkeit, solche Reflexionsanlässe bei herkömmlichen Aufgabensammlungen zu schaffen, sind zusätzliche Fragen zu einer Gruppe von Aufgaben (Leuders 2006b). Beispiele für solche Fragen können lauten:

Dosen

Gemüse- und Obstkonserven haben zylindrische Form.
Das Etikett umhüllt die Mantelfläche des Zylinders und überlappt zum Verkleben 1,3 cm. Wie groß ist die die Fläche des Etiketts, wenn die Dose die Höhe h und den Radius r hat.

a)   h = 10,7 cm; r = 4,2 cm
b)   h = 11,1 cm; r = 5,0 cm
c)   h = 10,3 cm; r = 3,7 cm
d)   h = 14,0 cm; r = 2,9 cm

Abb. 7.9 Beispiel für eine Aufgabe mit wiederholten Übungen. (Vgl. Koullen 1993, S. 117)

- Stelle die Aufgaben zunächst in Gruppen zusammen. Welche Aufgaben sehen ähnlich aus?
- Suche die Aufgaben heraus, die Du bereits lösen kannst. Wieso sind sie einfacher?

Insgesamt können Schülerinnen und Schüler zu vielfältigen Tätigkeiten beim Üben mit herkömmlichen Aufgabensammlungen aufgefordert werden. Dazu zählen die begründete Auswahl einiger Aufgaben oder die Veränderung der Reihenfolge sowie die Bildung von Aufgabengruppen oder das Ergänzen durch eigene Beispiele. Ebenso sind die Reflexion der eigenen Vorgehensweise oder der eigenen Schwierigkeiten und die Kommunikation über Besonderheiten wichtige Beiträge zum sinnvollen Üben (Leuders 2006b).

Im Folgenden ist eine Liste typischer Übungsaufgaben zu Zuordnungen aufgeführt (Aits et al. 2006, S. 196). Mögliche reflektierende Fragen in diesem Zusammenhang sind etwa: „Fällt eine Aufgabe heraus? Warum?" Ebenso denkbar ist der Arbeitsauftrag: „Denk Dir eine Aufgabe aus, die man so nicht lösen kann! Begründe!" Auch sinnvoll ist das kritische Hinterfragen des erwarteten proportionalen Zusammenhangs. Beispielsweise könnte es Mengenrabatt oder Grundpreise geben.

Übungsaufgaben zu Zuordnungen

Ein Heft kostet 0,56 €. Wie viel € kosten 8 Hefte?

Eine Tube Klebstoff kostet 1,53 €. Wie viel € kosten 3 Tuben?

Eine Packung Bleistifte kostet 2,53 €. Wie viel € kosten 3 Packungen?

Für 2 kg Äpfel zahlt Herr Brandt 3,60 €. Wie teuer sind 5 kg der gleichen Sorte?

Die beiden Batterien in einem Walkman reichen für eine Spielzeit von 7 h. Wie lange reicht eine Viererpackung mit den entsprechenden Batterien?

Akkus sind umweltfreundlicher als Batterien, da man sie wieder aufladen kann. Eine Viererpackung Akkus kostet 9,90 €. Wie teuer sind 12 Akkus, die so abgepackt sind?

Ein Mieter muss für $20\,\text{m}^3$ Wasser einschließlich Nebenkosten 42,20 € bezahlen. Wie viel zahlt ein anderer Hausbewohner für $22\,\text{m}^3$ Wasser?

Für ein dreizeiliges Inserat in einer Werbezeitung werden 9 € berechnet. Was kostet ein Inserat für 5 (7, 9) Zeilen in dieser Zeitung?

Bei diesem Ausschnitt handelt es sich nur um einen Teil der auf dieser Schulbuchseite (Aits et al. 2006, S. 196) tatsächlich abgedruckten Aufgaben. Die große Anzahl kann sicherlich die Auswahl geeigneter Aufgaben für den Unterricht ermöglichen, sie bietet aber ebenso die Gefahr des gedankenlosen Abarbeitens von anwendungsbezogenen Aufgaben.

Im Zusammenhang mit Übungsphasen im Unterricht sind nicht nur die verwendeten Inhalte und Aufgaben entscheidend, sondern auch Methoden und Hilfsmittel haben einen Einfluss auf den Erfolg. Generell können sehr viele Unterrichtsmethoden in Übungsphasen eingesetzt werden und man sollte auch die Frage der Methoden nicht singulär betrachten, sondern immer im Zusammenhang mit den Inhalten und der Lerngruppe. Denkbar ist eine große Spanne von *Methoden* von Einzelarbeit über Freiarbeit, Übungsspiele, Aufgabenkarteien und Lernstationen bis zu Projekten. Ein Stationenlernen beinhaltet an mehreren Orten im Klassenraum Materialien zu einem Themenbereich. Es kann Pflicht- und Wahlstationen geben und an den Stationen können die Lernenden je nach Vorgabe einzeln oder in Gruppen arbeiten. In der Regel erhalten die Lernenden einen Laufzettel, mit dem sie die Möglichkeit haben, die Stationen in selbst gewählter Reihenfolge zu durchlaufen. Diese und weitere Unterrichtsmethoden sind ausführlich bei Barzel et al. (2007) dargestellt.

Die Frage der verwendeten *Hilfsmittel* beim Üben ist nicht zu unterschätzen. Betrachten wir als Beispiel eine Aufgabe mit kleineren Zahlenwerten, so kann sie beispielsweise als Kopfübung bearbeitet werden. Dann wird etwa das Verständnis von Mittelwert sowie das Addieren und Dividieren von Zahlen im Kopf geübt. Als Papier-und-Bleistift-Übung ohne Formelsammlung wird ebenfalls das Verständnis von Mittelwert und dann ggf. das schriftliche Addieren und Dividieren von Zahlen geübt. Mit Formelsammlung wird möglicherweise das notwendige Verständnis von Mittelwert nicht benötigt. Mit Taschenrechnern entfällt das schriftliche Addieren und Dividieren; es wird aber die Bedienung des Taschenrechners geübt. Daraus kann man zwei Schlüsse ziehen: erstens, dass bei Verwendung von mehr bzw. anderen Hilfsmitteln auch andere Aufgaben verwendet werden sollten. Der andere Schluss lautet, dass beim Üben gezielt alle Hilfsmittelvarianten (s. Abb. 7.10) einbezogen werden sollten, damit auch alle erreichbaren Kompetenzen geübt werden können.

Üben nimmt einen großen Raum im Mathematikunterricht ein und hat eine zentrale Bedeutung für die Entwicklung von deklarativem und prozessualem Wissen der Schülerinnen und Schüler. Übungsphasen können unterschiedlich effektiv sein. Neben der Berücksichtigung einer Vielfalt von Zielen und Prinzipien beim Üben sollten auch ver-

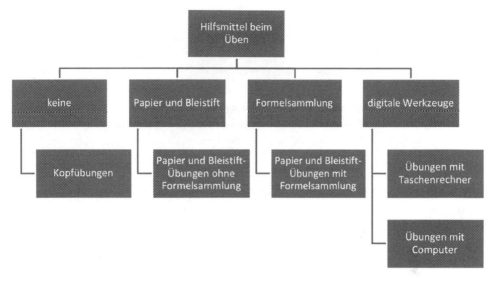

Abb. 7.10 Hilfsmittel beim Üben

schiedene Hilfsmittel – einschließlich der digitalen Werkzeuge – genutzt und methodisch vielfältige Wege beschritten werden (Greefrath und Hammer 2016).

7.5 Aufgaben zur Wiederholung und Vertiefung

7.5.1 Ungenauigkeit

1. Vergleichen Sie das „Schätzen" und das „Runden" miteinander.
2. Geben Sie Aufgaben aus dem Mathematikunterricht an, in denen das Schätzen oder das Runden enthalten ist.
3. Erklären Sie, inwieweit eine Auseinandersetzung mit ungenauen bzw. fehlerbehafteten Werten für Schülerinnen und Schüler wichtig ist.

7.5.2 Fehlerrechnung

Gegeben ist ein Tisch mit Länge a und Breite b. Die gemessenen Werte weichen um Δa bzw. Δb von den tatsächlichen Werten ab. Rechnet man mit diesen gemessenen Werten den Flächeninhalt aus, so weicht der errechnete Flächeninhalt um ΔA von dem tatsächlichen Flächeninhalt A ab.

1. Begründen Sie, wieso bei einer Messung Fehler entstehen können.
2. Zeigen Sie, wie sich die Fehler Δa und Δb auf den absoluten Fehler ΔA auswirken.

3. Bestimmen Sie den relativen Fehler für die obige Tischplatte.

4. Welcher Vorteil besteht darin, nicht den absoluten Fehler, sondern den relativen Fehler einer Messung zu betrachten?

5. Der Tisch sei nun 126,8 cm lang und 97,5 cm breit. Gemessen wird für die Länge 125 cm und für die Breite 95 cm. Bestimmen Sie den absoluten und den relativen Fehler, die bei der Berechnung der Tischfläche entstehen.

6. Berechnen Sie den relativen und den absoluten Fehler für die Geschwindigkeit eines Schwimmers, der für eine 400-m-Strecke (gemessen mit einer Genauigkeit von einem Zentimeter) die Zeit 4:52,34 (gemessen mit einer Genauigkeit von einer hundertstel Sekunde) benötigt. Vergleichen Sie die relativen Fehler vom Ergebnis und den gegebenen Werten und formulieren Sie eine Regel für die Division von ungenau gegebenen Werten.

A Anhang

Beispielklausur

Aufgabe 1

Colonius-Aufgabe

Der Colonius in Köln wurde im Jahr 1981 erbaut und galt zu dieser Zeit als eines der technisch modernsten Gebäude weltweit. 1992 wurde die Spitze des Turmes aus Modernisierungsgründen um eine 14 m lange rotweiße Antenne verlängert. Wie viele Treppenstufen hätte eine Treppe, die bis in die Spitze des Turmes führt?

© Springer-Verlag GmbH Deutschland, ein Teil von Springer Nature 2018
G. Greefrath, *Anwendungen und Modellieren im Mathematikunterricht*,
Mathematik Primarstufe und Sekundarstufe I + II,
https://doi.org/10.1007/978-3-662-57680-9

a) Bestimmen Sie eine mögliche Lösung der Colonius-Aufgabe. Erklären Sie Ihre Arbeitsschritte!

b) Diskutieren Sie auf der Basis der bekannten Eigenschaften von Aufgabentypen, weshalb diese Sachrechenaufgabe Schülerinnen und Schüler ansprechen könnte.

c) Stellen Sie einen idealisierten Lösungsprozess dieser Aufgabe mit dem Modellierungskreislauf von Blum dar. Erklären Sie, weshalb man von *idealisiert* spricht.

d) Worin unterscheiden sich die Modellierungskreisläufe von Blum und Borromeo Ferri?

e) Kann die Colonius-Aufgabe als Schätzaufgabe eingestuft werden? Falls ja, um welche Art von Schätzaufgabe handelt es sich?

Aufgabe 2

a) Nennen und erklären Sie die von Heinrich Winter eingeführten Funktionen des Sachrechnens.

b) Welche dieser Funktionen steht bei der Colonius-Aufgabe (s. Aufgabe 1) im Vordergrund?

c) Gegeben sind die unten abgedruckten Sachrechenaufgaben. Ordnen Sie die Aufgaben den klassischen Aufgabentypen *eingekleidete Aufgabe*, *Textaufgabe* oder *Sachproblem* zu.

> (1) Peter möchte sich einen DVD-Rekorder für 255 € kaufen. 189 € hat er schon gespart.
> (2) Das Ehepaar Klein und ihr 11-jähriger Sohn wollen im August am Meer Urlaub machen. Mehr als 1500 € stehen nicht zur Verfügung.
> (3) Bei Erdarbeiten für den Straßenbau benötigen 6 Bagger 12 Tage. Nach 3 Tagen fallen 2 Bagger aus. Um wie viele Tage verzögern sich die Erdarbeiten?
> (4) Klaus will sich ein Mofa kaufen. Für ihn kommen nur noch eine *Honda Silver* oder eine *Zündapp 2000* infrage. Bei seiner Entscheidung will er neben den Anschaffungskosten auch die laufenden Kosten in Betracht ziehen.

Aufgabe 3

a) Skizzieren Sie die Stufen im didaktischen Stufenmodell zur Behandlung von Längen.

b) Ordnen Sie die folgende Aufgabe in das Stufenmodell von Aufgabenteil a) ein.

Hüpfwettbewerb (vgl. Fuchs et al. 2004)

Hüpfwettbewerb

Bastelt Frösche aus Papier und lasst Eure Frösche von einer Linie aus hüpfen. Messt die Strecken und vergleicht!

Aufgabe 4

Wie viele Liter Wasser kann ein tropfender Wasserhahn am Tag verschwenden?

a) Erklären Sie den Begriff *Fermi-Aufgabe*.
b) Zur eindeutigen Klassifizierung von Sachrechenaufgaben wird vorgeschlagen, solche wie folgt einzuteilen: *Modellierungsaufgabe, Problemlöseaufgabe, Fermi-Aufgabe, Schätzaufgabe*. Beurteilen Sie am Beispiel der obigen Aufgabe, ob sich Sachrechenaufgaben auf diese Weise sinnvoll klassifizieren lassen.
c) Geben Sie zwei Kategoriensysteme für Sachrechenaufgaben mit ihren jeweiligen Ausprägungen an.
d) Das Modellieren wird in den Lehrplänen des Landes Nordrhein-Westfalen durch die drei Teilkompetenzen *Mathematisieren, Realisieren* und *Validieren* ausgewiesen. Erklären Sie die drei Kompetenzen mithilfe der obigen Beispielaufgabe.
e) Geben Sie zwei weitere Teilkompetenzen an, die durch das Modellieren gefördert werden, und erklären Sie diese an geeigneten Beispielen.

Aufgabe 5

a) Die Firma *Leipzig* ist bekannt für ihre Raufasertapeten. Auf der Verpackung ist angegeben, dass eine Rolle 60 cm breit und ca. 10,50 m lang ist. Das bedeutet: Die Länge der Rolle schwankt zwischen 10,45 und 10,55 m.
b) Schätzen Sie den absoluten Fehler der Tapetenfläche auf einer Rolle mithilfe einer Doppelrechnung und mithilfe einer Fragezeichenrechnung.
c) Bestimmen Sie allgemein den relativen Fehler der Tapetenfläche auf einer Rolle mit fester Breite und fehlerbehafteter Länge.

Aufgabe 6
Geben Sie zwei Definitionen von *Sachrechnen* an und begründen Sie, welcher Definition Sie sich anschließen würden.

Herausgegeben von
Prof. Dr. Friedhelm Padberg, Universität Bielefeld
Prof. Dr. Andreas Büchter, Universität Duisburg-Essen

Bisher erschienene Bände (Auswahl):

Didaktik der Mathematik

P. Bardy: Mathematisch begabte Grundschulkinder – Diagnostik und Förderung (P)
C. Benz/A. Peter-Koop/M. Grüßing: Frühe mathematische Bildung (P)
M. Franke/S. Reinhold: Didaktik der Geometrie (P)
M. Franke/S. Ruwisch: Didaktik des Sachrechnens in der Grundschule (P)
K. Hasemann/H. Gasteiger: Anfangsunterricht Mathematik (P)
K. Heckmann/F. Padberg: Unterrichtsentwürfe Mathematik Primarstufe, Band 1 (P)
K. Heckmann/F. Padberg: Unterrichtsentwürfe Mathematik Primarstufe, Band 2 (P)
F. Käpnick: Mathematiklernen in der Grundschule (P)
G. Krauthausen: Digitale Medien im Mathematikunterricht der Grundschule (P)
G. Krauthausen: Einführung in die Mathematikdidaktik (P)
G. Krummheuer/M. Fetzer: Der Alltag im Mathematikunterricht (P)
F. Padberg/C. Benz: Didaktik der Arithmetik (P)
P. Scherer/E. Moser Opitz: Fördern im Mathematikunterricht der Primarstufe (P)
A.-S. Steinweg: Algebra in der Grundschule (P)
G. Hinrichs: Modellierung im Mathematikunterricht (P/S)
A. Pallack: Digitale Medien im Mathematikunterricht der Sekundarstufen I + II (P/S)
R. Danckwerts/D. Vogel: Analysis verständlich unterrichten (S)
C. Geldermann/F. Padberg/U. Sprekelmeyer: Unterrichtsentwürfe Mathematik Sekundarstufe II (S)
G. Greefrath: Didaktik des Sachrechnens in der Sekundarstufe (S)
G. Greefrath: Anwendungen und Modellieren im Mathematikunterricht (S)

G. Greefrath/R. Oldenburg/H.-S. Siller/V. Ulm/H.-G. Weigand: Didaktik der Analysis. Aspekte und Grundvorstellungen zentraler Begriffe (S)

K. Heckmann/F. Padberg: Unterrichtsentwürfe Mathematik Sekundarstufe I (S)

K. Krüger/H.-D. Sill/C. Sikora: Didaktik der Stochastik in der Sekundarstufe (S)

F. Padberg/S. Wartha: Didaktik der Bruchrechnung (S)

H.-J. Vollrath/H.-G. Weigand: Algebra in der Sekundarstufe (S)

H.-J. Vollrath/J. Roth: Grundlagen des Mathematikunterrichts in der Sekundarstufe (S)

H.-G. Weigand/T. Weth: Computer im Mathematikunterricht (S)

H.-G. Weigand et al.: Didaktik der Geometrie für die Sekundarstufe I (S)

Mathematik

M. Helmerich/K. Lengnink: Einführung Mathematik Primarstufe – Geometrie (P)

F. Padberg/A. Büchter: Einführung Mathematik Primarstufe – Arithmetik (P)

F. Padberg/A. Büchter: Vertiefung Mathematik Primarstufe – Arithmetik/Zahlentheorie (P)

K. Appell/J. Appell: Mengen – Zahlen – Zahlbereiche (P/S)

A. Filler: Elementare Lineare Algebra (P/S)

S. Krauter/C. Bescherer: Erlebnis Elementargeometrie (P/S)

H. Kütting/M. Sauer: Elementare Stochastik (P/S)

T. Leuders: Erlebnis Algebra (P/S)

T. Leuders: Erlebnis Arithmetik (P/S)

F. Padberg/A. Büchter: Elementare Zahlentheorie (P/S)

F. Padberg/R. Danckwerts/M. Stein: Zahlbereiche (P/S)

A. Büchter/H.-W. Henn: Elementare Analysis (S)

B. Schuppar: Geometrie auf der Kugel – Alltägliche Phänomene rund um Erde und Himmel (S)

B. Schuppar/H. Humenberger: Elementare Numerik für die Sekundarstufe (S)

G. Wittmann: Elementare Funktionen und ihre Anwendungen (S)

P: Schwerpunkt Primarstufe

S: Schwerpunkt Sekundarstufe

Literatur

Abel, M., Brauner, U., Brockes, E., Büchter, A., Indenkämpen, M.: Kompetenzorientierte Diagnose. Aufgaben für den Mathematikunterricht. Klett, Stuttgart (2006)

Adamek, C.: Der Lösungsplan als Strategiehilfe beim mathematischen Modellieren – Ergebnisse einer Fallstudie. In: Beiträge zum Mathematikunterricht, S. 87–90 (2016)

Aebli, H.: Zwölf Grundformen des Lehrens. Eine Allgemeine Didaktik auf psychologischer Grundlage. Medien und Inhalte didaktischer Kommunikation, der Lernzyklus. Klett-Cotta, Stuttgart (1997)

Affolter, W., Beerli, G., Hurschler, H., Jaggi, B., Jundt, W., Kummenacher, R.: mathbu.ch 8. Mathematik im 8. Schuljahr für die Sekundarstufe I. Klett, Zug (2003)

Affolter, W., Beerli, G., Hurschler, H., Jaggi, B., Jundt, W., Krummenacher, R.: mathbu.ch 7. Mathematik im 7. Schuljahr für die Sekundarstufe I. Klett, Zug (2004)

Affolter, W., Beerli, G., Hurschler, H., Jaggi, B., Jundt, W., Krummenacher, R.: mathbu.ch 9+. Mathematik im 9. Schuljahr. Erhöhte Anforderungen. Klett, Zug (2006)

Ahrens, W.: Scherz und Ernst in der Mathematik. Teubner, Leipzig (1904)

Aits, D., Aits, U., Berkemeier, H., Hecht, W., Heske, H., Koullen, R.: Mathematik konkret 2. Cornelsen, Berlin (2006)

Backhaus, K., Wiese, B., Nienaber, C.: Rechenbücher von Backhaus und Wiese. 5. Heft Brüche, Dezimalbrüche, bürgerliche Rechnungsarten. Carl Meyer, Hannover (1925)

Baruk, S.: Wie alt ist der Kapitän? Über den Irrtum in der Mathematik. Birkhäuser, Basel (1989)

Barzel, B., Büchter, A., Leuders, T.: Mathematik Methodik. Handbuch für die Sekundarstufe I und II. Cornelsen Scriptor, Berlin (2007)

Baumert, J., Kunter, M., Blum, W.: Teachers' mathematical knowledge, cognitive activation in the classroom, and student progress. Am. Educ. Res. J. **47**, 133–180 (2010)

Behnen, K., Neuhaus, G.: Grundkurs Stochastik. Teubner, Stuttgart (1984)

Blankenagel, J.: Numerische Mathematik im Rahmen der Schulmathematik. Bibliographisches Institut, Mannheim, Wien, Zürich (1985)

Blankenagel, J.: Elemente der angewandten Mathematik. Bibliographisches Institut, Mannheim (1994)

Blum, W.: Anwendungsorientierter Mathematikunterricht in der didaktischen Diskussion. Math. Semesterber. **32**(2), 195–232 (1985)

Blum, W. (Hrsg.): Anwendungen und Modellbildung im Mathematikunterricht. Franzbecker, Hildesheim (1993)

Blum, W.: Trends und Perspektiven. Anwendungsbezüge im Mathematikunterricht – Trends und Perspektiven. In Schriftenreihe Didaktik der Mathematik, Bd. 23. Hölder Pichler Tempsky, Wien (1996)

Blum, W.: Mathematisches Modellieren – zu schwer für Schüler und Lehrer? In: Beiträge zum Mathematikunterricht, S. 3–12 (2007)

Blum, W.: Modellierungsaufgaben im Mathematikunterricht. PM Prax. Math. Sch. **34**, 42–48 (2010)

Blum, W.: Can modelling be taught and learnt? Some answers from empirical research. In: Kaiser, G., Blum, W., Borromeo Ferri, R., Stillman, G. (Hrsg.) Trends in the teaching and learning of mathematical modelling, S. 15–30. Springer, Dordrecht (2011)

Blum, W., Leiß, D.: Modellieren im Unterricht mit der „Tanken"-Aufgabe. Math. Lehren **128**, 18–21 (2005)

Blum, W., Wiegand, B.: Offene Aufgaben – wie und wozu? Math. Lehren **100**, 52–55 (2000)

Blum, W., Drüke-Noe, C., Hartung, R., Köller, O.: Bildungsstandards Mathematik: konkret. Sekundarstufe I: Aufgabenbeispiele, Unterrichtsanregungen, Fortbildungsideen. Cornelsen Scriptor, Berlin (2006)

Böer, H.: Extremwertproblem Milchtüte. In: Blum, W. (Hrsg.) Anwendungen und Modellbildung im Mathematikunterricht, S. 1–16. Franzbecker, Hildesheim (1993)

Böer, H., Kietzmann, U., Kliemann, S., Pongs, R., Schmidt, W., Vernay, R.: mathe live 9. Klett, Stuttgart (2002)

Böer, H., Kietzmann, U., Kliemann, S., Pongs, R., Puscher, R., Schmidt, W.: mathe live 10 Erweiterungskurs. Klett, Stuttgart (2003)

Böer, H., Kliemann, S., Mallon, C., Puscher, R., Segelken, S., Schmidt, W.: mathe live 7. Mathematik für die Sekundarstufe I. Klett, Stuttgart (2007)

Bolzen, M.: Oh wie schön ist Kanada!? Prax. Math. Sch. **14**, 34–39 (2007)

Bönig, D.: „Das Ungefähre der richtigen Antwort". Zur Bedeutung des Schätzens beim Umgang mit Größen. Grundschulz. **141**, 43–45 (2003)

Borromeo Ferri, R.: Beiträge zum Mathematikunterricht. In: Vom Realmodell zum mathematischen Modell – Analyse von Übersetzungsprozessen aus der Perspektive mathematischer Denkstile, S. 109–112 (2004)

Borromeo Ferri, R.: Theoretical and empirical differentiations of phases in the modelling process. Z. Didaktik Math. **38**, 86–95 (2006)

Borromeo Ferri, R.: Learning how to teach mathematical modeling in school and teacher education. Springer, Cham (2018)

Böttner, J., Maroska, R., Olpp, A., Pongs, R., Stöckle, C., Wellstein, H.: Schnittpunkt 3. Mathematik für Realschulen Baden-Württemberg. Klett, Stuttgart (2005)

Brandt, D., Reinelt, G.: Lambacher Schweizer. Mathematik für Gymnasien. Gesamtband Oberstufe mit CAS. Klett, Stuttgart (2007)

Breidenbach, W.: Methodik des Mathematikunterrichts in Grund- und Hauptschulen. Schroedel, Hannover (1969)

Bronstein, I.N., Semendjajew, K.A., Musiol, G., Mühlig, H.: Taschenbuch der Mathematik. Europa-Lehrmittel, Haan-Gruiten (2016)

Bruder, R.: Akzentuierte Aufgaben und heuristische Erfahrungen. Wege zu einem anspruchsvollen Mathematikunterricht für alle. In: Flade, L., Herget, W. (Hrsg.) Mathematik lehren und lernen nach TIMSS: Anregungen für die Sekundarstufen, S. 69–78. Volk & Wissen, Berlin (2000)

Bruder, R.: Konstruieren – auswählen – begleiten. Über den Umgang mit Aufgaben. Friedrich Jahresheft 2003., S. 12–15 (2003)

Bruder, R., Collet, C.: Problemlösen lernen im Mathematikunterricht. Cornelsen Scriptor, Berlin (2011)

Büchter, A., Leuders, T.: Mathematikaufgaben selbst entwickeln. Lernen fördern – Leistung überprüfen. Cornelsen Scriptor, Berlin (2005)

Büchter, A., Herget, W., Leuders, T., Müller, J.H.: Die Fermi-Box. Lebendige Mathematik für Alle. Friedrich, Seelze (2006)

Burscheid, H.: Beiträge zur Anwendung der Mathematik im Unterricht. Versuch einer Zusammenfassung. Z. Didaktik Math. **12**, 63–69 (1980)

Cai, J.: A protocol-analytic study of metacognition in mathematical problem solving. Math. Educ. Res. J. **6**(2), 166–183 (1994)

Carlson, T.: Über Geschwindigkeit und Größe der Hefevermehrung in Würze. Biochem. Z. **57**, 313–334 (1913)

Danckwerts, R., Vogel, D.: Milchtüte und Konservendose. Modellbildung im Unterricht. Mathematikunterricht **47**, 22–31 (2001)

Davis, P., Hersh, R.: Erfahrung Mathematik. Birkhäuser Verlag, Basel, Boston, Stuttgart (1986)

Dockhorn, C.: Schulbuchaufgaben öffnen. Math. Lehren **100**, 58–59 (2000)

Ebenhöh, W.: Mathematische Modellierung – Grundgedanken und Beispiele. Mathematikunterricht **36**(4), 5–15 (1990)

Emde, C., Kliemann, S., Pelzer, H.-J., Schäfer, U., Schmidt, W.: Mathe live 5 für Gesamtschulen. Klett, Stuttgart (1998)

Fischer, R., Malle, G.: Mensch und Mathematik. Bibliographisches Institut, Mannheim, Wien, Zürich (1985)

Förster, F.: Vorstellungen von Lehrerinnen und Lehrern zu Anwendungen im Mathematikunterricht. Darstellung und erste Ergebnisse einer qualitativen Fallstudie. Mathematikunterricht **48**(4-5), 45–72 (2002)

Förster, F., Henn, H.-W., Meyer, J.: Materialien für einen realitätsbezogenen Mathematikunterricht. Franzbecker, Hildesheim (2000)

Franke, M.: Didaktik des Sachrechnens in der Grundschule. Spektrum, Berlin (2003)

Franke, M., Ruwisch, S.: Didaktik des Sachrechnens in der Grundschule. Spektrum, Berlin, Heidelberg (2010)

Freudenthal, H.: Vorrede zu einer Wissenschaft vom Mathematikunterricht. Oldenbourg, München, Wien (1978)

Freudigmann, H., Reinelt, G., Stark, J., Zinser, M., Schermuly, H., Taetz, G.: Lambacher Schweizer Analysis Grundkurs. Klett, Stuttgart (2000)

Fricke, A.: Sachrechnen. Das Lösen angewandter Aufgaben. Klett, Stuttgart (1987)

Fuchs, M., Hissnauer, G., Käpnick, F., Peterßen, K., von Witzleben, R.: Mathehaus 3. Cornelsen, Berlin (2004)

Führer, L.: „Dreisatz" oder: Wie viel Volksbildung darf's denn sein? In: Beiträge zum Mathematikunterricht, S. 791–794 (2007)

Galbraith, P.L., Clatworthy, N.J.: Beyond standard models – meeting the challenge of modelling. Educ. Stud. Math. **21**, 137–163 (1990)

Garofalo, J., Lester, F.K.: Metacognition, cognitive monitoring, and mathematical performance. J. Res. Math. Educ. **16**(3), 163–176 (1985)

Gialamas, V., Karaliopoulou, M., Klaoudatos, N., Matrozos, D., Papastavridis, S.: Real problems in school mathematics. In: Zaslavsky, O. (Hrsg.) Proceedings of the 23rd Conference of the International Group of the Psychology of Mathematics Education, Bd. 3, S. 25–32. Israel Institute of Technology, Haifa (1999)

Graf, D.: Welche Aufgabentypen gibt es? Math. Naturwissenschaftliche Unterr. **54**(7), 422–425 (2001)

Greefrath, G.: Offene Aufgaben mit Realitätsbezug. Eine Übersicht mit Beispielen und erste Ergebnisse aus Fallstudien. Math. Didact. **2**(27), 16–38 (2004)

Greefrath, G.: Modellieren lernen mit offenen realitätsnahen Aufgaben. Aulis, Köln (2007)

Greefrath, G.: Modellieren im Mathematikunterricht. Diagnose einer prozessbezogenen Kompetenz. In: Hußmann, S., Liegmann, A., Nyssen, E., Racherbäumer, K., Walzebug, C. (Hrsg.) individualisieren – differenzieren – vernetzen Tagungsband zur Auftaktveranstaltung des Projektes indive. S. 91–98. Franzbecker, Hildesheim (2008a)

Greefrath, G.: Vertrauen ist gut, Kontrolle ist besser. Mathematische Modelle eines Öltanks analysieren. Math. Naturwissenschaftliche Unterr. **61**(8), 463–468 (2008b)

Greefrath, G.: Messwerte mit Funktionen approximieren. Prax. Math. Sch. **28**, 33–37 (2009a)

Greefrath, G.: Unscharfe Aufgaben – selbst herstellen. Prax. Math. Sch. **26**, 39–42 (2009b)

Greefrath, G.: Using technologies: new possibilities of teaching and learning modelling – overview. In: Kaiser, G., Blum, W., Borromeo Ferri, R., Stillman, G. (Hrsg.) Trends in teaching and learning of mathematical modelling, S. 301–304. Springer, Dordrecht (2011)

Greefrath, G.: Eine Fallstudie zu Modellierungsprozessen. In: Kaiser, G., Henn, H.-W. (Hrsg.) Werner Blum und seine Beiträge zum Modellieren im Mathematikunterricht, S. 171–186. Springer, Heidelberg (2015)

Greefrath, G., Hammer, C.: Erfolg mit Üben – Üben mit Erfolg. PM Prax. Math. Sch. **67**, 2–7 (2016)

Greefrath, G., Laakmann, H.: Günstig tanken – nur wo? Die Suche nach dem optimalen Modell. Prax. Math. Sch. **14**, 15–22 (2007)

Greefrath, G., Leuders, T.: Nicht von ungefähr. Runden – Schätzen – Nähern. Prax. Math. **51**(28), 1–6 (2009)

Greefrath, G., Leuders, T.: Verbrauch im Haushalt – Schätzen und Überschlagen. In: Prediger, S., Barzel, B., Hussmann, S., Leuders, T. (Hrsg.) mathewerkstatt, S. 5–22. Cornelsen, Berlin (2013)

Greefrath, G., Siller, H.-S.: Gerade zum Ziel – Linearität und Linearisieren. PM Prax. Math. Sch. **54**, 2–8 (2012)

Greefrath, G., Siller, H.-S.: Modelling and simulation with the help of digital tools. In: Stillman, G., Blum, W., Kaiser, G. (Hrsg.) Mathematical modelling and applications, S. 529–539. Springer, Cham (2017)

Greefrath, G., Weigand, H.-G.: Simulieren: Mit Modellen experimentieren. Math. Lehren **174**, 2–6 (2012)

Greefrath, G., Leuders, T., Pallack, A.: Gute Abituraufgaben – (ob) mit oder ohne Neue Medien. Math. Naturwiss. Unterr. 79–83 (2008)

Greefrath, G., Kaiser, G., Blum, W., Ferri, B.R.: Mathematisches Modellieren – Eine Einführung in theoretische und didaktische Hintergründe. In: Borromeo Ferri, R., Greefrath, G., Kaiser, G. (Hrsg.) Mathematisches Modellieren für Schule und Hochschule. Theoretische und didaktische Hintergründe, S. 11–31. Springer Spektrum, Wiesbaden (2013)

Greefrath, G., Oldenburg, R., Siller, H.-S., Ulm, V., Weigand, H.-G.: Didaktik der Analysis – Aspekte und Grundvorstellungen zentraler Begriffe. Springer Spektrum, Heidelberg (2016)

Greefrath, G., Hertleif, C., Siller, H.-S.: Mathematical modelling with digital tools – A quantitative study on Mathematising with dynamic geometry software. ZDM Math. Educ. **50** (2018). https://doi.org/10.1007/s11858-018-0924-6

Griesel, H.: Modelle und Modellieren – eine didaktisch orientierte Sachanalyse, zugleich ein Beitrag zu den Grundlagen einer mathematischen Beschreibung der Welt. In: Henn, H.-W., Kaiser, G. (Hrsg.) Mathematikunterricht im Spannungsfeld von Evolution und Evaluation. Festschrift für Werner Blum, S. 61–70. div, Hildesheim (2005)

Grigutsch, S., Raatz, U., Törner, G.: Einstellungen gegenüber Mathematik bei Mathematiklehrern. J. Für Math. **19**(1), 3–45 (1998)

Hafner, T.: Proportionalität und Prozentrechnung in der Sekundarstufe I. Vieweg+Teubner, Wiesbaden (2012)

Hartmann, B.: Der Rechenunterricht in der deutschen Volksschule vom Standpunkte des erziehenden Unterrichts. Kesselring, Leipzig (1913)

Henn, H.-W.: Volumenbestimmung bei einem Rundfass. In: Graumann, G., Jahnke, T., Kaiser, G., Meyer, J. (Hrsg.) Materialien für einen realitätsbezogenen Mathematikunterricht, Bd. 2, S. 56–65. Franzbecker, Hildesheim (1995)

Henn, H.-W.: Mathematik und der Rest der Welt. Math. Lehren **113**, 4–7 (2002)

Henn, H.-W.: Computer-Algebra-Systeme – Junger Wein oder neue Schläuche? J Math. Didakt. **25**(4), 198–220 (2004)

Henn, H.-W.: Mathematik und der Rest der Welt. Math. Naturwissenschaftliche Unterr. **5**, 260–265 (2007)

Henn, H.-W., Maaß, K.: Standardthemen im realitätsbezogenen Mathematikunterricht. In: Materialien für einen realitätsbezogenen Mathematikunterricht ISTRON, Bd. 8, Franzbecker, Hildesheim (2003)

Herget, W.: Typen von Aufgaben. In: Blum, W., Drüke-Noe, C., Hartung, R., Köller, O. (Hrsg.) Bildungsstandards Mathematik: konkret, S. 178–193. Cornelsen Scriptor, Berlin (2006)

Herget, W., Klika, M.: Fotos und Fragen. Messen, Schätzen, Überlegen – viele Wege, viele Ideen, viele Antworten. Math. Lehren **119**, 14–19 (2003)

Herget, W., Scholz, D.: Die etwas andere Aufgabe aus der Zeitung. Kallmeyer, Seelze (1998)

Herget, W., Jahnke, T., Kroll, W.: Produktive Aufgaben für den Mathematikunterricht in der Sekundarstufe I. Cornelsen, Berlin (2001)

Herling, J., Kuhlmann, K.-H., Scheele, U.: Mathematik 7. Westermann, Braunschweig (2008)

Hertz, H.: Die Prinzipien der Mechanik in neuem Zusammenhange dargestellt. Barth, Leipzig (1894)

Hinrichs, G.: Modellierung im Mathematikunterricht. Springer, Heidelberg (2008)

Hischer, H.: Mathematik – Medien – Bildung. Medialitätsbewusstsein als Bildungsziel: Theorie und Beispiele. Springer Spektrum, Wiesbaden (2016)

vom Hofe, R.: Grundvorstellungen – Basis für inhaltliches Denken. Math. Lehren **78**, 4–8 (1996)

vom Hofe, R., Blum, W.: Grundvorstellungen as a Category of Subject-Matter Didactics. J Math Didakt **1**(Suppl), 225–254 (2016)

Hollenstein, A.: Schreibanlässe im Mathematikunterricht. In: Beiträge zum Mathematikunterricht, S. 190–193 (1996)

Holzäpfel, L., Leiß, D.: Modellieren in der Sekundarstufe. In: Linneweber-Lammerskitten, H. (Hrsg.) Fachdidaktik Mathematik – Grundbildung und Kompetenzaufbau im Unterricht der Sek. I und II, S. 159–178. Klett, Kallmeyer, Seelze (2014)

Humenberger, H.: Über- und unterbestimmte Aufgaben im Mathematikunterricht. Prax. Math. **37**, 1–7 (1995)

Humenberger, H.: Anwendungsorientierung im Mathematikunterricht – erste Resultate eines Forschungsprojekts. J. Math. **18**, 3–50 (1997)

Humenberger, H.: Dreisatz einmal anders: Aufgaben mit überflüssigen bzw. fehlenden Angaben. In: Henn, H.-W., Maaß, K. (Hrsg.) Materialien für einen realitätsbezogenen Mathematikunterricht, Bd. 8, S. 49–64. Franzbecker, Hildesheim (2003)

Humenberger, H., Reichel, H.-C.: Fundamentale Ideen der Angewandten Mathematik. BI Wissenschaftsverlag, Mannheim, Leipzig, Wien, Zürich (1995)

Hußmann, S., Leuders, T.: Ausgerechnet: Costa Rica! Wie man mit Mitteln der Wahrscheinlichkeitsrechnung den Fußballweltmeister voraussagen kann. Prax. Math. **9**, 19–29 (2006)

Hußmann, S., Lutz-Westphal, B.: Diskrete Mathematik erleben. Anwendungsbasierte und verstehensorientierte Zugänge. Springer Spektrum, Wiesbaden (2015)

Hußmann, S., Prediger, S.: Vorstellungsorientierte Analysis – auch in Klassenarbeiten und zentralen Prüfungen. Prax. Math. Sch. **52**, 35–38 (2010)

Jahner, H.: Methodik des mathematischen Unterrichts. Begründet von Walther Lietzmann. Quelle & Meyer, Heidelberg, Wiesbaden (1985)

Jahnke, T., Klein, H.-P., Kühnel, W., Sonar, T., Spindler, M.: Die Hamburger Abituraufgaben im Fach Mathematik. Entwicklung von 2005 bis 2013. Mitteilungen DMV, 115–121 (2014)

Jordan, A., Krauss, S., Löwen, K., Blum, W., Neubrand, M., Brunner, M.: Aufgaben im COACTIV-Projekt: Zeugnisse des kognitiven Aktivierungspotentials im deutschen Mathematikunterricht. J. Für Math. **29**, 83–107 (2008)

Kaiser, G., Brand, S.: Modelling competencies: past development and further perspectives. In: Stillman, G.A., Blum, W., Salett Biembengut, M. (Hrsg.) Mathematical modelling in education research and practice, S. 129–149. Springer, Cham (2015)

Kaiser, G., Leuders, T.: Arbeitskreis: Empirische Bildungsforschung. Bericht von der Frühjahrstagung in Hannover, 29.–30.04.2016. GDM Mitt. **101**, 45–49 (2016)

Kaiser, G., Sriraman, B.: A global survey of international perspectives on modelling in mathematics education. ZDM **38**(3), 302–310 (2006)

Kaiser, G., Stender, P.: Complex modelling problems in co-operative, self-directed learning environments. In: Stillman, G., Kaiser, G., Blum, W., Brown, J. (Hrsg.) Teaching mathematical modelling: connecting to research and practice, S. 277–293. Springer, Dordrecht (2013)

Kaiser, G., Blum, W., Borromeo Ferri, R., Greefrath, G.: Anwendungen und Modellieren. In: Bruder, R., Hefendehl-Hebeker, L., Schmidt-Thieme, B., Weigand, H.-G. (Hrsg.) Handbuch der Mathematikdidaktik, S. 357–383. Springer, Heidelberg (2015)

Kaiser-Meßmer, G.: Theoretische Konzeptionen. Bd. 2 – Empirische Untersuchungen. Anwendungen im Mathematikunterricht, Bd. 1. Franzbecker, Bad Salzdetfurth (1986)

Kietzmann, U., Kliemann, S., Pongs, R., Schmidt, W., Segelken, S., Vernay, R.: mathe live 8. Klett, Stuttgart (2004)

Klein, F.: Vorträge über den mathematischen Unterricht an den höheren Schulen. Teil 1. Teubner, Leipzig (1907)

Klein, F.: Elementarmathematik vom höheren Standpunkte aus Bd. 1. Springer, Berlin (1933)

Kliemann, S., Puscher, R., Segelken, S., Schmidt, W., Vernay, R.: mathe live 5. Mathematik für die Sekundarstufe I. Klett, Stuttgart (2006)

Klix, F.: Information und Verhalten. Huber, Bern (1971)

KMK: Bildungsstandards im Fach Mathematik für den Mittleren Bildungsabschluss. Wolters Kluver, München (2004)

KMK: Bildungsstandards im Fach Mathematik für den Hauptschulabschluss. Wolters Kluver, München (2005a)

KMK: Bildungsstandards im Fach Mathematik für den Primarbereich. Wolters Kluver, München (2005b)

KMK: Bildungsstandards im Fach Mathematik für die Allgemeine Hochschulreife. Wolters Kluver, Köln (2012)

Kohorst, H., Portscheller, P.: Wozu Hefe alles gut ist. Vom exponentiellen zum logistischen Wachstum. Math. Lehren **97**, 54–59 (1999)

Körner, H.: Modellbildung mit Exponentialfunktionen. In: Henn, H.-W., Maaß, K. (Hrsg.) Materialien für einen realitätsbezogenen Mathematikunterricht ISTRON, Bd. 8, S. 155–177. Franzbecker, Hildesheim (2003)

Koullen, R.: Mathematik real 9. Cornelsen, Berlin (1993)

Koullen, R.: Mathematik konkret 6. Cornelsen, Berlin (2008)

Krauthausen, G., Scherer, P.: Einführung in die Mathematikdidaktik. Elsevier, München (2007)

Kuchling, H.: Physik. VEB Fachbuchverlag, Leipzig (1985)

Kühnel, J.: Neubau des Rechenunterrichts Bd. 1. Klinkhardt, Leipzig (1921)

Kurth, H., Petit, H.: Illustriertes Kochbuch für die Bürgerliche und feine Küche. Trewendt & Granier, Breslau (1903)

Leiß, D., Schukajlow, S., Blum, W., Messner, R., Pekrun, R.: The role of the situation model in mathematical modelling – task analyses, student competencies, and teacher interventions. J Math.
Didakt. **31**(1), 119–141 (2010)

Leuders, T.: Qualität im Mathematikunterricht der Sekundarstufe I und II. Cornelsen Scriptor, Berlin
(2001)

Leuders, T.: Problemlösen. In: Leuders, T. (Hrsg.) Mathematikdidaktik. Praxishandbuch für die Sekundarstufe I und II, S. 119–135. Cornelsen Scriptor, Berlin (2003)

Leuders, T.: Kompetenzorientierte Aufgaben im Unterricht. In: Blum, W., Drüke-Noe, C., Hartung,
R., Köller, O. (Hrsg.) Bildungsstandards Mathematik: konkret, S. 81–95. Cornelsen Scriptor,
Berlin (2006a)

Leuders, T.: Reflektierendes Üben mit Plantagenaufgaben. Math. Naturwissenschaftliche Unterr. **5**,
276–284 (2006b)

Leuders, T.: Aufgaben in Forschung und Praxis. In: Bruder, R., Hefendehl-Hebeker, L., Schmidt-
Thieme, B., Weigand, H.-G. (Hrsg.) Handbuch der Mathematikdidaktik, S. 435–460. Springer,
Heidelberg (2015)

Leuders, T., Leiß, D.: Realitätsbezüge. In: Blum, W., Drüke-Noe, C., Hartung, R., Köller, O. (Hrsg.)
Bildungsstandards Mathematik: konkret, S. 194–206. Cornelsen Scriptor, Berlin (2006)

Lewe, H.: Sachsituationen meistern. Grundschulmagazin **7-8**, 8–11 (2001)

Lietzmann, W.: Methodik des mathematischen Unterrichts, I. Teil. Quelle & Meyer, Leipzig (1919)

Maaß, J.: Ethik im Mathematikunterricht? Modellierung reflektieren! In: Greefrath, G., Maaß, J.
(Hrsg.) Unterrichts- und Methodenkonzepte Materialien für einen realitätsbezogenen Mathematikunterricht, Bd. 11, S. 54–61. Franzbecker, Hildesheim (2007)

Maaß, J.: Modellieren in der Schule. Ein Lernbuch zu Theorie und Praxis des realitätsbezogenen
Mathematikunterrichts. WTM, Münster (2015)

Maaß, K.: Handytarife. Math. Lehren **113**, 53–57 (2002)

Maaß, K.: Vorstellungen von Schülerinnen und Schülern zur Mathematik und ihre Veränderung
durch Modellierung. Mathematikunterricht **49**(3), 30–53 (2003)

Maaß, K.: Mathematisches Modellieren im Unterricht. Ergebnisse einer empirischen Studie. Franzbecker, Hildesheim (2004)

Maaß, K.: Modellieren im Mathematikunterricht der Sekundarstufe I. J. Für Math. **26**, 114–142
(2005)

Maaß, K.: Mathematisches Modellieren. Aufgaben für die Sekundarstufe I. Cornelsen, Berlin (2007)

Maier, H., Schubert, A.: Sachrechnen. Empirische Befunde, didaktische Analysen, methodische
Anregungen. Ehrenwirth, München (1978)

Malle, G.: Zwei Aspekte von Funktionen: Zuordnung und Kovariation. Math. Lehren **103**, 8–11
(2000)

Matos, J., Carreira, S.: Cognitive processes and representations involved in applied problem solving. In: Sloyer, C., Blum, W., Huntley, I. (Hrsg.) Advances and perspectives in the teaching of
mathematical modelling and applications, S. 71–82. Water Street Mathematics, Yorklyn (1995)

Maull, W., Berry, J.: An investigation of student working styles in a mathematical modelling activity.
Teach. Math. Its Appl. **20**(2), 78–88 (2001)

Meschede, D.: Gerthsen Physik. Springer Spektrum, Heidelberg (2015)

Meyer, M., Voigt, J.: Rationale Modellierungsprozesse. In: Brandt, B., Fetzer, M., Schütte, M.
(Hrsg.) Auf den Spuren Interpretativer Unterrichtsforschung in derMathematikdidaktik, S. 117–
148. Waxmann, Münster (2010)

Ministerium für Schule NRW: Kernlehrplan für die Gesamtschule – Sekundarstufe I in Nordrhein-
Westfalen. Ritterbach, Frechen (2004)

Müller, G., Wittmann, E.: Der Mathematikunterricht in der Primarstufe. Vieweg, Braunschweig
Wiesbaden (1984)

Neunzert, H., Rosenberger, B.: Schlüssel zu Mathematik. Econ, Düsseldorf (1991)

Niss, M.: Applications and modelling in school mathematics – Directions for future development. IMFUFA Roskilde Universitetscenter, Roskilde (1992)

Nitzsche, M.: Graphen für Einsteiger. Vieweg, Wiesbaden (2005)

Padberg, F., Wartha, S.: Didaktik der Bruchrechnung. Springer Spektrum, Berlin (2017)

Palm, T.: Features and impact of the authenticity of applied mathematical school tasks. In: Blum, W., Galbraith, P., Henn, H.-W., Niss, M. (Hrsg.) Modelling and applications in mathematics education, S. 201–208. Springer, New York (2007)

Pehkonen, E.: Offene Probleme: Eine Methode zur Entwicklung des Mathematikunterrichts. Mathematikunterricht **6**, 60–72 (2001)

Peter-Koop, A., Nührenbörger, M.: Struktur und Inhalt des Kompetenzbereichs Größen und Messen. In: Walther, G., van den Heuvel-Panhuizen, M., Granzer, D., Köller, O. (Hrsg.) Bildungsstandards für die Grundschule, S. 89–117. Cornelsen Scriptor, Berlin (2007)

Picker, B.: Der Aufbau des Größenbereichs als Grundlegung des Sachrechnens. Teil 1. Sachunterr. Math. Primarstufe **11**, 492–494 u. 503–505 (1987a)

Picker, B.: Der Aufbau des Größenbereichs als Grundlegung des Sachrechnens. Teil 2. Sachunterr. Math. Primarstufe **12**, 554–559 (1987b)

Pollak, H.O.: On some of the problems of teaching applications of mathematics. Educ. Stud. Math. **1**(1/2), 24–30 (1968)

Pollak, H.O.: The Interaction between Mathematics and Other School Subjects (Including Integrated Courses). In: Athen, H., Kunle, H. (Hrsg.) Proceedings of the Third International Congress on Mathematical Education, S. 255–264. ICME, Karlsruhe (1977)

Polya, G.: Schule des Denkens. Vom Lösen mathematischer Probleme. Francke, Tübingen, Basel (1949)

Polya, G.: Die Heuristik. Versuch einer vernünftigen Zielsetzung. Mathematikunterricht **1**, 5–15 (1964)

Radatz, H., Schipper, W.: Handbuch für den Mathematikunterricht an Grundschulen. Schroedel, Hannover (1983)

Reiss, K., Hammer, C.: Grundlagen der Mathematikdidaktik. Birkhäuser, Basel (2013)

Reiss, K., Renkl, A.: Learning to prove: the idea of heuristic examples. ZDM **34**(1), 29–35 (2002)

Revuz, A.: Moderne Mathematik im Schulunterricht. Herder, Freiburg (1965)

Ries, A.: Rechnung auf der Linien und Federn … Erfurt: Magistrat der Stadt Erfurt (1522) Nachdruck 1991

Rott, B.: Mathematisches Problemlösen – Ergebnisse einer empirischen Studie. WTM, Münster (2013)

Ruwisch, S.: „Gute" Aufgaben für die Arbeit mit Größen. Erkundung zum Größenverständnis von Grundschulkindern als Ausgangsbasis. In: Peter-Koop, A. (Hrsg.) Gute Aufgaben im Mathematikunterricht der Grundschule, S. 211–227. Mildenberger, Offenburg (2003)

Savelsbergh, E.R., Drijvers, P.H.M., van de Giessen, C., Heck, A., Hooyman, K., Kruger, J., Michels, B., Seller, F., Westra, R.H.V.: Modelleren en computer-modellen in de β-vakken: advies op verzoek van de gezamenlijke β-vernieuwingscommissies. Freudenthal Instituut voor Didactiek van Wiskunde en Natuurwetenschappen, Utrecht (2008)

Scheid, H., Schwarz, W.: Elemente der Arithmetik und Algebra. Springer Spektrum, Heidelberg (2016)

Scherer, P.: Mathematiklernen bei Kindern mit Lernschwächen. Perspektiven für die Lehrerbildung. In: Selter, C., Walther, G. (Hrsg.) Mathematikdidaktik als design science. Festschrift für Erich Christian Wittmann. Klett, Stuttgart (1999)

Schneider, H., Stindl, W., Schönthaler, I.: Mathematik konkret 2. Cornelsen, Berlin (2006)

Schoenfeld, A.H.: Mathematical problem solving. Academic Press, Orlando (1985)

Schröder, M., Wurl, B., Wynands, A.: Maßstab 10 B. Mathematik Hauptschule. Schroedel, Hannover (2000)

Schukajlow, S., Krämer, J., Blum, W., Besser, M., Brode, R., Leiß, D.: Lösungsplan in Schülerhand: Zusätzliche Hürde oder Schlüssel zum Erfolg? In: Beiträge zum Mathematikunterricht, S. 771–774 (2010)

Schukajlow, S., Leiß, D., Pekrun, R., Blum, W., Müller, M., Messner, R.: Teaching methods for modelling problems and students' task-specific enjoyment, value, interest and self-efficacy expectations. Educ. Stud. Math. **79**(2), 215–237 (2012)

Schulz, W.: Innermathematisches Problemlösen mit Hilfe offener Aufgaben. In: Beiträge zum Mathematikunterricht, S. 567–570 (2000)

Schumann, H.: Rekonstruktives Modellieren in Dynamischen Geometriesystemen. Math. Didact. **26**(2), 21–41 (2003)

Schupp, H.: Anwendungsorientierter Mathematikunterricht in der Sekundarstufe I zwischen Tradition und neuen Impulsen. Mathematikunterricht **34**(6), 5–16 (1988)

Schupp, H.: Thema mit Variationen. Math. Lehren **100**, 11–14 (2000)

Schütte, S.: Mathematiklernen in Sachzusammenhängen. Klett, Stuttgart (1994)

Schwill, A.: Fundamentale Ideen in Mathematik und Informatik. In: Hischer, H., Weiß, M. (Hrsg.) Fundamentale Ideen. Zur Zielorientierung eines künftigen Mathematikunterrichts unter Berücksichtigung der Informatik Bericht über die 12. Arbeitstagung des Arbeitskreises „Mathematikunterricht und Informatik" in der Gesellschaft für Didaktik der Mathematik e. V., Wolfenbüttel. Franzbecker, Hildesheim (1994)

Silver, E.A.: The nature and use of open problems in mathematics education: Mathematical and pedagogical perspectives. Zentralblatt Für Didaktik Math. **27**(2), 67–72 (1995)

Sonar, T.: Angewandte Mathematik, Modellbildung und Informatik. Vieweg, Braunschweig (2001)

Spiegel, H., Selter, C.: Kinder & Mathematik – Was Erwachsene wissen sollten. Kallmeyer, Seelze (2006)

Stöffler, H. (Hrsg.): Rechenbuch für Volksschulen Baden 8. Schuljahr. Konkordia, Bühl (1942)

Straub, F.W.: Lebensvolles Rechnen. 7. Schuljahr. Lehrmittel-Verlag, Offenburg (1949)

Strehl, R.: Grundprobleme des Sachrechnens. Herder, Freiburg (1979)

Sundermann, B., Selter, C.: Beurteilen und Fördern im Mathematikunterricht. Gute Aufgaben. Differenzierte Arbeiten. Ermutigende Rückmeldungen. Cornelsen Scriptor, Berlin (2006)

Swan, M.: The teaching of functions and graphs. Conference on functions. Conference report Pt. I., S. 151–165 (1982)

Tietze, U.-P.: Der Mathematiklehrer in der Sekundarstufe II. Bericht aus einem Forschungsprojekt. Franzbecker, Hildesheim (1986)

Toepell, M.: Rückbezüge des Mathematikunterrichts und der Mathematikdidaktik in der BRD auf historische Vorausentwicklungen. ZDM **35**(4), 177–181 (2003)

Vollrath, H.-J.: Funktionales Denken. J. Für Math. **10**, 3–37 (1989)

Vollrath, H.-J.: Algebra in der Sekundarstufe. Spektrum, Heidelberg (2003)

Westermann, B.: Anwendungen und Modellbildung. In: Leuders, T. (Hrsg.) Mathematikdidaktik. Praxishandbuch für die Sekundarstufe I und II, S. 148–162. Cornelsen Scriptor, Berlin (2003)

Wiegand, B., Blum, W.: Offene Probleme für den Mathematikunterricht. Kann man Schulbücher dafür nutzen? In: Beiträge zum Mathematikunterricht, S. 590–593 (1999)

Wikipedia: Internationales Einheitensystem (2017a). https://de.wikipedia.org/wiki/Internationales_Einheitensystem, Zugegriffen: 20. Dez. 2017

Wikipedia: Rute (2017b). https://de.wikipedia.org/wiki/Rute_, Zugegriffen: 20. Dez. 2017

Wikipedia: Ziegenproblem (2017c). https://de.wikipedia.org/wiki/Ziegenproblem, Zugegriffen: 20. Dez. 2017

Winter, H.: Zur Durchdringung von Algebra und Sachrechnen in der Hauptschule. In: Vollrath, H.-J. (Hrsg.) Sachrechnen. Didaktische Materialien für die Hauptschul, S. 80–123. Klett, Stuttgart (1980)

Winter, H.: Der didaktische Stellenwert des Sachrechnens im Mathematikunterricht der Grund- und Hauptschule. Pädagogische Welt **35**, 666–674 (1981)

Winter, H.: Modelle als Konstrukte zwischen lebensweltlichen Situationen und arithmetischen Begriffen. Grundschule **3**, 10–13 (1994a)

Winter, H.: Über Wachstum und Wachstumsfunktionen. Math. Naturwissenschaftliche Unterr. **47**(6), 330–339 (1994b)

Winter, H.: Mathematikunterricht und Allgemeinbildung. Mitteilungen DMV **2**, 35–41 (1996)

Winter, H.: Sachrechnen in der Grundschule. Cornelsen Scriptor, Berlin (2003)

Winter, H.: Die Umwelt mit Zahlen erfassen: Modellbildung. In: Müller, G.H., Steinbring, H., Wittmann, E.C. (Hrsg.) Arithmetik als Prozess. Kallmeyer, Seelze (2004)

Winter, H.: Entdeckendes Lernen im Mathematikunterricht. Springer Spektrum, Wiesbaden (2016)

Winter, H., Ziegler, T.: Neue Mathematik 5. Schroedel, Hannover (1969)

Wittmann, E. Ch : Grundfragen des Mathematikunterrichts. Vieweg+Teubner, Wiesbaden (1981)

Wynands, A.: Intelligentes Üben. In: Blum, W., Drüke-Noe, C., Hartung, R., Köller, O. (Hrsg.) Bildungsstandards Mathematik: konkret. Cornelsen Scriptor, Berlin (2006)

Zais, T., Grund, K.-H.: Grundpositionen zum anwendungsorientierten Mathematikunterricht bei besonderer Berücksichtigung des Modellierungsprozesses. Mathematikunterricht **37**(5), 4–17 (1991)

Zech, F.: Grundkurs Mathematikdidaktik. Beltz, Weinheim, Basel (1998)

Zöttl, L., Reiss, K.: Modellierungskompetenz fördern mit heuristischen Lösungsbeispielen. In: Beiträge zum Mathematikunterricht, S. 189–192 (2008)

Sachverzeichnis

A

Abkühlen von Kaffee, 169
Abnahme
    beschränkte exponentielle, 170
Abnahmeprozesse, 163
Abschätzen, 195
Abzählen, 195
Additivität, 132
Algebraisieren, 49
Antiproportionalität, 139
anwendbare Mathematik, 16
Anwendung von Mathematik, 36
Anwendungen
    Schwierigkeiten, 191
    Zuordnungen, 121
Anzahl, 102
Äquivalenzrelation, 108
Arbeiten mit Größen, 117
Arbeitszeitkontext, 144
Aufgaben
    Teilkompetenzen, 81
Aufgabentypen, 71
Authentizität, 92

B

Bakterienwachstum, 163
Berechnung, 49
Beurteilen, 43
Bildungsstandards, 22
Breidenbach, 11

D

Darstellungsformen, 128
Datenmenge, 105
Diagnoseaufgaben, 76
Dichte, 110

Differenzialgleichung, 174
digitale Werkzeuge, 48
direkter Vergleich, 114
Doppelrechnung, 199
Dreisatz, 6, 135

E

eingekleidete Aufgaben, 90
Einkaufskontext, 134
Einkaufsmodell, 160
Entsprechung, 35
Erfahrungen sammeln, 113
Experimentieren, 48
exponentielles Wachstum, 168

F

Fehlerfortpflanzung, 196, 197
    Addition, 198
    Multiplikation, 199
Fermi-Aufgaben, 88
Flatrate-Modell, 160
Fragezeichenrechnung, 199
Funktionen, 26, 124
    additive, 125
    Einführung, 123
    lineare, 158
    monotone, 125
    multiplikative, 125

G

Geld, 105
Geschwindigkeit, 110
Gewicht, 103
Größen, 99
    umrechnen, 114
    Vorstellungen, 114
Größenbereich, 118

Grunderfahrungen, XIII
Grundgrößen, 99, 101
Grundvorstellungen, 57
    antiproportionale Zuordnungen, 142
    proportionale Zuordnungen, 133
    Prozentbegriff, 150
    Zuordnungen, 126
Grundwert, 147

H
Hefewachstum, 171
Heizölmodell, 161
Hertz
    Heinrich, 35
Hilfen, 200

I
indirekter Vergleich, 114
Interpretieren, 43, 67
Isolation, 35
ISTRON, 16, 33

K
Kapital, 155
klassische Aufgabentypen, 90
Klein
    Felix, 9
Kommensurabilität, 119
Komplexaufgabe, 11
Kühnel
    Johannes, 8

L
Lakatos-Modell, 64
Lebensrelevanz, 93
Leitideen, 74
Lernaufgaben, 75
Lernprinzip, 26
Lernstoff, 26
Lernziel, 26
lineare Funktionen, 128
Linearisierung, 162
logistisches Wachstum, 175
Lösungshilfen, 44, 200
Lösungspläne, 44, 202

M
Mathematik
    anwendbare, 16
    klassische Angewandte, 16

mathematische Sachgebiete, 73
mathematisches Modell, 34, 36
Mathematisieren, 43, 67
    einfaches, 38
    genaueres, 39
    komplexes, 40
Meraner Reform, 9
Messen, 195
Messgenauigkeit, 196
Mittelwerteigenschaft, 132
Modellbildungskreislauf
    Blum, 17
Modelle
    deskriptive, 36, 84
    deterministische, 36
    diskrete, 183
    explikative, 36
    mathematisches, 37
    normative, 36, 84
    probabilistische, 36
Modellieren, 15, 33
    Denkstile, 54
    einfaches, 16
    Einstellungen, 52
Modellierungskreislauf, 37
    Blum und Leiß, 41
    digitale Werkzeuge, 52
    Fischer und Malle, 41
    Maaß K., 40
    Phasen, 56
    Schupp, 39
Modellierungsprozess
    Größen, 105
Motivation, 26

N
Nationalsozialismus, 9
Neue Mathematik, 11

O
offene Aufgaben, 78
Optimierung
    mit Funktionen, 178
    mit Tabellen, 185
    von Funktionen, 180
Optimierungsprobleme, 177

P
Parkhausmodell, 161, 162

Perspektiven, 46
    epistemologische, 48
    Forschung, 48
    pädagogische, 47
    realistische oder angewandte, 47
    soziokritische, 47
    theoretische, 48
Pestalozzi
    Johann Heinrich, 6
Pollak
    Henri, 15
Polya, 62, 201
Problem
    mathematisches, 61
Problemlösen, 61
    Kompetenz, 66
    Modelle, 62
    Teilkompetenzen, 67
Problemlöseprozess, 65
Problemlösestrategien, 68
proportionale Zuordnungen, 133
Proportionalität, 130
Prozentangabe, 147
Prozentrechnung, 147
    Kontext, 153
Prozentsatz, 147
Prozentwert, 147
prozessorientierte Aufgaben, 75

Q
Quotientengleichheit, 131

R
Raten, 195
Realisieren, 43
Rechenbaum, 15
Recherchieren, 50
Rechnen, 43, 67
Relevanz, 92
Ries
    Adam, 5
Runden, 195
Rute (Längenmaß), 100

S
Sachaufgabe, 92
Sachprobleme, 92
Sachrechnen, 2
    Definitionen, 23

Entwicklung, 4
Funktionen, 29
Neues, 15
systematisches, 11, 32
Schätzaufgaben, 85
Schätzen, 194
Schülerrelevanz, 93
Schwierigkeiten
    Modellieren, 193
Simplexaufgabe, 11
Simulation, 188
Simulieren, 48
Strommodell, 160
Stufenmodell, 109
    Modellierungskreislauf, 113
Stützpunktvorstellungen, 114
subjektive Kriterien, 94
Summeneigenschaft, 132

T
Teilbarkeitseigenschaft, 119
Teilkompetenzen
    Modellieren, 43
Temperatur, 103
Textaufgaben, 91
Transitivität, 108

U
Üben, 205
überbestimmte Aufgaben, 81
Übung, 26
Umwelterschließung, 26
Ungenauigkeit, 194
unterbestimmte Aufgaben, 81
Unterrichtsformen, 55
Untersuchungsergebnisse
    empirische, 52

V
Validieren, 43, 67
Veranschaulichung, 26
Vereinfachen, 43, 67
Vereinfachung, 35
Verhältnisgleichheit, 130
Visualisieren, 49
Volksschule, 6

W
Wachstum
    exponentielles, 168

logistisches, 175
Wachstumsfunktionen, 189
Wachstumsmodell, 165

Z
Ziele, 19
    allgemeine, 21

inhaltsorientierte, 19
    prozessorientierte, 20
Zinsen, 155
Zinsrechnung, 147, 154
Zinssatz, 155
Zuordnungen, 121, 124

Printed in the United States
By Bookmasters